21世纪高等学校计算机
专业实用系列教材

Excel数据分析与处理
高级案例应用

石宜金 张 滢 杨子艳 　　　主 编

杨志琴 杨万娟 和丽琪 谭贵生 副主编

U0228113

清華大学出版社

北京

内 容 简 介

本书将基础理论和高级案例应用结合,循序渐进地介绍 Excel 数据分析与处理,全面、系统地介绍 Excel 高级应用,通过大量的案例来介绍 Excel 中的函数、数据分析等内容。全书共 5 章,内容包括 Excel 基础知识、Excel 公式与函数的应用、数据处理、数据可视化、数据分析高级应用等知识,书中的每个案例都有相应的操作步骤和部分视频讲解。

本书主要面向从事 Excel 数据分析的专业人员、从事高等教育计算机教学的专任教师、高等学校的在读学生、相关领域的科研人员,以及参加全国计算机二级等级考试的人员。

图书在版编目(CIP)数据

Excel 数据分析与处理高级案例应用/石宜金,张滢,杨子艳主编.—北京:清华大学出版社,2023.3
21 世纪高等学校计算机专业实用系列教材
ISBN 978-7-302-62728-9

Ⅰ.①E… Ⅱ.①石… ②张… ③杨… Ⅲ.①表处理软件-高等学校-教材 Ⅳ.①TP391.13

中国国家版本馆 CIP 数据核字(2023)第 027194 号

责任编辑:陈景辉 李 燕
封面设计:刘 键
责任校对:焦丽丽
责任印制:丛怀宇

出版发行:清华大学出版社
　　　　网　　　址:http://www.tup.com.cn,http://www.wqbook.com
　　　　地　　　址:北京清华大学学研大厦 A 座　　　邮　　编:100084
　　　　社 总 机:010-83470000　　　　　　　邮　　购:010-62786544
　　　　投稿与读者服务:010-62776969,c-service@tup.tsinghua.edu.cn
　　　　质量反馈:010-62772015,zhiliang@tup.tsinghua.edu.cn
　　　　课件下载:http://www.tup.com.cn,010-83470236
印 装 者:三河市铭诚印务有限公司
经　　销:全国新华书店
开　　本:185mm×260mm　　印　张:14.75　　　　　字　　数:362 千字
版　　次:2023 年 4 月第 1 版　　　　　　　　　印　　次:2023 年 4 月第 1 次印刷
印　　数:1~1500
定　　价:49.90 元

产品编号:099393-01

前　言

　　Excel 是功能强大的电子表格应用软件,广泛应用于经济、金融、工程、科研、教学等领域。Excel 的功能包括数据管理、数据分析、制作报表及图表、编写程序等,因其功能强、上手快、难度低等特点,被越来越多学习数据分析的初学者选择。

　　Excel 涉及的功能很多,大部分人学习了很长时间,但感觉只是学到了很少一部分。其实,学习 Excel 的目的是应用 Excel 解决问题,而不是为了精通 Excel。对 Excel 知识既要能"浓缩",又要能"扩展",在解决实际问题的过程中,查找、学习细节内容,以解决问题为目的,扩展相关知识。

本书主要内容

　　本书以理论与实战应用相结合的方式,从应用案例角度带领读者学习 Excel。本书精选大量的实际应用案例,力求将 Excel 相关知识融合在一起,非常适合具备一定 Excel 基础的读者学习。

　　全书共 5 章。第 1 章为 Excel 基础知识,包括工作簿的基本操作、工作表的基本操作、数据输入与数据验证、自动填充数据、数据隐藏与保护、表格的格式与样式设置、工作表打印、综合案例。第 2 章为 Excel 公式与函数的应用,包括公式的应用、函数基础、常用函数的应用、综合案例。第 3 章为数据处理,包括导入外部数据、数据的合并与拆分整理、数据排序、数据筛选、数据分类汇总、综合案例。第 4 章为数据可视化,包括图表应用、数据透视表、数据透视图、趋势线、综合案例。第 5 章为数据分析高级应用,包括模拟运算表、方案管理器、单变量求解、规划求解、综合案例。

本书特色

　　(1) 以案例为导向,对基础理论知识点与操作案例进行详细讲解。

　　(2) 实战案例丰富,涵盖 18 个知识点案例、10 个完整项目案例。

　　(3) 操作步骤详尽,贴近实际应用。

　　(4) 语言简明易懂,由浅入深地带你学会 Excel 数据分析。

　　(5) 每个章节都融入案例导读,所选数据案例贴合实际应用。

配套资源

　　为便于教与学,本书配有教学课件、教学大纲、习题答案、实验素材、软件安装包、期末考试试卷及答案。

　　(1) 获取实验素材、软件安装包、本书网址方式:先刮开本书封底的文泉云盘防盗码并用手机版微信 App 扫描该防盗码,授权后再扫描下方二维码,即可获取本书网址。

实验素材

软件安装包

本书网址

(2) 其他配套资源可以扫描本书封底的"书圈"二维码,关注后回复本书书号,即可下载。

读者对象

本书主要面向从事 Excel 数据分析的专业人员,从事高等教育计算机教学的专任教师,高等学校的在读学生,相关领域的科研人员以及参加全国计算机二级等级考试的人员。

本书由石宜金、张滢、杨子艳担任主编,杨志琴、杨万娟、和丽琪、谭贵生担任副主编,其中第 1 章由和丽琪、杨志琴、张滢编写;第 2 章由杨子艳、杨万娟、张滢编写;第 3 章由杨志琴、石宜金编写;第 4 章由杨万娟、谭贵生、张滢编写;第 5 章由石宜金、张滢编写。石宜金、张滢、杨子艳负责全书的统稿与审定工作。

在编写本书的过程中,编者参考了诸多相关资料,在此对相关资料的作者表示衷心的感谢。限于编者水平和时间仓促,书中难免存在疏漏之处,欢迎广大读者批评指正。

编　者

2023 年 1 月

目　　录

VI

第1章 Excel 基础知识

Microsoft Excel 2016 是微软公司推出的 Office 2016 组件之一,是一个电子表格处理软件,它不仅具有表格制作功能,而且具有强大的数据处理和分析能力,被应用于众多领域的数据记录和信息管理。本章将介绍 Excel 的基础知识,包括工作簿、工作表的基本操作和常用型数据的输入方法,自动填充数据、数据隐藏与保护、条件格式,主题、样式和套用表格格式以及工作表打印,为后续讲解 Excel 高级应用做好准备。

第 1 章
案例导读

启动 Excel 2016 的操作方法为:选择"开始"→"所有程序"→Excel 2016 选项,即可启动 Excel 2016。

实例 1-1　高校贫困生资助类型汇总表

本例创建的"高校贫困生资助类型汇总表"包括新建工作簿、工作表的基本操作(单元格的基本操作、重命名工作表、移动或复制工作表)、工作组,介绍了各类数据(文本型、数值型、日期数据及自定义数字格式)的输入方法和数据验证,介绍了自动填充的方法,还借助实例 1-1 演示数据隐藏与保护,主题、样式和套用表格格式,并进行工作表打印设置的演示。工作表运行效果如图 1-1 所示。

序号	姓名	身份证号	联系电话	综合测评分数	获得日期	资助类型	班级	校内资助代码
001	陈晨	530129200012250068	18088661201	90.669	2021年9月1日 星期三	省政府助志奖学金	汉语言文学1班	1
002	邓力轩	313225200104280617	18088661237	91.459	2021年9月1日 星期三	国家助志奖学金	汉语言文学2班	3
003	董宇	110226200001312034	18088661225	92.568	2021年9月1日 星期三	国家助志奖学金	汉语言文学3班	5
004	冯思敏	150124200308095624	18088661245	89.231	2021年9月1日 星期三	国家助学金	汉语言文学5班	7
005	高晓杰	120223200502214127	18088661242	88.575	2021年9月1日 星期三	国家助学金	汉语言文学5班	9
006	韩佳逸	132103200406050822	18088661231	89.381	2021年9月1日 星期三	国家助学金	汉语言文学6班	11
007	何静	152225200410310253	18088661228	90.572	2021年9月1日 星期三	省政府助志奖学金	汉语言文学7班	13
008	蒋周涛	152633200302150020	18088661268	88.562	2021年9月1日 星期三	国家助学金	汉语言文学8班	15
009	孔娜	152723200401270024	18088661274	88.754	2021年9月1日 星期三	国家助学金	汉语言文学9班	17
010	李林颖	153922200405260012	18088661233	93.564	2021年9月1日 星期三	国家助志奖学金	汉语言文学10班	19
011	林小芳	120101200302272318	18088661261	90.458	2021年9月1日 星期三	省政府助志奖学金	汉语言文学11班	21
012	马俊晖	120107200507243921	18088661270	89.251	2021年9月1日 星期三	国家助学金	汉语言文学12班	23
013	彭世涛	120109200406173016	18088661262	88.565	2021年9月1日 星期三	国家助学金	汉语言文学13班	25
014	冉静	120223200502070621	18088661253	91.375	2021年9月1日 星期三	国家助志奖学金	汉语言文学14班	27
015	任昕妍	530112200510100042	18088661246	90.587	2021年9月1日 星期三	省政府助志奖学金	汉语言文学15班	29
016	孙正宗	530113200411042640	18088661224	90.673	2021年9月1日 星期三	省政府助志奖学金	汉语言文学16班	31
017	田文涛	530121200404280919	18088661282	92.311	2021年9月1日 星期三	国家助学金	汉语言文学17班	33
018	王飞宇	530121200507280025	18088661236	88.663	2021年9月1日 星期三	国家助学金	汉语言文学18班	35
019	许小锋	530122200404270815	18088661260	88.725	2021年9月1日 星期三	国家助学金	汉语言文学19班	37
020	杨哲	530129200312061326	18088661277	89.563	2021年9月1日 星期三	省政府助志奖学金	汉语言文学20班	39
021	姚云石	53012920030420054X	18088661251	90.125	2021年9月1日 星期三	国家助志奖学金	汉语言文学21班	41
022	张梓鑫	530129200502180328	18088661264	93.687	2021年9月1日 星期三	国家助志奖学金	汉语言文学22班	43
023	周子豪	532101200407130018	18088661249	90.557	2021年9月1日 星期三	省政府助志奖学金	汉语言文学23班	45

图 1-1　高校贫困生资助类型汇总表

1.1 工作簿的基本操作

一个 Excel 文件就是一个工作簿,它以独立的文件形式存储在磁盘上,可以包含多个工作表、图表、宏表等,默认的文件扩展名为".xlsx"。工作簿的基本操作包括新建、保存、打开、关闭工作簿等。

1.1.1 新建工作簿

在制作实例 1-1 的"高校贫困生资助类型汇总表"之前,需要启动 Excel 2016,出现"空白工作簿"缩略图,如图 1-2 所示。

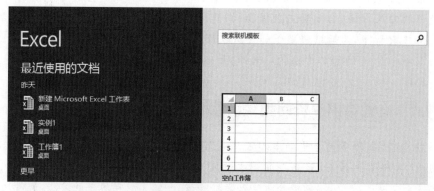

图 1-2 "空白工作簿"缩略图

单击"空白工作簿"缩略图,将新建"工作簿 1",如图 1-3 所示。

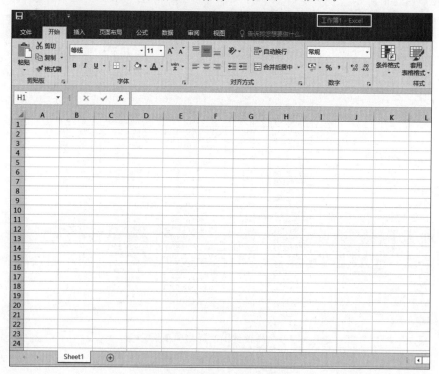

图 1-3 新建"工作簿 1"

除上述方法外，还可以通过快捷菜单新建工作簿。右击桌面空白处，在弹出的快捷菜单中选择"新建"→"Microsoft Excel 工作表"命令，新建 Microsoft Excel 工作表，如图 1-4 所示。

图 1-4　通过快捷菜单新建工作簿

1.1.2　保存工作簿

新建"工作簿 1"后，需要对其进行保存，操作方法为：单击快速访问工具栏中的"保存"按钮，如图 1-5 所示。

图 1-5　快速访问工具栏中的"保存"按钮

首次保存工作簿时，单击"保存"按钮后会自动跳转到"另存为"界面，单击"浏览"按钮，弹出"另存为"对话框。在该对话框中选择保存文件的位置，在"文件名"文本框中输入"高校贫困生资助类型汇总表"，在"保存类型"下拉列表框中选择"Excel 工作簿"，单击"保存"按钮。若工作簿中录制了宏，则"保存类型"应选择"Excel 启用宏的工作簿"。

除上述方法外，也可通过选择"文件"→"保存"选项或按 Ctrl＋S 组合键进行保存。

1.1.3　打开工作簿

保存实例 1-1 中的"高校贫困生资助类型汇总表"工作簿后，要在工作簿内进行输入数据等操作时，首先需要打开工作簿。打开工作簿时，显示的是最后一次保存的窗口。

启动 Excel 2016 后，可以在"最近使用的文档"选项区域中快速打开相应工作簿。若选择"打开其他工作簿"选项,可打开保存在 OneDrive 上的工作簿,也可打开保存在"这台电脑"中的工作簿。

除上述方法外,也可通过双击打开文件,或选中文件后右击,在快捷菜单中选择"打开"选项。

不论哪种方式,实例 1-1 的"高校贫困生资助类型汇总表"工作簿打开窗口如图 1-6 所示。窗口由快速访问工具栏、标题栏、选项卡、功能区、编辑区、工作表标签等组成。

图 1-6 打开"高校贫困生资助类型汇总表"工作簿

1.1.4 关闭工作簿

若要关闭"高校贫困生资助类型汇总表"工作簿,单击窗口右上角的"关闭"按钮即可,也可选择"文件"→"关闭"选项来关闭工作簿。

若弹出如图 1-7 所示的对话框,则说明对工作簿的编辑内容尚未保存,单击"保存"按钮可进行保存后再关闭工作簿;单击"取消"按钮可返回编辑状态;单击"不保存"按钮,则不保存文件并关闭工作簿。

图 1-7 关闭工作簿对话框

1.2 工作表的基本操作

在默认情况下,Excel 2016 的工作簿默认只包含一个工作表,其名称为"Sheet1"。在工作簿中,可选定单元格、行或列,可根据需要插入、删除、重命名、移动或复制工作表,也可以将工作表组成工作组。

1.2.1　单元格的基本操作

1. 选定单元格

工作表是由许多行和列组成的,行和列中又包含着无数单元格。工作表中每个单元格的位置,用其所在列的列号(A、B、C 等)和所在行的行号(1、2、3 等)来表示。如图 1-8 所示,选定的单元格为 A1 单元格,名称框中显示为"A1"。

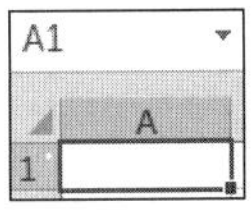

利用鼠标单击可选定单元格,也可通过名称框输入单元格位置选定单元格。例如,需要选定 C2002 单元格,在名称框中输入"C2002"后按 Enter 键即可。

图 1-8　A1 单元格

在工作表中,选定单元格后,按 Enter 键,选定单元格向下移动;按 Tab 键,选定单元格向右移动。在空白工作表中,按住 Ctrl 键配合方向键"↑""↓""←""→"可分别选中当前单元格所在行和列中最上、下、左、右侧的单元格。

2. 选定单元格区域

(1) 选定连续的单元格区域。

若要选定连续的单元格区域,可按住鼠标左键拖动选取,也可在名称框中输入区域地址(如"C1000:C2002"),然后按 Enter 键。

(2) 选定行或列。

若要选定某行或某列,只需选定其行号或列号即可。另外,按 Ctrl+Shift 组合键配合方向键,可连续选定当前单元格向该侧的所有单元格。

(3) 选定不连续的单元格区域。

若要选定不连续的单元格区域,只需选定第一个区域后,按住 Ctrl 键,选择下一个区域即可。

(4) 选定整个工作表。

若要选定整个工作表,单击工作表编辑区中左上角的小三角,或按 Ctrl+A 组合键。

3. 插入或删除行或列

在工作表中选定相应行号或列号后右击,在弹出的快捷菜单中选择"插入"选项,即可添加行或列。也可以在选定相应行号或列号后,通过按 Ctrl+Shift+"+"组合键添加行或列。若需要删除行或列,只需选定行号或列号后,通过按 Ctrl+"一"组合键完成。

4. 调整行高或列宽

工作表中,可根据需要调整行高或列宽,操作方法为:鼠标左键按住行与行(或列与列)之间的分隔线,拖动到合适位置放开鼠标即可。若要批量设置行高或列宽,只需在选定需要设置行高或列宽的区域后,选择"开始"→"单元格"→"格式"选项,在弹出的下拉列表中选择相应的选项进行调整,如图 1-9 所示。

图 1-9　调整行高或列宽

另外,还可根据需要自行设置精确的数值。但在日常使用中,列宽常因单元格中数据的不同而无法确定适当的固定数值,可双击列与列之间的分隔线,让软件根据内容自动调整列宽。

5．插入或删除批注

工作表中，可以为单元格插入批注内容，对单元格的填写要求作出说明。具体的操作方法为：选定单元格后右击，在弹出的快捷菜单中选择"插入批注"选项，输入说明内容后，在批注文本框以外的区域单击鼠标即可。此时，单元格右上方将显示红色小三角，表示该单元格有批注。当光标再次选定此单元格时，将弹出批注内容。

另外，也可通过选择"审阅"→"新建批注"选项插入批注。若需修改原批注，可通过选择"审阅"→"编辑批注"选项进行修改。若需删除原批注，可通过选择"审阅"→"删除"选项实现。

1.2.2 工作表的基本操作

1．增加工作表

实例 1-1 的"高校贫困生资助类型汇总表"工作簿中仅有一个工作表，默认名称为"Sheet1"，可根据需要增加其他工作表。具体的操作方法为：打开实例 1-1 的"高校贫困生资助类型汇总表"工作簿，单击 Sheet1 标签右侧的"⊕"按钮即可。本例中需要新建 3 个工作表（其余两个工作表将用其他方法增加），插入的每个工作表的默认名称都是唯一的，依次为"Sheet2""Sheet3""Sheet4"，如图 1-10 所示。

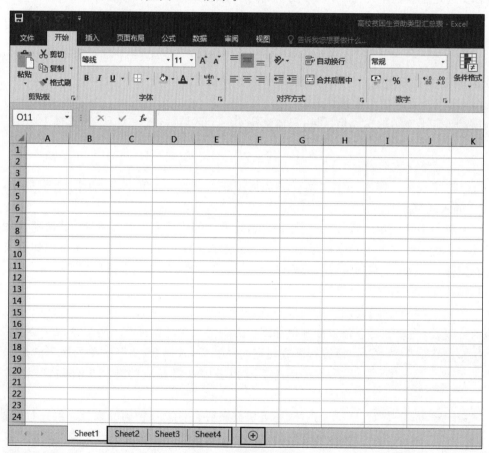

图 1-10　新建工作表

还可以通过以下方法增加工作表：右击工作表标签，在弹出的快捷菜单中选择"插入"选项，将弹出"插入"对话框，如图 1-11 所示，选择"工作表"选项后，单击"确定"按钮即可。

图 1-11　"插入"对话框

此外，也可插入图表、宏表等，插入的工作表将位于选定工作表之前。

2．重命名工作表

对 Sheet1 工作表进行重命名的方法是：选定 Sheet1 工作表标签后右击，在弹出的快捷菜单中选择"重命名"选项，如图 1-12 所示。

图 1-12　快捷菜单"重命名"选项

输入工作表名称"1 月"后，按 Enter 键即可，如图 1-13 所示。

除上述方法外，也可通过双击工作表标签重命名工作表，操作方法为：选定 Sheet2 工作表标签，双击标签后光标闪烁，输入工作表名称"2 月"后，按 Enter 键即可完成重命名，如图 1-14 所示。

图 1-13　Sheet1 工作表重命名为"1 月"

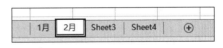

图 1-14　双击工作表标签重命名

完成后保存工作簿。

单击工作表标签即可对该工作表的内容进行编辑。工作表标签快捷菜单的功能除了增加和重命名工作表外，还可移动或复制工作表、设置标签颜色、删除工作表等。

3．移动或复制工作表

移动或复制工作表，可以在同一工作簿中完成，也可以在不同工作簿中完成。

1）同一工作簿

（1）移动工作表。

选定需要移动的工作表标签，按住鼠标左键，拖动至相应位置即可。实例 1-1 的工作簿

Excel 基础知识

中"1月"与"2月"工作表可随意互换位置,其他工作表位置也可任意移动。

（2）复制工作表。

在移动工作表操作的同时按住 Ctrl 键,将创建该工作表的副本,即复制工作表。若要复制实例 1-1 的 Sheet3 工作表,操作方法为:单击 Sheet3 工作表标签,按住 Ctrl 键,同时按住鼠标左键向右拖动,操作后,创建的工作表副本名称为"Sheet3(2)",如图 1-15 所示。

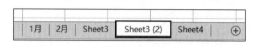

图 1-15　复制 Sheet3 工作表

2）不同工作簿

要将新建的"工作簿 1"中的 Sheet1 工作表移动到"高校贫困生资助类型汇总表"工作簿中形成第 6 个工作表,操作方法为:①新建空白"工作簿 1",并同时打开"工作簿 1"及"高校贫困生资助类型汇总表"工作簿。②选定"工作簿 1"的 Sheet1 工作表标签后右击,在弹出的快捷菜单中选择"移动或复制"选项。③在弹出的"移动或复制工作表"对话框中,选择目标工作簿为"高校贫困生资助类型汇总表",并选择"移至最后"选项,如图 1-16 所示。④单击"确定"按钮,"高校贫困生资助类型汇总表"工作簿中新增第 6 个工作表,即来自空白"工作簿 1"中的 Sheet1 工作表,如图 1-17 所示。

图 1-16　"移动或复制工作表"对话框

移动和复制工作表的操作区别为:复制工作表需勾选"建立副本"选项,而移动工作表不勾选。

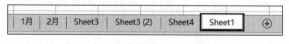

图 1-17　新增 Sheet1 工作表

根据图 1-1 所示,依次将该工作簿中其余工作表重命名为"3 月""4 月""5 月""6 月"。

1.2.3　工作组

若需要同时操作多个工作表且操作内容相同,则可将这些工作表组成工作组以简化操作。工作组中的工作表可进行统一操作,如输入数据、删除数据、格式设置等。

实例 1-1 中,"高校贫困生资助类型汇总表"需于每月记录、存储数据,该工作簿中含 6 个工作表,若 6 个工作表都需要插入相同的标题,可通过工作组完成。具体操作方法为:选定"1 月"工作表标签,按住 Shift 键后选定"6 月"工作表标签,即可组成一个由 1～6 月工作表组成的工作组,标题栏中工作簿名称右侧出现"[工作组]"字样,如图 1-18 所示。

若要选定全部工作表,可右击工作表标签,在弹出的快捷菜单中选择"选定全部工作表"选项即可。

若需要选定位置上不连续的工作表,如 1 月、3 月、5 月工作表,操作方法为:选定"1 月"工作表标签,按住 Ctrl 键后依次选定"3 月""5 月"工作表标签,即可组成一个由"1 月"

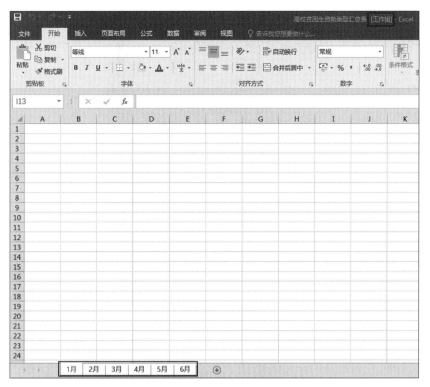

图 1-18　连续工作表组成工作组

"3 月""5 月"工作表组成的工作组，如图 1-19 所示。

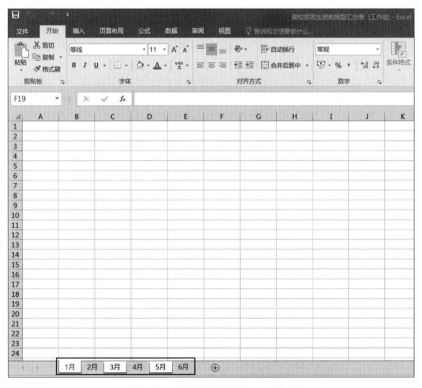

图 1-19　不连续工作表组成工作组

Excel 基础知识

若需取消工作组，右击已选定的工作表标签，在弹出的快捷菜单中选择"取消组合工作表"选项，如图 1-20 所示。

图 1-20 快捷菜单"取消组合工作表"选项

取消工作组后，对其中一个工作表进行的操作不再影响工作组中其他工作表。

1.3 数据输入与数据验证

Excel 的操作对象是数据，而数据分为多种类型。

在工作表中，右击选定的单元格，在弹出的快捷菜单中，选择"设置单元格格式"选项，弹出"设置单元格格式"对话框，如图 1-21 所示。该对话框也可以通过选择"开始"→"数字"功能区右下角的" "按钮调出，或通过按 Ctrl+1 组合键快速弹出。

图 1-21 "设置单元格格式"对话框

在"数字"选项卡下可看到数据的几种常用分类。数据类型是数据的一种呈现形式，不一定为数据本身。在 Excel 表格中经常会见到三种类型的数据，一种是文本型数据，主要用来呈现和描述;另一种是数值型数据,常用来表示数字、金额等,可用来做加减乘除的计算或金额的统计等;还有一种是日期型数据,主要用来表示日期。

1.3.1 文本型数据的输入

在文本格式下,数据输入内容与显示内容一致,数据在单元格中默认左对齐。

实例1-1中,6个工作表组成了工作组。要在"1月"工作表中添加标题及其他内容,操作方法如下。

(1)输入标题。选定A1:I1单元格区域,设置单元格格式为"文本"后,单击"确定"按钮。选定A1单元格,在编辑栏输入"序号"后按Enter键或单击"✓"按钮,如图1-22所示。

也可以双击需要输入数据的单元格如B1,光标闪烁,输入"姓名"后按Enter键。按照以上方法在C1~I1单元格中依次输入"身份证号""联系电话""综合测评分数""获得日期""资助类型""班级""校内资助代码"等标题内容。因1~6月工作表已组成工作组,对"1月"工作表所进行的操作,也会对工作组中其他工作表进行同步操作,因此,数据输入完成后6个工作表中均有相同的标题。

每个月工作表信息均有变化,将标题输入完成后要取消组合工作表。取消组合工作表后,对其中一个工作表的操作不再影响其他工作表。

(2)输入"序号"列数据。根据图1-1所示,序号从001开始编号。在"1月"工作表中选定A2单元格,输入"001"后按Enter键,此时单元格内将序号错误地显示为"1",如图1-23所示。

图1-22 输入标题"序号"

图1-23 序号错误显示为"1"

若未提前设置数据类型,系统默认通过输入的数据内容自动确定。在此处,系统把"001"判断为数字,因此将数字前面两个没有意义的"0"去掉,显示为"1"。在文本格式下,数据的输入内容与显示内容一致。因此,将数据类型设置为"文本"后,才能正常显示序号"001",操作方法为:选定"序号"列,将单元格格式设置为"文本"后单击"确定"按钮。此时,在单元格中重新输入"001"后按Enter键,序号正常显示为"001",并且在单元格的左上角出现小三角标记,如图1-24所示。此时,序号"001"被视为文本型数据处理,显示内容与输入内容完全一致。

在输入数据前加撇号('),也可将数据转换为文本型数据,这种数据称为数字文本数据,单元格左上角将显示小三角标记。例如,在A3单元格中输入"'002"后按Enter键,序号正常显示为"002",如图1-25所示。

图 1-24　序号正常显示为"001"　　　　　　图 1-25　数字文本数据

（3）输入"身份证号"列数据。在输入身份证号时，系统把身份证号也默认为是数字。在"1月"工作表的 C2 单元格中输入身份证号内容"530129200012250068"后按 Enter 键，此时单元格内将身份证号错误地显示为"5.30129E＋17"，而编辑栏中错误地显示为"530129200012250000"，如图 1-26 所示。

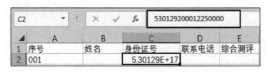

图 1-26　身份证号错误显示

因 Excel 中数字数据的有效位数为 15 位，而身份证号为 18 位，在默认情况下，系统将超出 15 位的部分用"0"代替，并用科学记数法表示为"5.30129E＋17"。与处理"序号"列数据的方法相同，将"身份证号"列单元格格式设置为"文本"后重新输入，即可显示完整、正确的身份证号。根据图 1-1 所示依次完整输入身份证号。

（4）输入"联系电话"列数据。电话号码虽未超过 15 位，但不需要进行数学运算，一般情况下，单元格格式也应设置为"文本"。将"联系电话"列单元格格式设置为"文本"，根据图 1-1 所示，依次完整输入联系电话。

1.3.2　数值型数据的输入

数值型数据主要用来表示数字，可进行数学运算。在数值格式下，数据默认右对齐。

在"1月"工作表中输入"综合测评分数"列数据，选择数据类型为"数值"，小数位数默认为"2"，如图 1-27 所示。

图 1-27　设置单元格格式为"数值"

在 E2 单元格中输入"90.669"后按 Enter 键,此时单元格内将综合测评分数错误地显示为"90.67",将"小数位数"调整为"3"后,分数正确地显示为"90.669"。若将"小数位数"调整为"1",则分数错误地显示为"90.7",在不重新输入数据的情况下,再次将"小数位数"调整为"3",分数又正确地显示为"90.669"。由此可见,在"数值"格式下,可根据需要设置不同的小数位数,在单元格内将显示被四舍五入后的对应小数位数数据,而数据本身并没有改变。

若需要输入的数据类型为"分数",数据类型选择"分数"即可,如图 1-28 所示。

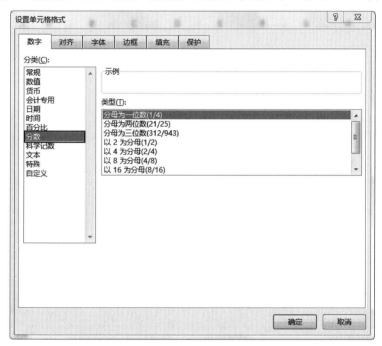

图 1-28　设置单元格格式为"分数"

分数数据可根据需要选择分母为不同位数或指定数字的显示方式。例如,若要输入分数 5/8,选择类型为"分母为一位数(1/4)",输入"5/8"后按 Enter 键即可;若要输入分数 25/28,选择类型为"分母为两位数(21/25)",输入"25/28"后按 Enter 键即可。

1.3.3　日期型数据的输入

在"1 月"工作表中输入"获得日期"列数据,选择数据类型为"日期",如图 1-29 所示。

在 F2 单元格中,输入"2021/9/1"后按 Enter 键,此时日期正确显示,与输入数据一致。

若选择"类型"为"＊2012 年 3 月 14 日",则日期显示为"2021 年 9 月 1 日"。还可根据需要选择不同的显示方式,如"二〇二一年九月一日""九月一日""2021 年 9 月"等。

若要显示当前日期,可按 Ctrl＋";"组合键自动输入;若要显示当前时间,可按 Ctrl＋Shift＋";"组合键自动输入。

若输入"2021/9/1"后将数据类型转换为"常规",此时日期将错误地显示为"44440",如图 1-30 所示。

这是因为,在 Excel 中日期的本质就是一个数值。例如,在单元格中输入"1"并将单元格格式设置为"日期"后,单元格将显示为"1900/1/1",如图 1-31 所示。

Excel 基础知识

14

图 1-29 设置单元格格式为"日期"

| 44440 | 1900/1/1 |

图 1-30 日期错误显示为"44440"　　　　图 1-31 日期显示为"1900/1/1"

由此可见,Excel 中的日期是从 1900 年 1 月 1 日开始计的。因此,若在输入日期后显示以万为计的数字 N,则代表以 1900 年 1 月 1 日为序列值 1 的第 N 个序列值,将其转换为"日期"格式即可正常显示。

1.3.4 常用数据填充技巧

1. 定位空白单元格批量填充

某高校体育教学研究部统计出了报名参加冬季运动会的部分专业的学生人数报名表,如图 1-32 所示。

学校明确规定在上报参加人数时,人数不能留空,如无人参加,则用"无人参赛"字样补齐。由于部分专业无人参加运动会,因此要在上述空白单元格中批量填充"无人参赛"字样。操作方法为:选定所有需要填充"无人参赛"的单元格区域后,按 Ctrl+G 组合键,弹出"定位"对话框,单击"定位条件"按钮,在弹出的"定位条件"对话框中选择"空值"后单击"确定"按钮,此时所有空白单元格均显示灰色底纹,表示被选中。输入"无人参赛"后,按 Ctrl+Enter 组合键,在每个选定的空白单元格中将填充"无人参赛"字样,如图 1-33 所示。

2. 不连续单元格填充颜色及数据

要制作形状为"2022"的黄色字样并在各单元格中填充数据"Excel",操作方法如下。

(1) 新建工作表,按住 Ctrl 键后,鼠标依次选定形状为"2022"的单元格区域,选择填充颜色为黄色。在工作表内显示形状为"2022"的黄色字样,如图 1-34 所示。

专业名称	男	女
财务管理	10	40
动画	33	
服装与服饰设计	12	38
公共管理	12	38
护理学		24
德语	15	35
金融学		35
酒店管理	26	59
法学	19	
人力资源管理	13	37
汉语言文学	35	25
国际经济与贸易	15	65
药学	17	
体育学	4	76
泰语		34

图 1-32　冬季运动会报名人数

专业名称	男	女
财务管理	10	40
动画	33	无人参赛
服装与服饰设计	12	38
公共管理	12	38
护理学	无人参赛	24
德语	15	35
金融学	无人参赛	35
酒店管理	26	59
法学	19	无人参赛
人力资源管理	13	37
汉语言文学	35	25
国际经济与贸易	15	65
药学	17	无人参赛
体育学	4	76
泰语	无人参赛	34

图 1-33　表格中批量填充"无人参赛"字样

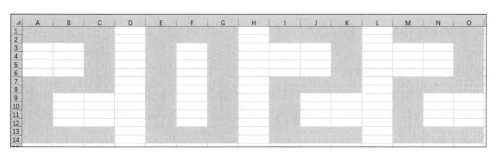

图 1-34　形状为"2022"的黄色字样

（2）输入"Excel"后，按 Ctrl＋Enter 组合键，"Excel"在每个选中的单元格中显示，如图 1-35 所示。

图 1-35　填充"Excel"

3. Excel 快速填充

若输入实例 1-1 的"姓名"列前，提供了如图 1-36 所示的数据。

为使"姓名"列数据能被快速填充，操作方法为：在右侧插入 1 列并在第 1 个单元格中输入"姓名"，然后在第 2 个单元格中输入第一个姓名"陈晨"后，选择"数据"→"快速填充"选项（或按 Ctrl＋E 组合键），"姓名"列数据将被快速填充，填充效果如图 1-37 所示。

由此可见，Excel 可以智能识别需要填充的数据，并提取有效信息进行填充。

若要填充单元格相邻区域（上、下、左、右的空白单元格），可通过选择"开始"→"编辑"→"填充"下拉列表的相应选项来完成。例如，在 K10 单元格中输入"Excel"后，选定 K9 单元格，选择"填充"→"向上"选项，则 K9 单元格被填充同样的数据"Excel"。同理，其他相邻区域也可采用此方法进行快速填充。

提供数据
陈晨CC
邓力轩DLX
董宇DY
冯思敏FSM
高晓杰GXJ
韩佳逸HJY
何静HJ

提供数据	姓名
陈晨CC	陈晨
邓力轩DLX	邓力轩
董宇DY	董宇
冯思敏FSM	冯思敏
高晓杰GXJ	高晓杰
韩佳逸HJY	韩佳逸
何静HJ	何静

图 1-36　输入"姓名"列前提供的数据　　　　图 1-37　快速填充"姓名"列数据

1.3.5　数 据 验 证

数据验证可以为输入的数据制定规则,如限制输入数据的类型、限制输入数字的位数等。另外,数据验证提供的下拉列表可以提高数据输入的效率,也可避免手动输入数据而产生的错误。数据验证还可以在数据输入错误后进行出错警告,并且可以自定义警告的内容。

1. 增加下拉列表

实例 1-1 的"1 月"工作表中,"资助类型"列数据需要在提供的下拉列表选项中进行选择。设置单元格下拉列表选项的操作方法为:选定需要使用下拉列表的单元格区域后,选择"数据"→"数据验证"选项,弹出"数据验证"对话框。在"设置"选项卡的"验证条件"中,"允许"选择"序列","来源"文本框中输入"国家励志奖学金,国家助学金,省政府励志奖学金",作为下拉列表的选项,如图 1-38 所示。单击"确定"按钮。

设置好下拉列表后,当选定"资助类型"列的任意空白单元格并单击下拉列表箭头时,将出现已设置的下拉列表选项,可通过选择对应选项进行数据的输入,如图 1-39 所示。

图 1-38　设置"资助类型"下拉列表 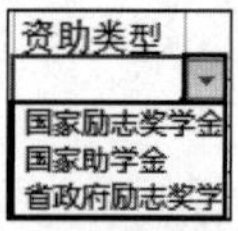　　　　图 1-39　"资助类型"下拉列表

根据图 1-1 所示,依次选择对应的资助类型。

除"资助类型"外,"学院""性别""学历"等分类较少的情况,也可通过该方法进行设置,以实现数据的快速、准确填充。

2. 数据错误的验证

1) 数据长度的验证

实例 1-1 中"身份证号"为 18 位数字,为验证输入的数据位数是否有误,可设置文本长度的验证条件,操作方法为:选定"身份证号"列数据区域,选择"数据"→"数据验证"选项,弹出"数据验证"对话框。在"设置"选项卡的验证条件中,"允许"选择"文本长度","数据"选择"等于","长度"文本框中输入"18",单击"确定"按钮,如图 1-40 所示。

2）数据范围的验证

实例 1-1 中"综合测评分数"为 1～100 的数字,为验证输入的数据是否超出此数据范围,可设置数据范围的验证条件,操作方法为:选定"综合测评分数"列数据区域,选择"数据"→"数据验证"选项,弹出"数据验证"对话框。在"设置"选项卡的验证条件中,"允许"选择"小数","数据"选择"介于","最小值"文本框中输入"0","最大值"文本框中输入"100",单击"确定"按钮,如图 1-41 所示。

图 1-40　设置"身份证号"文本长度验证条件　　图 1-41　设置"综合测评分数"数值范围验证条件

3）自定义出错警告

数据验证设置完成后,如果输入文本长度错误的身份证号,或数值范围错误的综合测评分数等,Excel 将弹出出错警告,如图 1-42 所示。

该出错警告的内容可以进行自定义。

在输入超出已设置数据范围的综合测评分数后,若要设置标题为"输入有误"、内容为"综合测评分数范围为 0～100 分"字样的出错警告,操作方法为:选定"综合测评分数"列数据区域,选择"数据"→"数据验证"选项,弹出"数据验证"对话框。切换到"出错警告"选项卡,在"标题"文本框中输入"输入有误","错误信息"文本框中输入"综合测评分数范围为 0～100 分",如图 1-43 所示。单击"确定"按钮。

图 1-42　Excel 弹出的出错警告　　　　　图 1-43　自定义"出错警告"

当输入超出已设置数据范围的综合测评分数时，将出现自定义的出错警告，如图 1-44 所示。

3. 自定义输入信息提示

在输入身份证号时，若要设置标题为"请输入身份证号"，内容为"身份证号有效位数为 18 位"字样的提示信息，操作方法为：选定"身份证号"列数据区域，选择"数据"→"数据验证"选项，弹出"数据验证"对话框。切换到"输入信息"选项卡，在"标题"文本框中输入"请输入身份证号"，在"错误信息"文本框中输入"身份证号有效位数为 18 位"，如图 1-45 所示。单击"确定"按钮。

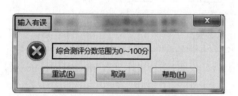

图 1-44　自定义的"出错警告"对话框　　　　图 1-45　自定义"输入信息"

当选定"综合测评分数"列单元格时，将出现自定义的输入信息提示。

1.3.6　应用自定义数字格式

当常规的数字格式无法满足使用需求时，可应用自定义数字格式。使用数字格式只是改变了数字的显示方式，而未改变实际数字。

1. 增加单位

图 1-33 报名人数统计表中，报名人数仅显示数字，若要显示单位"人"，操作方法为：按住 Ctrl 键，依次选定报名人数不为 0 的单元格区域，在右击弹出的快捷菜单中选择"设置单元格格式"选项，弹出"设置单元格格式"对话框，在"分类"列表框中选择"自定义"，将"类型"文本框中输入"0人"后单击"确定"按钮，显示效果如图 1-46 所示。

2. 日期的不同显示方式

实例 1-1"1 月"工作表中"获得日期"列的数据显示为"2021/9/1"，显示方式不符合实例 1-1 的要求。要使日期显示为"2021 年 9 月 1 日星期三"，操作方法为：选定"日期"列标题外单元格区域，设置单元格格式为"自定义"。在"类型"选项列中选择"yyyy"年"m"月"d"日""，并在其后输入"aaaa"，如图 1-47 所示。

专业名称	男	女
财务管理	10人	40人
动画	33人	无人参赛
服装与服饰设计	12人	38人
公共管理	12人	38人
护理学	无人参赛	24人
德语	15人	35人
金融学	无人参赛	35人
酒店管理	26人	59人
法学	19人	无人参赛
人力资源管理	13人	37人
汉语言文学	35人	25人
国际经济与贸易	15人	65人
药学	17人	无人参赛
体育学	4人	76人
泰语	无人参赛	34人

图 1-46　表格显示单位"人"

图 1-47　设置"自定义"日期格式

单击"确定"按钮后,所选单元格的日期显示为"2021 年 9 月 1 日 星期三"。

由此可见,"类型"代码的不同,单元格内就会有不同的显示方式。常用的基础代码如图 1-48 所示。

基础代码	代码释义	原始数据	显示结果	格式设定
G/通用格式	常规格式,功能和单元格常规格式相同	100	100	G/通用格式
#	数字占位符。只显示有意义的零而不显示无意义的零。小数点后数字如大于#的数量,则按#的位数四舍五入	28.3275	28.328	##.###
0	数字占位符。如果单元格的内容大于占位符,则显示实际数字,如果小于占位符的数量,则用0补足,可以显示无意义的零	2.8327	02.83270	00.00000
?	数字占位符。为小数点任一侧的无效零位置添加空格。	3.152	3.152	?.????
日期代码	y代表年份,可以是yyyy显示4位年份,也可以是yy显示后2位年份	2021/9/1	2021年	yyyy年
	m代表月份,可以是mm显示2位月份,也可以是m显示自然序列月份	2021/9/1	09	mm
	d代表日期,可以是dd显示2位日期,也可以是d显示自然序列	2021/9/1	1	d
	aaaa显示星期几,aaa显示星期几中的几	2021/9/1	2021/9/1 星期三	yyyy/m/d aaaa

图 1-48　自定义数字格式常用基础代码

若要显示日期为"2021 年 9 月 1 日 Wednesday",则在"类型"选项列表中选择为"yyyy"年"m"月"d"日""并在其后输入"dddd"。若要显示日期为"2021/09/01",则在"类型"选项列表中选择"yyyy/mm/dd"。

3. 自定义数字显示格式

在 Excel 中显示数字时,会自动删掉数值前面无实际意义的"0",如果想显示"001""002"的效果,可以用自定义数字格式实现。操作方法为:输入数字"1""2"后,设置单元格格式为"自定义",在"类型"文本框中输入"000"后单击"确定"按钮,则数字显示为"001""002"。

1.4　自动填充数据

1.4.1　文本型数据序列

实例 1-1 的"1 月"工作表中,"序号"列数据格式为文本,从序号"001"开始,依次增大,若依次输入序号"002""003"等将耗费大量时间。Excel 的自动填充功能可提高有规律数据的输入效率,最简单的方法是使用填充柄,操作方法如下。

（1）选定 A2 单元格后,在单元格右下角出现一个绿色小方块,称为填充柄,如图 1-49 所示。

（2）将光标移至小方块处,随即变成黑色十字形,按住鼠标左键向下拖动至需要填充数据的最后一个单元格,Excel 将自动填充数据。

此时,在选中单元格区域的右下角出现"自动填充选项",在其下拉列表中可选择"复制单元格""仅填充格式"等其他填充方式。

1.4.2　文本与数字混合序列

在实例 1-1 的"1 月"工作表中,"班级"列为文本与数字混合数据,在 H2 单元格中输入"汉语言文学 1 班"后,拖动填充柄,默认生成班号依次增大的班级名称,依次为"汉语言文学 2 班""汉语言文学 3 班"等,"班级"列制作完成。

1.4.3　日期序列

除序号外,填充柄也可自动填充其他信息,如日期。例如,日期为"2021/9/1",选定单元格,按住填充柄向下拖动,Excel 就会自动填充日期数据,如图 1-50 所示。

A
序号
001

图 1-49　填充柄

日期
2021/9/1
2021/9/2
2021/9/3
2021/9/4

图 1-50　自动填充日期

由此可见,Excel 表格中日期默认是按"天"来进行填充的。若要改变填充方式,可在"自动填充选项"下拉列表中选择"按月填充""按年填充""以工作日填充"等。

实例 1-1 的"1 月"工作表中"获得日期"列已自定义单元格格式,显示为"2021 年 9 月 1 日 星期三",因获得日期均为同一天,按住填充柄拖动至最后一个需要填充数据的单元格后,选择"自动填充选项"→"复制单元格"选项,填充完成。

1.4.4 等差或等比序列

实例 1-1 中,"校内资助代码"为编号 1、3、5、7、9 等数据,输入该列数据的操作方法为:选中 I2 单元格,输入"1",选中 I3 单元格,输入"3",然后同时选定两个单元格,使用鼠标左键拖动填充柄至最后一个需要填充数据的单元格。此时数据形成一个等差序列,该等差序列的步长值为"3"与"1"的差值,即"2",生成的数据依次为"1""3""5""7""9"等。

若要生成等比序列,前面部分使用与填充等差数列同样的操作方法,利用填充柄填充数据后,在"自动填充选项"下拉列表中选择"等比序列",如图 1-51 所示。

此时数据形成等比序列,该等比序列的步长值为"3"与"1"的比值,即"3",生成的数据依次为"1""3""9""27""81"等。

也可通过选择"开始"→"填充"→"序列"选项调出"序列"对话框设置序列,如图 1-52 所示。在对话框中,可根据需要设置序列产生的位置(行或列)、序列的类型(等差序列、等比序列、日期、自动填充)、日期序列的单位(日、工作日、月、年)、步长值、终止值等。

图 1-51　选择"等比序列"

图 1-52　"序列"对话框

若要产生一个步长值为"7"的等比序列,操作方法为:在第一个单元格中输入第一个序列值为"1",选定需要填充数据的单元格区域,选择"开始"→"填充"→"序列"选项。在弹出的"序列"对话框中,选择"类型"为"等比序列",输入"步长值"为"7",单击"确定"按钮。此时数据形成一个等比序列,该等比序列的步长值为"7",生成序列值依次为"1""7""49""343""2401"等。

1.4.5 自定义序列

除以上方式外,还可根据需要创建自定义序列。实例 1-1 中,"1 月"工作表的列标题由"序号""姓名""身份证号""联系电话""综合测评分数""获得日期""资助类型""班级""校内资助代码"组成。这组无规律的数据序列,在每一学年的工作中都会重复录入,可以使用自定义序列简化工作。添加自定义序列的操作方法为:选择"文件"→"选项"选项,在弹出的"Excel 选项"对话框中选择"高级"选项,在选项区中单击"编辑自定义列表"按钮,弹出"自定义序列"对话框。在"输入序列"中从上到下依次输入标题内容,每个列标题输入完成后按 Enter 键,所有列标题输入完成后单击"添加"按钮,该序列在"自定义序列"下出现,如图 1-53 所示。新序列添加完成,单击"确定"按钮。

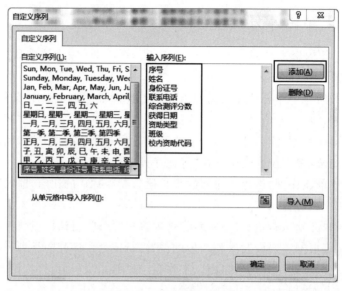

图 1-53　设置自定义序列

打开实例 1-1 的"2 月"工作表,在 A2 单元格中输入"序号",向右拖动填充柄,完整的自定义列标题即可填充完成。

1.5　数据隐藏与保护

Excel 提供了多种数据隐藏方式,如隐藏行或列、隐藏工作表、隐藏工作簿等。另外,可对工作表设置保护以限制他人查看或修改,还可设置文档访问密码以限制对工作簿的访问等。由此可见,Excel 多层次、多类别地提供了各种安全和保护措施。

1.5.1　隐藏数据

1. 隐藏列

实例 1-1 中"1 月"工作表的数据输入完成后,因"身份证号"等重要信息涉及学生隐私,通常需要将其隐藏起来。若要隐藏"身份证号"列,操作方法为:选定"身份证号"列后右击,在弹出的快捷菜单中选择"隐藏"选项,如图 1-54 所示。"身份证号"列即被隐藏。

若要取消隐藏,选定"身份证号"左右两侧的两列单元格(或包含隐藏列的其他左右两侧的列间区域)后右击,在弹出的快捷菜单中选择"取消隐藏"选项即可。

2. 隐藏行

隐藏行的操作方法与隐藏列相同,区别只在于选定的数据不同。若实例 1-1 的"1 月"工作表中某位学生的信息需要隐藏,操作方法为:选定该行后右击,在弹出的快捷菜单中选择"隐藏"选项,此行信息即被隐藏。若要取消隐藏行,则选定该行上下两行的单元格(或包含隐藏行的其他上下两侧的行间区域)后右击,在弹出的快捷菜单中选择"取消隐藏"选项即可。

图 1-54　"隐藏"选项

若要隐藏实例 1-1 的"1 月"工作表中所有空白行和列,操作方法为:①选定第一个空白列,按 Ctrl＋Shift＋"→"组合键选定空白区域后右击,在弹出的快捷菜单中选择"隐藏"选项。②选定第一个空白行,按 Ctrl＋Shift＋"↓"组合键选定空白区域后右击,在弹出的快捷菜单中选择"隐藏"选项。若要取消隐藏,单击工作表左上角小三角选定整个"1 月"工作表,选定列或行后右击,在弹出的快捷菜单中选择"取消隐藏"选项即可取消隐藏列或行。

3. 隐藏工作表

隐藏工作表后,在工作簿中将不显示该工作表标签。

若要隐藏实例 1-1 中的"1 月"工作表,操作方法为:选定"1 月"工作表标签后右击,在弹出的快捷菜单中选择"隐藏"选项,如图 1-55 所示。

"1 月"工作表即被隐藏,在工作表标签栏中不显示该工作表,如图 1-56 所示。

图 1-55　隐藏工作表选项

图 1-56　"1 月"工作表被隐藏

要实现不显示所有工作表标签的效果,若使用上述方法,将提示错误信息,如图 1-57 所示。

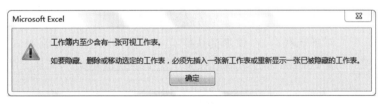

图 1-57　错误提示

由此可见,无法通过"隐藏"实现不显示所有工作表标签。正确的操作方法为:选择"文件"→"选项"选项,在弹出的"Excel 选项"对话框中选择"高级"选项,在对话框右侧的"此工作簿的显示选项"选项区中,将"显示工作表标签"前的"√"取消后,单击"确定"按钮即可。

取消隐藏"1 月"工作表的操作方法为:选定工作表标签后右击,在弹出的快捷菜单中选择"取消隐藏"选项,弹出"取消隐藏"对话框,在其中的"取消隐藏工作表"中选择"1 月",如图 1-58 所示。单击"确定"按钮即可。

若需取消隐藏多个工作表,只能逐个操作。

4. 隐藏工作簿

若要隐藏实例 1-1 的"高校贫困生资助类型汇总表"工作簿,选择"视图"→"隐藏"选项,如图 1-59 所

图 1-58　取消隐藏"1 月"工作表

Excel 基础知识

示。工作簿中的数据即被全部隐藏。

图 1-59　隐藏工作簿

若要取消隐藏该工作簿,选择"视图"→"取消隐藏"选项,弹出"取消隐藏"对话框,在该对话框的"取消隐藏工作簿"中选择"高校贫困生资助类型汇总表"后单击"确定"按钮,如图 1-60 所示。工作簿即可恢复显示。

图 1-60　取消隐藏工作簿"高校贫困生资助类型汇总表"

1.5.2　保护工作表

设置"保护工作表"后,工作表中部分或全部单元格不能被编辑、修改。若要对实例 1-1 的"1 月"工作表中"姓名"列进行保护,操作方法如下。

(1) 选定整个工作表后右击,在弹出的快捷菜单中选择"设置单元格格式"选项(也可通过"开始"→"数字"功能区的快速启动器或按 Ctrl+1 组合键调出),切换至"保护"选项卡,如图 1-61 所示。

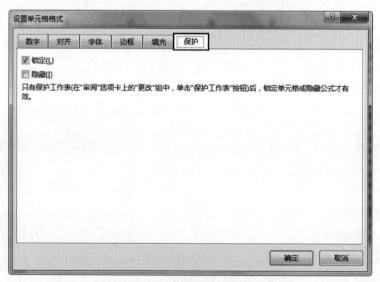

图 1-61　设置单元格格式"保护"选项卡

（2）在"保护"选项卡下取消"锁定"前的勾选项，单击"确定"按钮，此时整个"1月"工作表不被保护。

（3）选定"姓名"列，重复上一步操作，勾选"锁定"后单击"确定"按钮。

（4）选择"审阅"→"保护工作表"选项，弹出对话框如图1-62所示。

（5）在"取消工作表保护时使用的密码"文本框中输入密码"2022"后单击"确定"按钮，弹出"确认密码"对话框，如图1-63所示。

图 1-62 "保护工作表"对话框

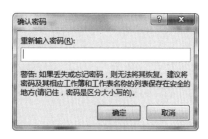
图 1-63 "确认密码"对话框

（6）在"重新输入密码"文本框中重新输入密码"2022"后单击"确定"按钮。

此时"姓名"列已被保护，不能被编辑。

若编辑"姓名"列，将出现警告对话框如图1-64所示。

图 1-64 警告对话框

而此时"审阅"选项卡中出现"撤销工作表保护"选项。如需撤销保护，选择"审阅"→"撤销工作表保护"，在弹出的"撤销工作表保护"中输入已设置的密码"2022"后单击"确定"按钮，工作表可恢复正常编辑。

需要注意的是，"锁定"与"隐藏"只在工作表被保护的状态下才有效。

1.5.3 保护工作簿

若对实例1-1的"高校贫困生资助类型汇总表"工作簿设置保护后，将不能对"1月""2月"等工作表进行插入、删除、重命名、移动或复制等操作。保护"高校贫困生资助类型汇总表"工作簿操作方法如下。

（1）选择"审阅"→"保护工作簿"选项，弹出"保护结构和窗口"对话框，如图1-65所示。

（2）在"密码"文本框中输入密码"2022"，单击"确定"按钮，弹出"确认密码"对话框，重新输入密码"2022"后单击"确定"按钮。

此时"高校贫困生资助类型汇总表"工作簿已设置保护,无法对该工作簿中"1 月""2 月"等工作表进行插入、删除、重命名、移动或复制等操作。

若要撤销对该工作簿的保护,选择"审阅"→"保护工作簿"选项后,在弹出的"撤销工作簿保护"对话框中输入已设置的密码"2022"即可,如图 1-66 所示。

图 1-65 "保护结构和窗口"对话框   图 1-66 "撤销工作簿保护"对话框

1.5.4 文档访问密码

文档访问密码可限制对工作簿的访问。若要对"高校贫困生资助类型汇总表"工作簿设置文档访问密码,操作方法如下。

(1)选择"文件"→"另存为"选项,选择工作簿保存位置后,弹出"另存为"对话框,在该对话框的"工具"下拉列表中选择"常规选项",弹出"常规选项"对话框,如图 1-67 所示。

(2)若在"常规选项"对话框的"打开权限密码"处输入"2022",则输入密码"2022"后才可打开文档;若在"修改权限密码"处输入"2022",则输入密码"2022"后才可修改并保存文档。

图 1-67 "常规选项"对话框

(3)输入密码后,单击"确定"按钮,弹出"确认密码"对话框,重新输入密码"2022"后单击"确定"按钮。

(4)返回"另存为"对话框,单击"保存"按钮。弹出"确认另存为"对话框,单击"是"按钮以替换原"高校贫困生资助类型汇总表"工作簿。

1.6 表格的格式与样式设置

一份用心设计过的文档,会让观看者赏心悦目,也代表了文档制作者的能力和专业程度,而如果耗费太多时间在设计和配色上也会影响制作文档的效率。Excel 2016 提供了多种主题风格和表格样式,可以从颜色、字体和效果等方面进行选择。

1.6.1 单元格格式

1. 表头格式

若要给实例 1-1 的"1 月"工作表添加表头,操作方法为:①选定行号"1"后右击,在弹出的快捷菜单中选择"插入"选项,即在第 1 行上方插入 1 行。②选定 A1 单元格,输入"高校贫困生资助类型汇总表(1 月)"。③选定 A1:I1 单元格区域,选择"开始"→"合并后居中"选项。

若不合并单元格而居中显示,选择单元格后右击,在弹出的快捷菜单中选择"设置单元格格式"选项,弹出"设置单元格格式"对话框,切换到"对齐"选项卡,在"水平对齐"下拉列表中选择"跨列居中"选项,如图 1-68 所示。

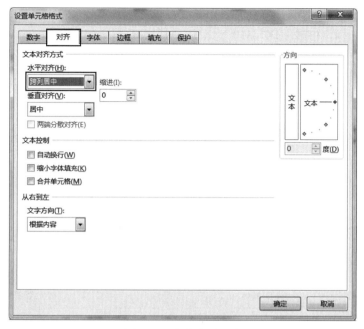

图 1-68　表头跨列居中

2. 条件格式

条件格式可以突出显示符合条件的单元格,包括数据条、色阶、图标集等显示效果。

实例 1-1 的"1 月"工作表中,若要突出显示"综合测评分数"在 90 分以上的数据,用黄色填充单元格,并且字体显示为标准蓝色。操作方法如下。

(1)选定"综合测评分数"列数据,选择"开始"→"条件格式"选项,在下拉列表中选择"突出显示单元格规则"→"大于"选项,弹出"大于"条件格式对话框。

(2)在该对话框的"为大于以下值的单元格设置格式"文本框中输入"90","设置为"下拉列表中选择"自定义格式",弹出"设置单元格格式"对话框。

(3)在该对话框中切换到"填充"选项卡,"背景色"选项区域选择黄色;切换到"字体"选项卡,在"颜色"下拉列表框中选择"标准色"区域的"蓝色"选项,单击"确定"按钮。

(4)返回"大于"条件格式对话框,单击"确定"按钮。此时"综合测评分数"列中 90 分以上的单元格填充为黄色,并且字体显示为标准蓝色。

3. 格式刷

格式刷是 Excel 中常用的功能之一,格式刷可将已有格式快速复制到另一对象上。

以实例 1-1 的"1 月"工作表数据为例,使用格式刷的操作方法为:将第一个姓名"陈晨"设置为宋体、12 号字后,选定"陈晨"所在的 B2 单元格,选择"开始"→"格式刷"选项,此时,光标变成"🔲🖌"形状。然后选定第二个姓名"邓力轩",此时可发现,"邓力轩"也变为宋体、12 号字。在此例中,如果使用格式刷将 B2 单元格的格式复制到"获得日期"列的 F2 单元格,此时 F2 单元格的数据将错误地显示为"44440",如图 1-69 所示。

Excel 基础知识

由于"获得日期"列单元格设置过自定义数字格式,格式无法匹配,因此显示错误。

若要复制多个姓名的格式,选定"陈晨"后,双击"格式刷"按钮,再依次选定需要设置格式的姓名,如"董宇""冯思敏"等即可。

格式复制完成后,再次选择"开始"→"格式刷"选项,可关闭"格式刷"功能。

获得日期
44440

图 1-69 "获得日期"错误显示

4. 清除多余单元格格式

设置单元格格式后,也可清除多余单元格格式,如对工作表中空白单元格进行的设置。Excel 中的 Inquire 选项卡可清除多余单元格格式。

(1) 启动 Inquire 加载项

在 Excel 中默认不加载 Inquire 选项卡,如需使用,需要启动 Inquire 加载项,操作方法为:选择"文件"→"选项"选项,弹出"Excel 选项"对话框,选择"加载项"选项。在"管理"下拉列表中选择"COM 加载项"选项,单击"转到"按钮。在弹出的"COM 加载项"对话框中勾选 Inquire,如图 1-70 所示。

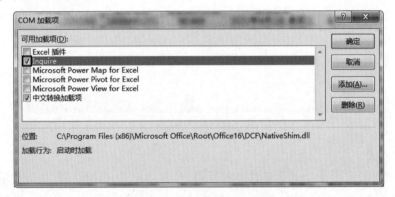

图 1-70 "COM 加载项"对话框

单击"确定"按钮,Inquire 选项卡加载完成,如图 1-71 所示。

(2) 清除多余单元格格式

选择 Inquire→"清除多余的单元格格式"选项,弹出"清除多余的单元格格式"对话框,如图 1-72 所示。

图 1-71 Inquire 选项卡

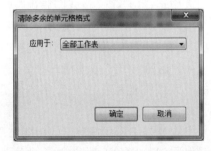

图 1-72 "清除多余的单元格格式"对话框

选择应用于"全部工作表",单击"确定"按钮,弹出"清除工作簿外部多余的单元格格式"对话框,如图 1-73 所示,单击"是"按钮,将更改保存到工作表中。

图 1-73 "清除工作簿外部多余的单元格格式"对话框

1.6.2 单元格样式

单元格样式即针对单元格的样式,包括数字格式、对齐方式、边框等。可应用默认单元格样式,也可根据需要修改部分单元格样式或新建单元格样式。

1. 应用内置单元格样式

以实例 1-1 的"1 月"工作表为例,应用内置单元格样式的操作方法为:选定 A1:A11 单元格区域,选择"开始"→"样式"组的"其他"选项,在下拉列表中有多个内置单元格样式,如图 1-74 所示。

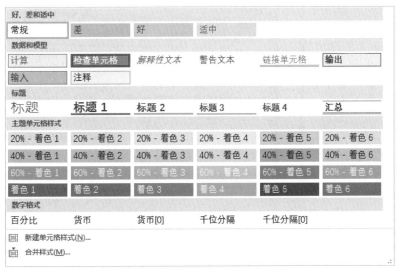

图 1-74 内置单元格样式

选择"着色 5"单元格样式后,文档的数字格式、填充颜色等均发生了变化,如图 1-75 所示。

序号	姓名	身份证号	联系电话	综合测评分数	获得日期	资助类型	班级	校内资助代码
001	陈晨	530129200012250068	18088661201	90.669	2021年9月1日 星期三	省政府励志奖学金	汉语言文学1班	1
002	邓力轩	313225200104280617	18088661237	91.459	2021年9月1日 星期三	国家助志奖学金	汉语言文学2班	3
003	董宇	110226200001312034	18088661225	92.568	2021年9月1日 星期三	国家助志奖学金	汉语言文学3班	5
004	冯思敏	150124200308095624	18088661245	89.231	2021年9月1日 星期三	国家助学金	汉语言文学4班	7
005	高晓杰	120223200502214127	18088661242	88.575	2021年9月1日 星期三	国家助学金	汉语言文学5班	9
006	韩佳逸	132103200406050822	18088661243	89.381	2021年9月1日 星期三	国家助学金	汉语言文学6班	11
007	何静	152225200410310253	18088661228	90.572	2021年9月1日 星期三	省政府励志奖学金	汉语言文学7班	13
008	蒋雨清	152633200302150020	18088661268	88.562	2021年9月1日 星期三	国家助学金	汉语言文学8班	15
009	孔凯	152723200401270024	18088661274	88.754	2021年9月1日 星期三	国家助志奖学金	汉语言文学9班	17
010	李林颖	153922200405260012	18088661233	93.564	2021年9月1日 星期三	国家助学金	汉语言文学10班	19

图 1-75 设置单元格样式后的工作表(部分)

2. 自定义单元格样式

若要将实例 1-1 的"1 月"工作表中标题单元格的字体样式修改为"黑体、常规、14 磅"，操作方法如下。

（1）选定标题单元格，选择"开始"→"样式"组的"其他"选项。

（2）将光标移动到"标题"选项区域后右击，选择"修改"选项，弹出"样式"对话框，如图 1-76 所示。

（3）在"样式"对话框中，单击"格式"按钮，弹出"设置单元格格式"对话框。

（4）在该对话框中切换到"字体"选项卡，在"字体"选项区域中选择"黑体"，"字形"选项区域中选择"常规"，"字号"选项区域中选择"14"，如图 1-77 所示。

图 1-76 "样式"对话框

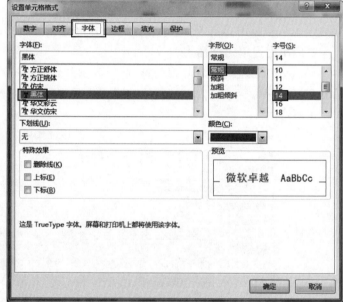

图 1-77 设置标题字体

（5）单击"确定"按钮，返回"样式"对话框，单击"确定"按钮。此时，标题字体变为"黑体、常规、14 磅"。

此外，还可对数字格式、对齐方式、边框等进行修改。若要修改"着色 5"单元格样式的对齐方式，操作方法如下。

（1）选择"开始"→"样式"组的"其他"颜色样式选项，将光标移动到选择"着色 5"单元格样式后右击，选择"修改"选项，弹出"样式"对话框。

（2）在该对话框中单击"格式"按钮，弹出"设置单元格格式"对话框，切换到"对齐"选项卡，在"水平对齐"下拉列表中选择"靠左（缩进）"、在"垂直对齐"下拉列表中选择"靠下"，单击"确定"按钮返回"样式"对话框。在该对话框中，单击"确定"按钮。

（3）选定 A1：A11 单元格区域，选择"开始"→"样式"组的"其他"选项，选择"着色 5"单元格样式。此时，"着色 5"单元格样式的水平对齐变为"靠左（缩进）"，垂直对齐变为"靠下"。

1.6.3 主题

Excel 的主题是一组预置的格式和样式设置，包括文档颜色、字体和文档效果的设置。

以实例 1-1 的"1 月"工作表为例进行主题设置,操作方法为:选定整个工作表,双击列与列之间的分隔线,Excel 将自动调整列宽,使单元格内容得以完整展示。然后选择"开始"→"居中"选项,将文本居中对齐,如图 1-78 所示。

序号	姓名	身份证号	联系电话	综合测评分数	获得日期	资助类型	班级	校内资助代码
001	陈晨	530129200012250068	18088661201	90.669	2021年9月1日 星期三	省政府励志奖学金	汉语言文学1班	1
002	邓力轩	313225200104280617	18088661237	91.459	2021年9月1日 星期三	国家励志奖学金	汉语言文学2班	3
003	董宇	110226200001312034	18088661225	92.568	2021年9月1日 星期三	国家励志奖学金	汉语言文学3班	5
004	冯思敏	150124200308095624	18088661245	89.231	2021年9月1日 星期三	国家助学金	汉语言文学4班	7
005	高晓杰	120223200502214127	18088661242	88.575	2021年9月1日 星期三	国家助学金	汉语言文学5班	9
006	韩佳逸	132103200406050822	18088661231	89.381	2021年9月1日 星期三	国家助学金	汉语言文学6班	11
007	何静	152225200410310253	18088661228	90.572	2021年9月1日 星期三	省政府励志奖学金	汉语言文学7班	13
008	蒋雨潇	152633200302150020	18088661268	88.562	2021年9月1日 星期三	国家助学金	汉语言文学8班	15
009	孔娜	152723200401270024	18088661274	88.754	2021年9月1日 星期三	国家助学金	汉语言文学9班	17
010	李林颖	153922200405260012	18088661233	93.564	2021年9月1日 星期三	国家励志奖学金	汉语言文学10班	19

图 1-78　调整后的工作表(部分)

选择"页面布局"→"主题"选项,在下拉列表中有多个主题可选择,如图 1-79 所示。

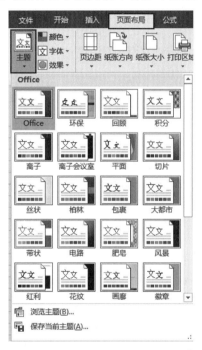

图 1-79　默认文档主题

选择"平面"主题后,文档的字体、效果等均发生了变化,如图 1-80 所示。

序号	姓名	身份证号	联系电话	综合测评分数	获得日期	资助类型	班级	校内资助代码
001	陈晨	530129200012250068	18088661201	90.669	2021年9月1日 星期三	省政府励志奖学金	汉语言文学1班	1
002	邓力轩	313225200104280617	18088661237	91.459	2021年9月1日 星期三	国家励志奖学金	汉语言文学2班	3
003	董宇	110226200001312034	18088661225	92.568	2021年9月1日 星期三	国家励志奖学金	汉语言文学3班	5
004	冯思敏	150124200308095624	18088661245	89.231	2021年9月1日 星期三	国家助学金	汉语言文学4班	7
005	高晓杰	120223200502214127	18088661242	88.575	2021年9月1日 星期三	国家助学金	汉语言文学5班	9
006	韩佳逸	132103200406050822	18088661231	89.381	2021年9月1日 星期三	国家助学金	汉语言文学6班	11
007	何静	152225200410310253	18088661228	90.572	2021年9月1日 星期三	省政府励志奖学金	汉语言文学7班	13
008	蒋雨潇	152633200302150020	18088661268	88.562	2021年9月1日 星期三	国家助学金	汉语言文学8班	15
009	孔娜	152723200401270024	18088661274	88.754	2021年9月1日 星期三	国家助学金	汉语言文学9班	17
010	李林颖	153922200405260012	18088661233	93.564	2021年9月1日 星期三	国家励志奖学金	汉语言文学10班	19

图 1-80　设置"平面"主题后的工作表(部分)

此外,可选择"浏览主题"选项查看未列出的主题。另外,通过"页面布局"→"主题"组的"颜色""字体""效果"更改当前主题,实现自定义文档主题。

1.6.4 套用表格格式

套用表格格式可以将单元格区域快速设置为预置的样式。

以实例 1-1 的"1 月"工作表为例，套用表格格式的操作方法为：将光标定位于数据区域，选择"开始"→"套用表格格式"选项，在下拉列表中有浅色、中等深浅、深色等多个内置表格格式可选择，如图 1-81 所示。

选择"表样式中等深浅 7"后，弹出"套用表格式"对话框，如图 1-82 所示。

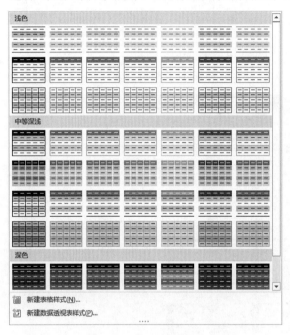

图 1-81 默认表格格式   图 1-82 "套用表格式"对话框

"表数据的来源"默认选定所有数据区域单元格，单击"🖳"按钮，可修改数据区域。例如，选定区域为 A1：A11 的单元格区域，并勾选"表包含标题"后单击"确定"按钮。套用表格格式后，工作表如图 1-83 所示（原工作表如图 1-78 所示）。

序号	姓名	身份证号	联系电话	综合测评分数	获得日期	资助类型	班级	校内资助代码
001	陈晨	5301292000122500068	18088661201	90.669	2021年9月1日 星期三	省政府励志奖学金	汉语言文学1班	1
002	邓力轩	313225200104280617	18088661237	91.459	2021年9月1日 星期三	国家励志奖学金	汉语言文学2班	3
003	董宇	110226200001312034	18088661225	92.568	2021年9月1日 星期三	国家励志奖学金	汉语言文学3班	5
004	冯思敏	150124200308095624	18088661245	89.231	2021年9月1日 星期三	国家助学金	汉语言文学4班	7
005	高晓杰	120223200502214127	18088661242	88.575	2021年9月1日 星期三	国家助学金	汉语言文学5班	9
006	韩佳逸	132103200406050822	18088661231	89.381	2021年9月1日 星期三	国家助学金	汉语言文学6班	11
007	何静	152225200410310253	18088661228	90.572	2021年9月1日 星期三	省政府励志奖学金	汉语言文学7班	13
008	蒋雨潇	152633200302150020	18088661268	88.562	2021年9月1日 星期三	国家助学金	汉语言文学8班	15
009	孔娜	152723200401270024	18088661254	88.754	2021年9月1日 星期三	国家助学金	汉语言文学9班	17
010	李林颖	153922200405260012	18088661233	93.564	2021年9月1日 星期三	国家励志奖学金	汉语言文学10班	19

图 1-83 设置套用表格格式后的工作表（部分）

此时，单元格格式发生了变化，并且标题行增加了筛选功能。另外，还可以给这个区域命名，表名称默认为"表 1"，如图 1-84 所示。

此外，可选择"开始"→"套用表格格式"→"新建表格样式"选项进行表格样式的自定义设置。

图 1-84 表格区域命名

1.7 工作表打印

当工作表输入、编辑完成,可对工作表进行打印,以形成纸质材料。在打印前,可对工作表进行相关设置,以确保数据、表格按照要求被打印出来。

1.7.1 页面设置

选择"页面布局"选项卡的"页面设置"组中,包含了页边距、纸张方向、纸张大小、打印区域、分隔符、背景、打印标题等多个功能,如图 1-85 所示。

1. 页边距

设置页边距的方法为:选择"页面布局"→"页边距"选项,弹出下拉列表,如图 1-86 所示。

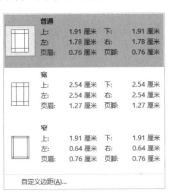

图 1-85 "页面设置"功能

图 1-86 "页边距"下拉列表

可根据需要选择预置的格式,还可以自定义页边距,操作方法为:在图 1-86 的下拉列表中,选择"自定义边距"选项,弹出"页面设置"对话框,如图 1-87 所示。在"上""下""左"

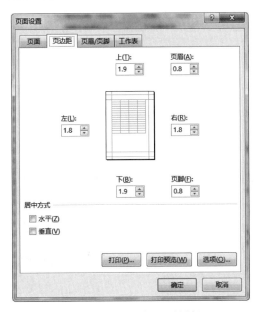

图 1-87 "页面设置"对话框

"右"4 个文本框中输入所需的上、下、左、右边距(单位为 cm)后,单击"确定"按钮即可。此外,页眉、页脚边距及居中方式也可在此进行设置。

若要给实例 1-1"高校贫困生资助类型汇总表"工作簿中的所有工作表添加页眉和页脚,页眉中间位置显示"资助统计"、页脚格式为"第 1 页,共?页",且页眉、页脚到上、下边距的距离均为 3cm,同时,打印内容在页面水平和垂直方向都居中对齐,操作方法如下。

(1) 按住 Shift 键,鼠标左键依次选定起始工作表标签"1 月"及"6 月"。

(2) 选择"页面布局"→"页边距"→"自定义边距"选项,弹出"页面设置"对话框,切换至"页眉/页脚"选项卡,单击"自定义页眉"按钮,弹出"页眉"对话框,在"中"文本框中输入"资助统计"后单击"确定"按钮即可,如图 1-88 所示。

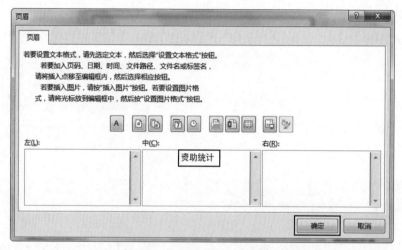

图 1-88　设置页眉"资助统计"

(3) 在"页面设置"对话框中,"页脚"选择所需样式"第 1 页,共?页",如图 1-89 所示。

图 1-89　设置页脚"第 1 页,共?页"

（4）切换到"页边距"选项卡，"页眉"和"页脚"文本框中输入"3"，"居中方式"选项区域中的"水平""垂直"均勾选后单击"确定"按钮，如图 1-90 所示。

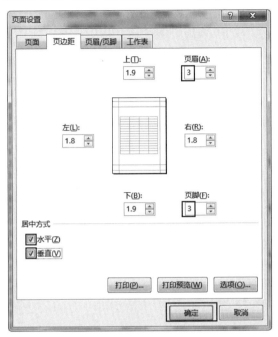

图 1-90　设置页眉、页脚边距值及居中方式

2．纸张方向

纸张方向即打印时纸张的方向，分为"横向"和"纵向"两种。

3．纸张大小

纸张大小指打印时使用的纸张大小，如 A3、A4 等。

4．打印区域

打印区域指需要打印的工作表区域。在实际打印过程中，有时仅需打印工作表中的一部分内容，可通过打印区域进行设置。若要打印实例 1-1 的"1月"工作表序号 001～010 的学生信息，操作方法为：选定 A2：I11 单元格区域，选择"页面布局"→"打印区域"→"设置打印区域"选项即可。

5．分隔符

分隔符是可将工作表拆分为单独页面来进行打印的标识符。若实例 1-1 的"1月"工作表需将序号 001～010 的学生信息打印在第 1 页，其余序号的学生信息从第 2 页开始打印，操作方法为：选定序号 011 所在行，选择"页面布局"→"分隔符"→"插入分页符"选项即可。

6．背景

可为工作表设置背景。背景来源可以是计算机中的图片文件，也可以搜索相应图片后插入，如图 1-91 所示。

7．打印标题

如果工作表跨多个打印页面，可以通过添加将出现在每个打印页上的行标题和列标题来标记数据。这些标签就是打印标题。通过"页面布局"→"打印标题"选项，弹出"页面设置"对话框，在"打印标题"区域即可设置打印标题。

图 1-91 设置"背景"

1.7.2 常用打印技巧

1. 快速调整宽度和高度

若要在打印工作表时使工作表的宽度和高度均为"1 页",可通过选择"页面布局"→"宽度"和"高度"下拉列表选项进行快速操作,如图 1-92 所示。

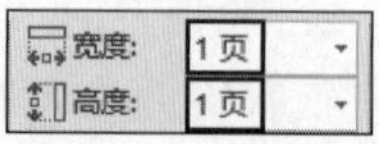

2. 居中打印

若表格内容未占满整个页面,则打印内容会偏向纸张左上角。快速调整方法为:在"页面设置"对话框的"页边距"选项卡中勾选"居中方式"选项区域的"水平""垂直"两项,单击"确定"按钮即可。

图 1-92 快速设置宽度和高度

3. 打印标题行

若实例 1-1 的"1 月"工作表需要在打印时每页均显示标题行,操作方法如下。

(1) 选择"页面布局"→"打印标题"选项,弹出"页面设置"对话框,如图 1-93 所示。

(2) 在"工作表"选项卡下,单击"顶端标题行"右侧的"▦"按钮后,选定"1 月"工作表的标题行,单击向下的箭头后,单击"确定"按钮。

1.7.3 设置打印选项

在打印工作表之前,可进行打印预览,选择"文件"→"打印"选项即可预览工作表打印效果。

1. 选择打印机

在"打印机"下拉列表中,可以选择需要使用的打印机,或添加打印机。

2. 页面设置

在"设置"选项区域中,可选择打印整个工作簿、打印活动工作表、打印选定区域等,也可根据需要更改页面设置,如图 1-94 所示。

图 1-93 "页面设置"对话框

图 1-94 页面设置

1.8 Excel 基础操作综合案例

某校计算机学院承担了全校公共必修课"计算机基础"以及本学院多门专业课的教学工作。该校规定,在上一学期期末考试中课程综合成绩未达 60 分者,均须参加补考来获得该课程学分。现需按照图 1-95 制作"计算机学院课程考核方式统计表",并对工作表进行简单数据处理及美化,具体要求如下。

	A	B	C	D	E	F
1	课程代码	课程名称	考试日期	综合成绩最低分	补考人数	考核方式
2	27033A02	Java Web编程及实践	2022/9/8	53.00	31	
3	27033A10	JavaEE编程技术	2022/9/8	39.80	16	
4	27032A11	编译原理	2022/9/8	46.40	15	
5	27001A05	程序设计基础	2022/9/8	46.40	56	
6	27072A04	多元统计分析	2022/9/8	40.40	7	
7	27022A11	通信原理	2022/9/8	42.20	3	
8	27033A08	App开发技术	2022/9/8	53.60	1	
9	27000A02	计算机基础	2022/9/8	42.80	1254	
10	27032A07	计算机网络	2022/9/8	45.20	20	
11	27062A03	计算机组成原理	2022/9/8	55.40	20	
12	27072A04	多元统计分析	2022/9/8	56.00	7	
13	27063A09	面向对象程序设计	2022/9/8	45.20	2	
14	27033A07	人工智能	2022/9/8	48.20	7	
15	27052A04	人机交互的软件工程方法	2022/9/8	47.60	3	
16	27032A10	软件工程	2022/9/8	56.60	8	
17	27062A02	数据结构	2022/9/8	45.80	47	
18	27052A06	数据库概论	2022/9/8	42.80	17	
19	27032A06	数字逻辑	2022/9/8	54.80	21	
20	27073A03	算法设计与分析	2022/9/8	52.40	3	
21	27052A10	网络及其计算	2022/9/8	36.00	9	

图 1-95 计算机学院课程考核方式统计表

（1）新建一个空白工作簿，将 Sheet1 工作表重命名为"计算机学院课程考核方式统计表"；在该工作簿中新建 Sheet2 工作表；复制"计算机学院课程考核方式统计表"工作表，将副本放置到 Sheet2 工作表之后；将该副本工作表标签的颜色设置为红色（标准色），并重命名为"备用表"。

（2）在"计算机学院课程考核方式统计表"工作表中按图 1-95 录入数据。在"考试日期"列的所有单元格中，标注该日期属于星期几，显示为"2022/9/8 星期几"形式；"综合成绩最低分"需保留两位小数显示；将所有"补考人数"列的数字格式设为带千分位分隔符的整数；在"课程代码"列左侧插入一个空列，输入列标题为"序号"，并以 001、002、003…的方式向下填充至该列的最后一个数据行；用工作组实现"备用表"工作表中包含同样的"课程代码"及"课程名称"列，并生成一个"课程代码及名称"列，该列显示为"［27033A02］Java Web 编程及实践"的形式，之后删除"课程代码"及"课程名称"列。

（3）为"考核方式"列设置下拉列表，包含"笔试闭卷""笔试开卷""考查""机考开卷""机考闭卷"五种考核方式；为"课程代码"列设置文本长度为"8"的验证条件，若输入错误的文本长度，弹出标题为"输入有误"、内容为"课程代码为 8 位"字样的出错警告；为"课程名称"设置标题为"请输入课程名称"、内容为"课程名称请写全称"字样的提醒。

（4）利用"条件格式"功能标注数据。将"补考人数"中数据小于 20 的单元格以蓝色填充、数据大于 50 的单元格以紫色字体颜色标出。

（5）在"计算机学院课程考核方式统计表"工作表中，修改单元格样式"标题 1"，令其格式变为"微软雅黑、加粗、12 磅"，其他保持默认效果。

（6）对"计算机学院课程考核方式统计表"工作表进行格式调整，对数据区域套用表格格式"中等深浅 17"，创建一个名为"自用"、包含数据区域 A1:G21、包含标题的表。

（7）在"计算机学院课程考核方式统计表"工作表的第一行插入一行空单元格；将 A1：G1 单元格合并后跨列居中显示，在此单元格中输入表格标题"2022—2023 学年第一学期"，并为第一行中的标题文字应用更改后的单元格样式"标题 1"；为表格添加所有框线，设置表格字体为宋体、12 号，数据垂直水平均居中对齐；调整标题行高为 27，"课程名称"列的宽度为 22，"考核方式"列的宽度为 10，其他所有列的列宽为自动调整列宽。

（8）隐藏 Sheet2 工作表；保护"计算机学院课程考核方式统计表"中"补考人数"列，以防他人改动数据，设置密码为"5678"；撤销保护"计算机学院课程考核方式统计表"工作表。

（9）对"计算机学院课程考核方式统计表"工作表进行页面设置。设置纸张大小为 A4、横向；调整整个工作表为 1 页宽、1 页高，并在整个页面水平居中；添加页眉和页脚，页眉中间位置显示"考核方式统计"，页脚格式为"第 1 页，共?页"，且页眉、页脚到上、下边距的距离值均为 3；将每 5 个序号的信息打印在 1 页；在打印时每页均显示标题行。

（10）对工作簿设置文档访问密码"7789"，并将该工作簿以"课程考核方式统计表（计算机学院承担）.xlsx"为文件名保存在桌面上。

制作"计算机学院课程考核方式统计表"的操作步骤如下。

1. 新建工作簿并重命名工作表

启动 Excel 2016，在软件窗口中选择"空白工作簿"缩略图，新建空白工作簿 1。双击 Sheet1 工作表标签，输入工作表名称"计算机学院课程考核方式统计表"后按 Enter 键，如图 1-96 所示。

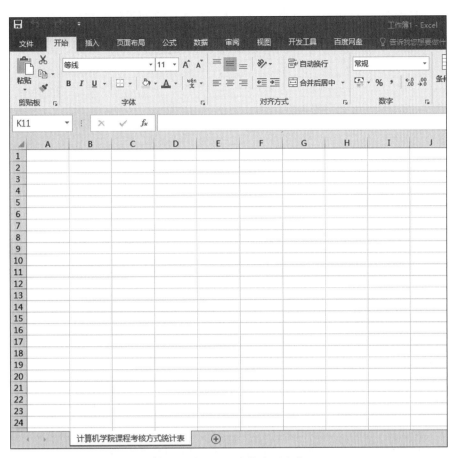

图 1-96　Sheet1 工作表重命名

2. 新建工作表

单击"计算机学院课程考核方式统计表"工作表标签右侧的"⊕"按钮,新建一个工作表 Sheet2,如图 1-97 所示。

3. 复制工作表

选定"计算机学院课程考核方式统计表"工作表标签,按住 Ctrl 键的同时按住鼠标左键,并拖曳至 Sheet2 工作表之后,创建工作表副本"计算机学院课程考核方式统计表(2)",如图 1-98 所示。

4. 设置工作表标签颜色及重命名

选定"计算机学院课程考核方式统计表(2)"工作表标签后右击,在弹出的快捷菜单中选择"工作表标签颜色"选项,在弹出的级联菜单的标准色选项区中选择红色。双击"计算机学院课程考核方式统计表(2)"工作表标签,输入工作表名称"备用表"后按 Enter 键,如图 1-99 所示。

5. 输入数据

(1) 输入标题行。选定 C1 单元格,输入"考试日期"后按"→"键,照此方法在 D1:F1 单元格中依次输入"综合成绩最低分""补考人数""考核方式"。

(2) 输入"考试日期"列数据。选定 C2 单元格,输入"2022/9/8"后按 Enter 键;选定 C2

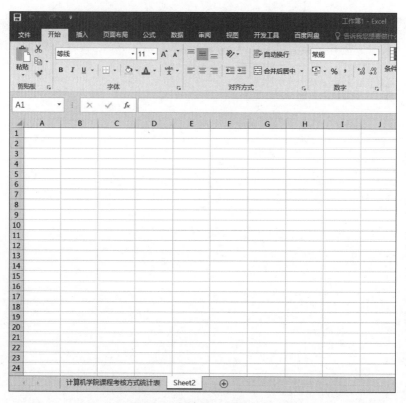

图 1-97　新建 Sheet2 工作表

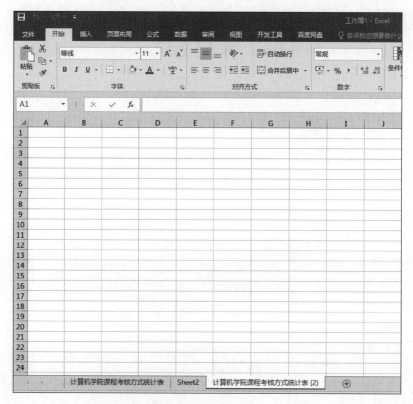

图 1-98　复制工作表

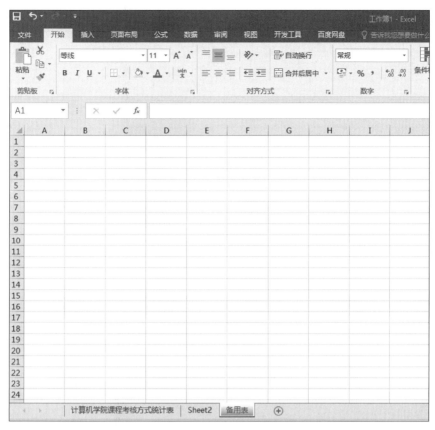

图 1-99　设置工作表标签颜色及重命名

单元格后右击,在弹出的快捷菜单中选择"设置单元格格式"选项,弹出"设置单元格格式"对话框,在"分类"列表区域中选择"自定义",在"类型"文本框中输入"yyyy/m/d aaaa"后单击"确定"按钮;选定 C2 单元格,拖动单元格右下方的填充柄至 C21 单元格,并在"自动填充选项"下拉列表中选择"复制单元格"。

（3）输入"综合成绩最低分"列数据。选定 D2:D21 单元格区域后右击,在弹出的快捷菜单中选择"设置单元格格式"选项,弹出"设置单元格格式"对话框,在"分类"列表区中选择"数值",在"小数位数"文本框中输入"2"后单击"确定"按钮。按照图 1-95 所示,依次输入"综合成绩最低分"列数据。

（4）输入"补考人数"列数据。选定 E2:E21 单元格区域后右击,在弹出的快捷菜单中选择"设置单元格格式"选项,弹出"设置单元格格式"对话框,在"分类"列表区中选择"数值",在"小数位数"文本框中输入"0"且勾选"使用千位分隔符"后单击"确定"按钮,按照图 1-95 所示,依次输入"补考人数"列数据。

（5）插入并输入"序号"列数据。选定"课程代码"列列号后右击,在弹出的快捷菜单中选择"插入"选项。选定 A1 单元格,输入"序号"后按 Enter 键。选定 A2:A21 单元格区域后右击,在弹出的快捷菜单中选择"设置单元格格式"选项,弹出"设置单元格格式"对话框,在"分类"列表区中选择"文本"后单击"确定"按钮。选定 A2 单元格,输入"001"后按 Enter 键。再次选中 A2 单元格,拖动单元格右下方的填充柄至 A21 单元格,如图 1-100 所示。

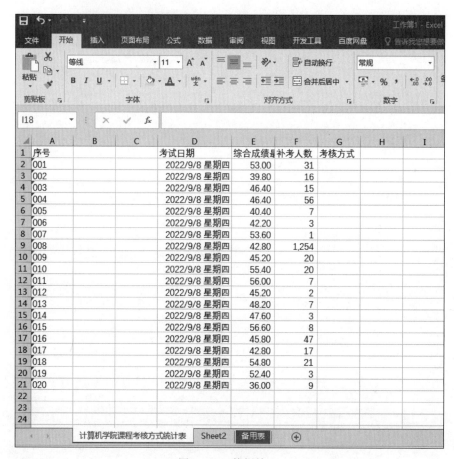

图 1-100　数据输入

6. 利用工作组输入数据

（1）组成工作表。选定"计算机学院课程考核方式统计表"工作表标签，按住 Ctrl 键的同时选定"备用表"工作表标签。

（2）输入"课程代码"列数据。选定 B1 单元格，输入"课程代码"后按 Enter 键；选定 B2:B21 单元格区域后右击，在弹出的快捷菜单中选择"设置单元格格式"选项，弹出"设置单元格格式"对话框，在"分类"列表区中选择"文本"后单击"确定"按钮，按照图 1-95 所示，依次录入"课程代码"列数据。

（3）输入"课程名称"列数据。按照图 1-95 所示，依次输入标题及"课程名称"列数据。

（4）选定"计算机学院课程考核方式统计表"工作表标签后右击，选择"取消组合工作表"选项，如图 1-101 所示。

（5）在"备用表"工作表生成"课程代码及名称"列。选定 D1 单元格，输入"课程代码及名称"后按 Enter 键；选定 D2 单元格，输入"［27033A02］Java Web 编程及实践"后按 Enter 键；选定 D2 单元格，拖动单元格右下方的填充柄至 D21 单元格，在"自动填充选项"下拉列表中选择"快速填充"。

（6）选定 B 列列号，按住鼠标左键的同时向右拖动鼠标，选定 C 列列号后右击，在弹出的快捷菜单中选择"删除"选项，如图 1-102 所示。

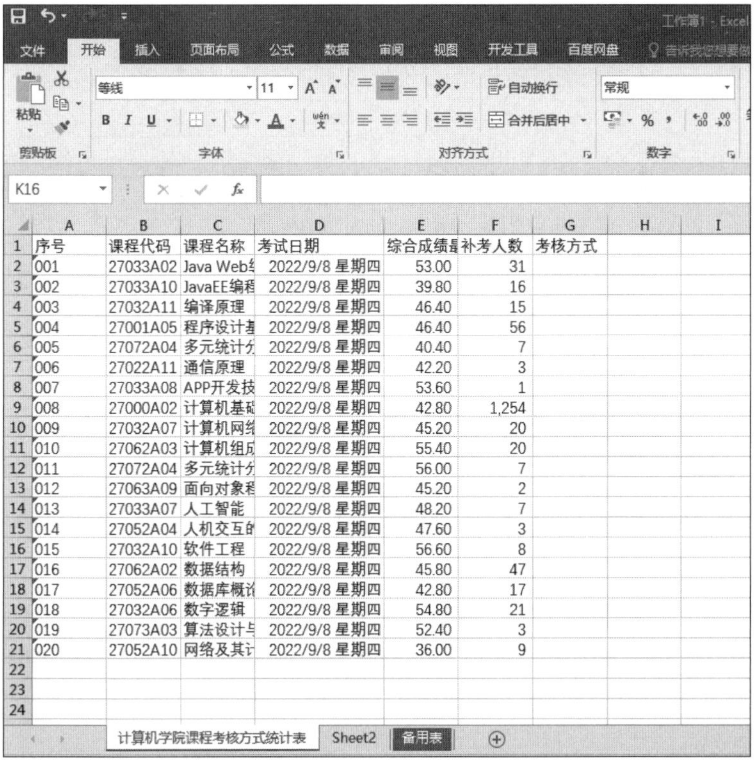

图 1-101　利用工作组输入数据

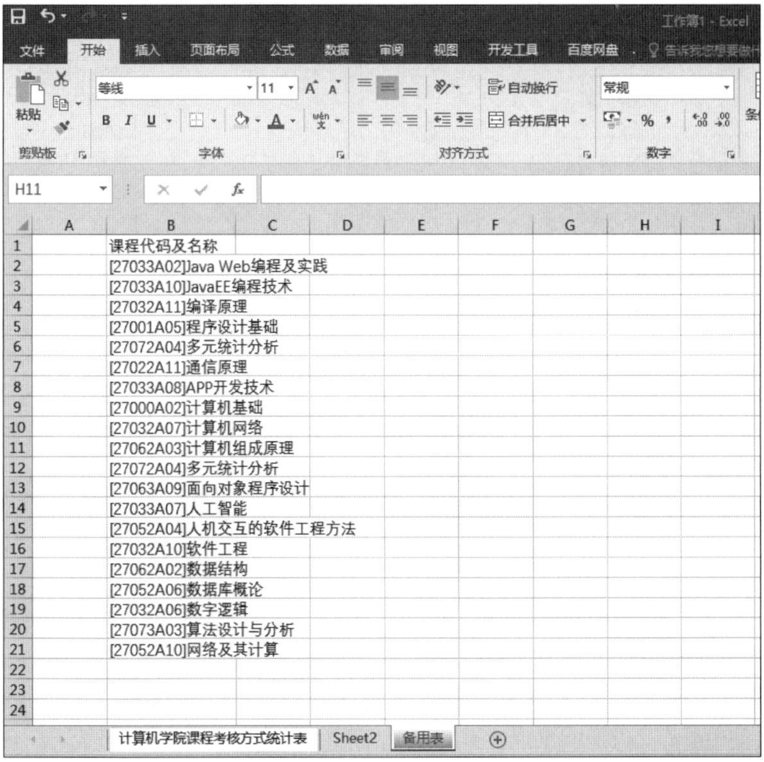

图 1-102　"备用表"工作表

Excel 基础知识

7. 设置数据验证

（1）设置单元格下拉列表。选定 G2:G21 单元格区域，选择"数据"→"数据验证"选项，在弹出的快捷菜单中选择"数据验证"选项，弹出"数据验证"对话框。在该对话框中切换至"设置"选项卡，"验证条件"区域中的"允许"下拉列表中选择"序列"，"来源"文本框中输入"考核方式"下拉列表的选项，即"笔试闭卷,笔试开卷,考查,机考开卷,机考闭卷"（每个中间用","号隔开），如图 1-103 所示，单击"确定"按钮。

图 1-103　设置单元格下拉列表

（2）设置单元格验证条件。选定"课程代码"列数据区域，打开"数据验证"对话框，切换至"设置"选项卡，在"验证条件"区域中的"允许"下拉列表中选择"文本长度"，"数据"下拉列表中选择"等于"，"长度"下拉列表中输入"8"，如图 1-104 所示；切换至"出错警告"选项卡，在"标题"文本框中输入"输入有误"，"错误信息"文本框中输入"课程代码为 8 位"，单击"确定"按钮，如图 1-105 所示。

图 1-104　"设置"选项卡

图 1-105　"出错警告"选项卡

（3）设置单元格提示信息。选定"课程名称"列数据区域，打开"数据验证"对话框，切换至"输入信息"选项卡，在"标题"文本框中输入"请输入课程名称"，"输入信息"文本框中输入"课程名称请写全称"，单击"确定"按钮，如图 1-106 所示。

8. 设置条件格式

（1）选定"补考人数"列数据区域，选择"开始"→"条件格式"下拉列表→"突出显示单元格规则"→"小于"选项，弹出"小于"条件格式对话框。在"为小于以下值的单元格设置格式"文本框中输入"20"，"设置为"下拉列表中选择"自定义格式"。在弹出的"设置单元格格式"对话框中切换到"填充"选项卡，在"背景色"选项区域中选择蓝色，单击"确定"按钮，返回"小于"条件格式对话框，再次单击"确定"按钮。

图 1-106　设置单元格提示信息

（2）选定"补考人数"列数据区域，选择"开始"→"条件格式"→"突出显示单元格规则"→"大于"选项，弹出"大于"条件格式对话框。在"为大于以下值的单元格设置格式"文本框中输入"50"，"设置为"下拉列表中选择"自定义格式"。在弹出的"设置单元格格式"对话框中切换到"字体"选项卡，在"颜色"下拉列表中选择紫色，单击"确定"按钮，返回"大于"条件格式对话框，再次单击"确定"按钮，工作表如图 1-107 所示。

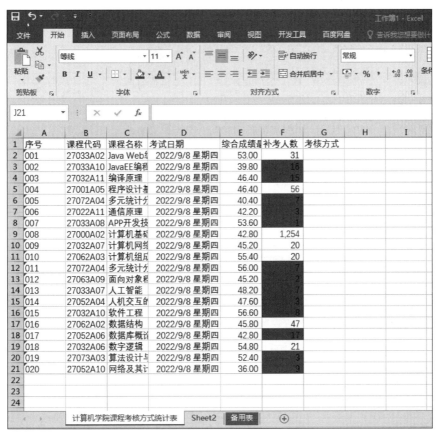

图 1-107　设置条件格式

9. 修改单元格样式

选定标题单元格区域,选择"开始"→"其他"单元格样式,将光标移动到"标题 1"选项区域后右击,在弹出的快捷菜单中选择"修改"选项,弹出"样式"对话框,单击"格式"按钮,弹出"设置单元格格式"对话框,切换到"字体"选项卡,将字体设置为"微软雅黑、加粗、12 磅",单击"确定"按钮后返回"样式"对话框,再次单击"确定"按钮;选择"开始"→"其他"单元格样式选项,单击"标题 1"。工作表如图 1-108 所示。

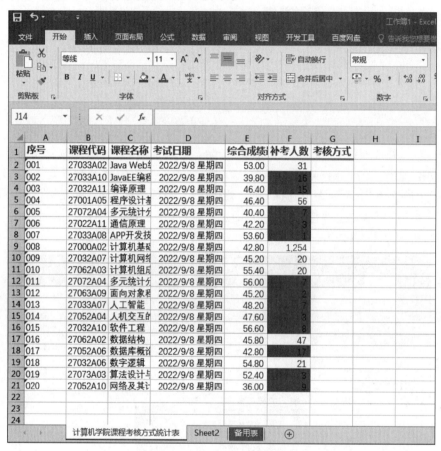

图 1-108　修改单元格样式

10. 套用表格格式

将光标定位于"计算机学院课程考核方式统计表"工作表的数据区域,选择"开始"→"套用表格格式"→"表样式中等深浅 17"选项,弹出"套用表格式"对话框,勾选"表包含标题"后单击"确定"按钮;在选项卡功能区的"表名称"处输入"自用"。工作表如图 1-109 所示。

11. 插入标题及格式调整

(1) 插入标题。选定行号 1 后右击,在弹出的快捷菜单中选择"插入"选项。然后在 A1 单元格中输入"2022—2023 学年第一学期",选定 A1:G1 单元格区域,选择"开始"→"对齐设置"选项,在弹出的"设置单元格格式"对话框中切换到"对齐"选项卡,在"水平对齐"下拉列表中选择"跨列居中"后单击"确定"按钮。选择"其他"单元格样式→"标题 1"选项。

(2) 设置工作表的格式。选定工作表数据区域,选择"开始"→"边框"→"所有框线",在

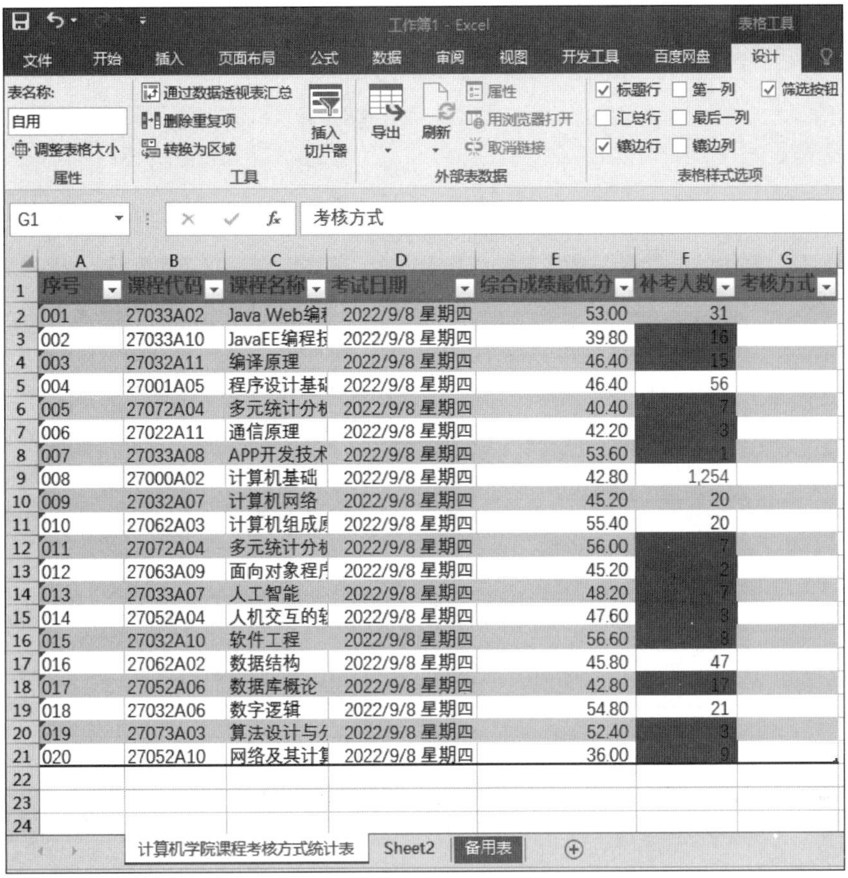

图 1-109 套用表格格式

"字体"组中设置字体为"宋体"、字号为"12",并在"对齐方式"组中单击"垂直居中"和"居中"按钮。

(3) 调整行高和列宽。选定标题行,选择"开始"→"格式"→"行高"选项,在弹出的"行高"中输入"27"后单击"确定"按钮。选定"课程名称"列,选择"开始"→"格式"→"列宽"选项,在弹出的"列宽"对话框中输入"22"后单击"确定"按钮。选定"考核方式"列,选择"开始"→"格式"→"列宽"选项,在弹出的"列宽"对话框中输入"10"后单击"确定"按钮。按住 Ctrl键,用鼠标依次单击"序号""课程代码""考试日期""综合成绩""补考人数"列,选择"开始"→"格式"→"自动调整列宽"选项。工作表如图 1-110 所示。

12. 隐藏及保护工作表

(1) 隐藏工作表。选定 Sheet2 工作表标签后右击,在弹出的快捷菜单中选择"隐藏"选项,如图 1-111 所示。

(2) 保护工作表。切换到"计算机学院课程考核方式统计表",选定整个工作表后右击,在弹出的快捷菜单中选择"设置单元格格式"选项,切换到"保护"选项卡,取消"锁定"前的勾选,单击"确定"按钮,此时整个"计算机学院课程考核方式统计表"工作表不被保护。选定"补考人数"列,重复上一步操作,在"设置单元格格式"的"保护"选项卡中勾选"锁定"后单击"确定"按钮,如图 1-112 所示。选择"审阅"→"保护工作表"选项,在弹出的"保护工作表"对

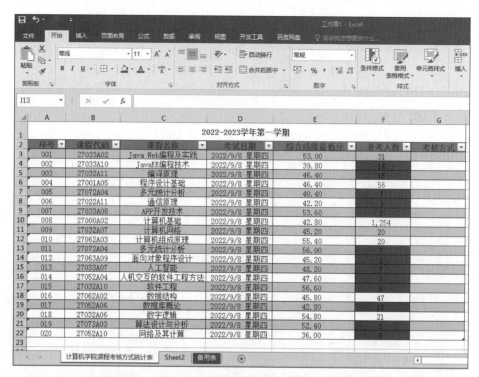

图 1-110　插入标题及格式调整

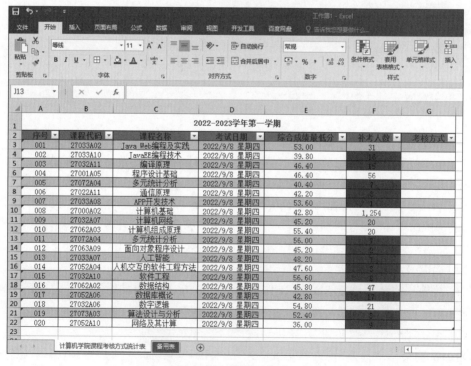

图 1-111　隐藏工作表

话框中输入密码"5678"后单击"确定"按钮,如图 1-113 所示,在弹出的"确认密码"对话框中重新输入密码"5678"后单击"确定"按钮,如图 1-114 所示。

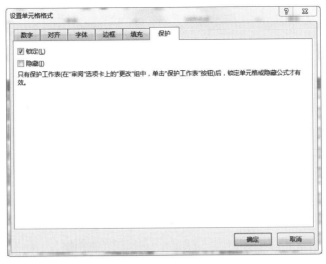

图 1-112 "保护"选项卡

图 1-113 "保护工作表"对话框

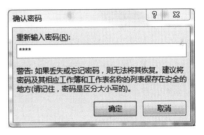

图 1-114 "确认密码"对话框

（3）撤销保护工作表。选择"审阅"→"撤销工作表保护"选项,在弹出的"撤销工作表保护"对话框中输入密码"5678",单击"确定"按钮。

13. 设置页面格式

（1）设置页面格式。选择"页面布局"→"纸张大小"→"A4"、"纸张方向"→"横向",在"宽度"和"高度"下拉列表中均选择"1 页"。选择"页面布局"→"页边距"→"自定义边距"选项,弹出"页面设置"对话框,在"页边距"选项卡中勾选"水平"复选框,如图 1-115 所示。

（2）设置页眉和页脚。在"页面设置"对话框中,切换至"页眉/页脚"选项卡,选择"自定义页眉"选项,在"中"文本框中输入"考核方式统计"后单击"确定"按钮；在"页脚"下拉列表中选择"第 1 页,共?页",如图 1-116 所示。切换至"页边距"选项卡,在"页眉""页脚"文本框中输入"3"后单击"确定"按钮。

（3）设置打印格式。选定序号 006 所在行,选择"页面布局"→"分隔符"→"插入分页符"选项,然后依次选定序号 011、016,并重复以上操作。选择"页面布局"→"打印标题"选项,弹出"页面设置"对话框,切换到"工作表"选项卡,在"顶端标题行"处选择标题行,如图 1-117 所示,单击"确定"按钮。

Excel 基础知识

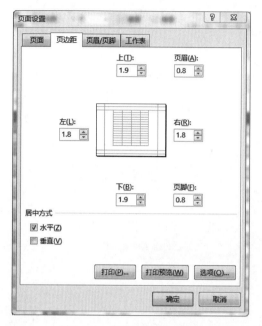

图 1-115 "页面设置"对话框

图 1-116 设置页眉和页脚

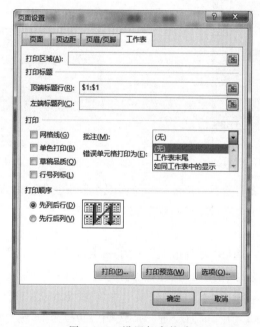

图 1-117 设置打印格式

14. 保存工作簿

选择"文件"→"另存为"→"桌面",弹出"另存为"对话框,在"工具"下拉列表中选择"常规选项",弹出"常规选项"对话框,在"打开权限密码"文本框中输入"7789",如图 1-118 所示,然后单击"确定"按钮,弹出"确认密码"对话框,如图 1-119 所示,重新输入密码"7789"后单击"确定"按钮,返回"另存为"对话框,输入文件名"课程考核方式统计表(计算机学院承担)"后单击"保存"按钮,如图 1-120 所示。

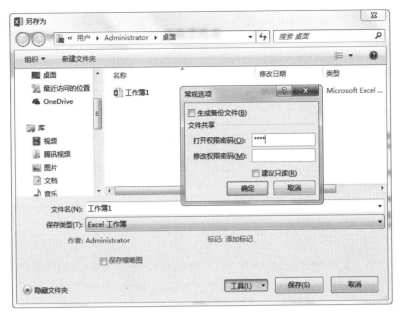

图 1-118 "常规选项"对话框

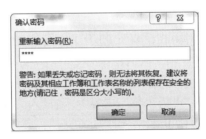

图 1-119 "确认密码"对话框

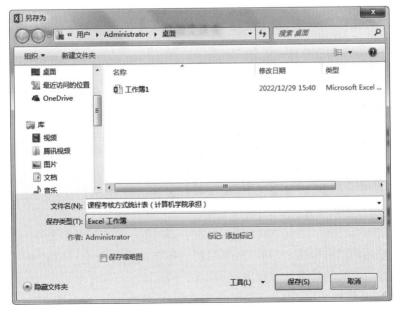

图 1-120 "另存为"对话框

1.9 习　　题

1. 某校期末考试刚刚结束,老师将初一年级部分科目成绩录入了文件名为"学生成绩表.xlsx"(见本书配套资源)的 Excel 工作簿中。根据下列要求对该成绩表进行整理和分析。

(1) 对"第一学期期末成绩"工作表中的数据列表进行格式化操作:将第一列"学号"列设为文本格式,将所有成绩列设为保留两位小数的数值格式;适当加大行高和列宽,将字体设置为宋体,标题为 16 号字,表格内为 11 号字。将对齐方式设置为水平居中、垂直靠下,增加适当的边框和底纹使工作表更加美观。

(2) 在"学号"列左侧插入一个空列,输入列标题为"序号",并以 001、002、003…的方式向下填充该列到最后一个数据行。

(3) 复制"第一学期期末成绩"工作表,并将副本放置到 Sheet2 工作表之后;将该副本表标签颜色设置为标准红色,并重新命名,新表名需包含"备用表"字样。

(4) 利用工作组功能设置工作表标签颜色,使 Sheet2 工作表和 Sheet3 工作表具有相同的工作表标签颜色。

(5) 利用"条件格式"功能进行下列设置:将语文、数学、英语三科中成绩不低于 110 分的单元格以黄色填充,其他四科中成绩高于 95 分的单元格以红色字体标出。

(6) 为所有成绩单元格区域设置数值范围为"50～120"的验证条件,若输入不在此数值范围的成绩,弹出标题为"输入有误"、内容为"分数范围为 50～120 分"字样的出错警告。为"班级"列数据区域设置标题为"班级名称"、内容为"请输入完整的班级名称"字样的提醒。

(7) 对"第一学期期末成绩"工作表进行页面设置:设置纸张的大小为 A4、方向为横向;调整整个工作表为 1 页宽、1 页高,并在整个页面水平居中;添加页眉和页脚,页眉中间位置显示"成绩统计",页脚格式为"第 1 页,共?页",且页眉、页脚到上、下边距的距离值均为3;将每 5 个序号信息打印在 1 页;在打印时每页均显示标题行。

(8) 对工作簿设置文档访问密码"2022",并将该工作簿以"学生成绩表(最新).xlsx"为文件名保存在桌面上。

2. 某校教务处为更好地掌握各个班级学习的整体情况,要求工作人员制作成绩分析表。请根据"素材.xlsx"文件(见本书配套资源),帮助工作人员完成学生期末成绩分析表的制作。具体要求如下。

(1) 将"素材.xlsx"另存为"成绩分析表.xlsx",保存在桌面上,所有的操作基于此新保存好的文件。

(2) 新建一个工作表,并重命名为"成绩分析表备用";适当调整"一班""二班""三班""四班"工作表的行高和列宽。

(3) 在"一班""二班""三班""四班"工作表中,利用工作组分别在表格内容的右侧按序插入"总分""平均分""班内排名"列。所有列的对齐方式设为居中,其中"班内排名"列数值格式为整数,其他成绩统计列的数值均保留 1 位小数。

(4) 修改单元格样式"标题",令其对齐方式变为"水平居中、垂直靠下",字体变为"微软雅黑、加粗、12 磅",其他保持默认效果。

（5）为"一班""二班""三班""四班"工作表内容套用"表样式中等深浅 15"的表格格式。

（6）为"总体情况表"工作表中"班级"列数据设置下拉列表，下拉列表选项为：一班、二班、三班、四班。

（7）在"一班""二班""三班""四班"工作表中，对学生成绩不及格（小于 60 分）的单元格突出显示为"橙色（标准色）填充色，红色（标准色）文本格式"。

（8）在"总体情况表"工作表中，将工作表标签设置为标准紫色，并将工作表内容套用"表样式中等深浅 11"的表格格式，并设置表包含标题。

（9）将"总体情况表"工作表在第一行插入一行空单元格，将 A1:M1 单元格合并后跨列居中，在此单元格中输入表格标题"各班期末成绩总体情况表"，并为标题文字应用更改后的单元格样式"标题"；为表格添加所有框线，设置表格字体为"宋体、12 号"，数据垂直和水平均居中对齐；调整标题行高为 27、"中国近现代史纲要"列的宽度为 17、"班级"列的宽度为 9，其他所有列的列宽为自动调整列宽。

（10）隐藏"成绩分析表备用"工作表；保护"一班"工作表中"学号"列及"二班"工作表中"姓名"列，设置密码为"2022"。

第2章 Excel 公式与函数的应用

第 2 章
案例导读

Excel 2016 的公式和函数可以为用户提供强大的数据计算功能,尤其是需要对庞大的数据量进行分析和计算时,公式和函数在计算过程中的优势更为明显,它们可以将庞大、复杂的计算变得简单、便捷。本章主要介绍 Excel 中公式和函数的相关概念以及使用方法,通过本章的学习能够熟练掌握公式与函数的使用方法,并能将所学知识灵活应用于其他实际问题中。

实例 2-1 财务数据分析

赵青是某公司的财务管理人员,根据公司提供的财务数据表,如图 2-1 所示,请你帮助她完成相关计算。

姓名	性别	年龄	职务	入职时间	基础工资	岗位津贴	工龄工资	应发奖金	应交个税	实发工资			
											财务数据表		
王一峰	男	36	销售员	2011年08月01日	6000	6000	550	1882.5	2529.75			员工总人数	
赵星祥	女	49	工程师	2002年11月15日	9500	9500	1140	3021	6864.4			男性员工人数	
谢芳芳	女	36	销售员	2011年01月01日	6000	6000	550	1882.5	2529.75			女性员工人数	
王程磊	男	31	审计员	2016年06月10日	6000	6000	240	1836	2422.8			2010—2015年入职的男性员工人数	
孔欣	女	34	营销总监	2010年08月06日	8500	8500	600	2640	5696			2010—2015年入职的销售员的人数	
张倩	女	43	工程师	2001年03月31日	9500	9500	1680	3102	7112.8			工程师的总工资	
王思文	男	33	审计员	2011年01月10日	6000	6000	550	1882.5	2529.75			男性员工的总工资	
吴静轩	女	42	工程师	2002年01月31日	9500	9500	1600	3090	7076			女销售员的总工资	
王思琪	男	32	销售员	2018年06月18日	6000	6000	160	1824	2395.2			2015年以后入职的女性销售员的总工资	
王博文	男	43	工程师	2002年08月12日	9500	9500	1600	3090	7076			2015年以后入职的男性销售员的总工资	
孙敬文	男	36	销售员	2012年09月20日	6000	6000	360	1854	2464.2			所有员工的平均工资	
董浩凌	男	41	工程师	2008年11月05日	9500	9500	650	2947.5	6639			男性员工的平均工资	
冯千清	女	32	销售员	2014年02月16日	6000	6000	320	1848	2450.4			2010—2015年入职的女性员工的平均工资	
马思娜	女	35	销售员	2007年02月16日	6000	6000	900	1935	2650.5			员工最高工资	
王浩	女	29	销售员	2019年05月31日	6000	6000	120	1818	2381.4			排名第三的员工工资	
杨玉清	男	45	总经理	2000年03月31日	11000	11000	1760	3564	8529.6			员工最低工资	
杨林霞	男	33	销售员	2012年03月15日	6000	6000	500	1875	2512.5			排名倒数第三的员工工资	
吴哲晗	男	30	销售员	2017年07月20日	6000	6000	200	1830	2409			工资最高的员工名字	
孙雯谦	男	40	工程师	2006年07月20日	9500	9500	960	2994	6781.6			年龄最小的员工名字	
刘柠菲	女	33	审计员	2010年08月21日	6000	6000	550	1882.5	2529.75			年龄第三小的员工的名字	
贺嘉宁	女	44	营销总监	2001年01月01日	8500	8500	1680	2802	6192.8			工资第六高的员工的名字	
孙菲菲	女	35	销售员	2018年02月16日	6000	6000	650	1897.5	2564.25			工资最高的员工职务	
王庆山	男	35	工程师	2010年04月20日	9500	9500	600	2940	6616			工资最高的员工年龄	
孙孟玉	男	32	审计员	2018年02月16日	6000	6000	160	1824	2395.2				
赵志星	女	36	销售员	2009年08月15日	6000	6000	650	1897.5	2564.25				

图 2-1 财务数据表

2.1 公式的应用

2.1.1 认识公式

公式是 Excel 中用于数据计算的表达式,由运算符、常量、单元格引用、区域名称以及函数五个部分组成。

1. 运算符

运算符可以对公式中的各元素进行指定类型的运算。运算符可以分为算术运算符、比较运算符、文本运算符、引用运算符四类。

（1）算术运算符，可以用于执行基本的算术运算，如加（＋）、减（－）、乘（＊）、除（/）、乘方（^）、百分比（%）、括号（()）等。

（2）比较运算符，通常用于对两个值进行比较，返回结果为一个逻辑值（True 或 False）。常见的比较运算符有：大于（＞）、小于（＜）、等于（＝）、大于或等于（＞＝）、小于或等于（＜＝）、不等于（＜＞）等。

（3）文本运算符"&"，可以称为连接符或连接运算符，主要功能是将多个字符串连接成一个字符串。例如，""我爱你"&"中国""的意义为："我爱你中国"。另外，"&"也可以用于单元格地址引用。例如：A1 单元格的内容为"I love you!"、B1 单元格的内容为"china"，A1&B1 表示"I love you! china"。

（4）引用运算符，可以用来将单元格合并在一起，常见的引用运算符有：冒号（:），逗号（,），空格（）三种。冒号属于区域运算符，引用相邻的多个单元格区域，如"A1:A3"表示引用 A1、A2、A3 单元格中的数值。逗号属于联合运算符，用于引用多个不相邻的单元格，如"A1,A3,B1,B3"表示引用 A1、A3、B1、B3 四个单元格中的数值。空格属于交叉运算符，用于选定多个单元格的交叉区域，如"A1:A3 B1:B3"表示引用单元格区域 A1:A3 与单元格区域 B1:B3 中重合的数值。

2. 常量

常量也称为"常数"，是一种固定的或者不可变化的数值或数据项。常量是不随时间变化的量和信息，也可以表示某一数字或者字符串，如"66""Excel 2016"等。

3. 单元格引用

单元格引用就是利用单元格所在的行号和列号来标识单元格的位置，如 A1 表示第 1 行、第 A 列单元格。

4. 区域名称

区域名称是指对某个单元格或单元格区域单独设置的名称，一般有两种命名方法。

第一种命名方法：选择单元格区域，如 A2:I11，在名称框里输入"九九乘法表"后按 Enter 键即可，如图 2-2 所示。第二种命名方法：选择"公式"→"名称管理器"选项，弹出"名称管理器"对话框，单击"新建"按钮，在弹出的"新建名称"对话框中，可以设置区域名称、引用位置等。

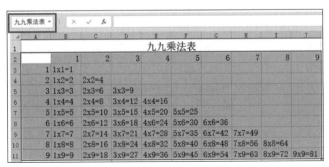

图 2-2　区域命名

5. 函数

Excel 函数是预先定义，用于执行计算、分析等处理数据任务的特殊公式。Excel 中的内置函数一共有 10 类,分别为财务函数、日期与时间函数、数学与三角函数、统计函数、查询与引用函数、数据库函数、文本函数、逻辑函数、信息函数和工程函数。

2.1.2 输入公式

在 Excel 中输入公式时,需要以"="开头,表示开始输入公式。操作方法为:选中单元格后输入"=",然后输入公式内容即可。另外,也可以选择单元格后,在对应单元格的函数编辑栏中输入"="以及公式内容即可。

例如,选中 A1 单元格后,直接在单元格内输入:"=202*25%+SUM(A1:C3)"。其中,202 是常量,"*""%""+"是算数运算符,SUM 是函数,A1:C3 是单元格区域。另外,还可以选中 A1 单元格后在对应单元格的函数编辑栏中输入"=202*25%+SUM(A1:C3)",如图 2-3 所示。

图 2-3 输入公式

2.2 函数基础

2.2.1 函数的基本结构

Excel 中的函数结构比较简单,由函数名、括号、参数、参数分隔符四个部分组成。其中,函数名是唯一的,用于标识函数的具体功能;括号的作用是将函数的所有参数括起来;参数是指函数中用于计算的值,不同类型的函数需要给定不同类型的参数,可以是数字、文本、逻辑值(真或假)、数组或单元格地址,也可以是其他公式或函数;参数分隔符","也就是英语逗号,其作用是将各个参数分隔开。例如,"AVERAGEIF(B3:B27,B3,K3:K27)",其中,AVERAGEIF 为函数名,B3:B27、B3、K3:K27 是参数,参数与参数之间由参数分隔符(,)隔开。

2.2.2 编辑函数

1. 输入函数

在 Excel 中输入函数的方法有如下三种。

(1) 直接在编辑栏中输入函数。这种输入方式容易出错,对于初学者来说比较难。但对于比较熟悉的函数,用户可以直接在编辑栏中输入,这样也可以加深对函数结构的认识。

(2) 利用"插入函数"对话框插入函数。选择需要输入函数的单元格后,单击编辑栏左侧的"插入函数"按钮 或单击"公式"选项卡上的"插入函数"按钮 ,弹出"插入函数"对话框。在该对话框的"选择函数"选项区域选择所需要的函数名,单击"确定"按钮,弹出"函数参数"对话框,输入对应的参数后单击"确定"按钮即可完成函数的输入。

(3) 利用"函数库"输入函数。选择需要输入公式的单元格后,在"公式"选项卡下的"函数库"组中选择对应的函数类别,打开下拉列表即可选择需要的函数,如图 2-4 所示。找到需要的函数后单击函数名,弹出"函数参数对话框",在其中设置函数参数即可。

图 2-4　利用"函数库"输入函数

2. 复制函数

在 Excel 中复制函数的方法有如下两种。

(1) 直接复制函数。选中要复制函数的单元格或区域后右击,在弹出的快捷菜单中选择"复制"选项。然后,选择要粘贴的区域或区域中的第一个单元格后右击,在弹出的快捷菜单中选择"粘贴"选项区域中的"公式(F)"按钮,如图 2-5 所示。

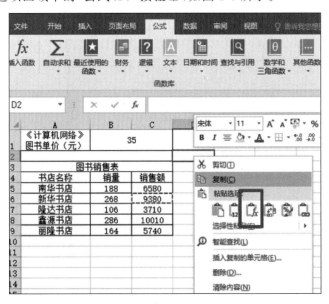

图 2-5　直接复制公式

(2) 拖动复制函数。选中要复制函数的单元格或区域,将鼠标移动到单元格区域的右下角,利用填充柄将公式拖动到指定位置,即可自动粘贴并应用公式。

Excel 公式与函数的应用

3. 修改函数

单击应用了函数的单元格,此时在编辑栏中会显示函数公式,如图 2-6 所示。

单击编辑栏,输入要修改的部分后单击编辑栏左边的 ✓ 按钮或者按 Enter 键,即可完成修改,如图 2-7 所示。

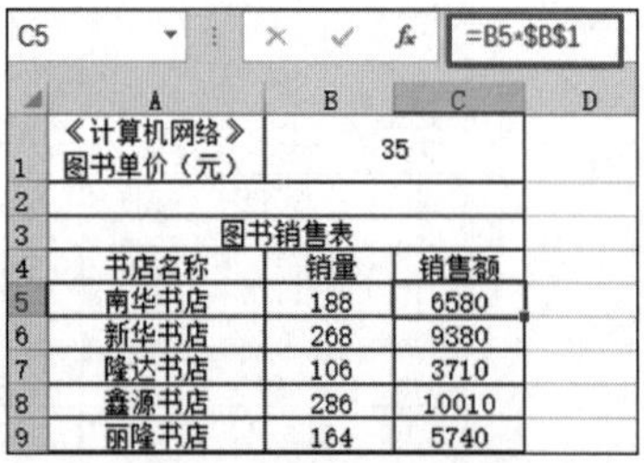

图 2-6 在编辑栏中显示公式

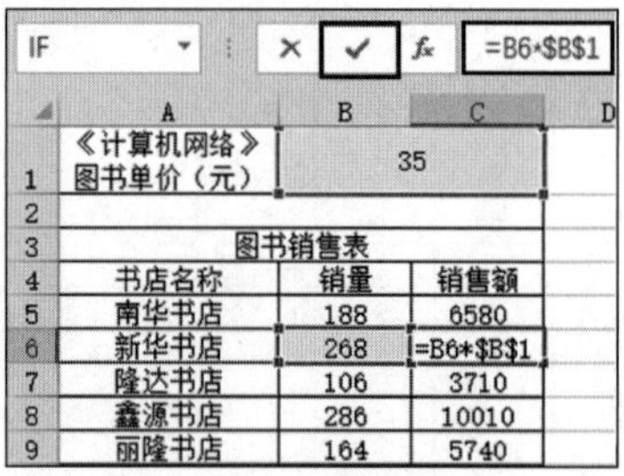

图 2-7 完成修改公式

2.2.3 单元格引用

Excel 工作表由若干单元格组成,而每个单元格都有自己的行号和列号。在数据处理过程中,利用单元格的行号和列号对单元格地址进行引用的过程称为单元格引用。单元格引用可以标识单元格或单元格区域在工作表上的具体位置,还可以标明公式中使用的数据所在的单元格位置。Excel 包含 A1 和 R1C1 两种引用样式。

(1) A1 引用样式。表示单元格地址时以数字为行号、字母为列号的标记方式称为 A1 引用样式,是 Excel 默认的引用样式。列号范围 A~XFD,共 16384 列,行号范围 1~1048576,共 1048576 行。在 A1 引用样式下,工作表的任意一个单元格都会用其所在的行号与列号作为它的位置标志。例如,"A1"表示单元格在第 A 列第 1 行。"A1:C15"表示单元格区域,从第 A 列第 1 行到第 C 列第 15 行。

(2) R1C1 引用样式。表示单元格地址时以字母"R"+行号+字母"C"+列号的方式来标记单元格的位置。其中,字母"R"就是行(Row)的缩写,字母"C"就是列(Column)的缩写。这样的标记含义也就是传统习惯上的定位方式:第几行第几列。例如,R5C12,表示第 5 行第 12 列的单元格。"R1C1:R15C15"表示单元格区域,从第 1 列第 1 行到第 15 列第 15 行。

常用的单元格引用方式分为相对引用、绝对引用和混合引用三种。

1. 相对引用

相对引用时,单元格地址引用直接由行号和列号表示,如 A1、F6 等。当公式所在的单元格位置发生变化时,单元格引用也会随着发生变化。例如,在"成绩表"中计算每个人的"总分",操作步骤为:在 F3 单元格中输入公式"=SUM(B3:E3)",返回结果为 360。为了计算方便,可以采用填充柄,利用单元格相对引用时会随着公式的相对位置变化而变化的特点,将公式向下填充至 F10 即可,如图 2-8 所示。不难发现,当公式的相对位置向下移时,公式内的单元格区域也随之向下移动,如 F10 单元格内的公式变为"=SUM(B10:E10)"。

2. 绝对引用

绝对引用时,单元格地址引用的表示方式为:分别在行号和列号前添加"$"符号,如 $A$1、$F$6 等。选中需要添加"$"符号的单元格引用地址后,按 F4 键即可快速添加

F10	▼	f_x	=SUM(B10:E10)		
	A	B	C	D	E	F
1	成绩表					
2	姓名	语文	数学	英语	化学	总分
3	王一峰	88	100	88	84	360
4	赵星祥	89	96	69	69	323
5	谢芳芳	68	89	84	98	339
6	王程磊	88	56	98	79	321
7	孔欣	95	92	79	59	325
8	张倩	79	82	56	92	309
9	王思文	84	65	88	59	296
10	吴静轩	92	80	82	99	353

图 2-8　成绩表

"＄"符号。当公式所在的单元格位置发生变化时,单元格引用不会随着发生变化。例如,在"成绩表"的 F3 单元格中输入公式"＝SUM(＄B＄3:＄E＄3)",返回结果为 360,当选中 F3 单元格向下填充至 F10 单元格后,所有单元格的计算结果都为 360,所有单元格内的公式都是"＝SUM(＄B＄3:＄E＄3)",计算结果如图 2-9 所示。

　　例如,在"图书销售表"中计算《计算机网络》在不同书店的销售额,操作步骤为:选中 C5 单元格,输入公式"＝B5＊＄B＄1",返回结果为 6580,选中 C5 单元格后拖动填充柄向下填充至 C9 即可,如图 2-10 所示。该公式中,＄B＄1 可以保证图书价格始终是 B1 单元格的值 35,不会随着公式向下填充而发生更改。

F10	▼	f_x	=SUM($B$3:$E$3)		
	A	B	C	D	E	F
1	成绩表					
2	姓名	语文	数学	英语	化学	总分
3	王一峰	88	100	88	84	360
4	赵星祥	89	96	69	69	360
5	谢芳芳	68	89	84	98	360
6	王程磊	88	56	98	79	360
7	孔欣	95	92	79	59	360
8	张倩	79	82	56	92	360
9	王思文	84	65	88	59	360
10	吴静轩	92	80	82	99	360

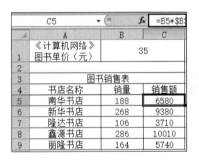

图 2-9　绝对引用　　　　　　　　　　图 2-10　图书销售表

3. 混合引用

　　混合引用包括两种方式:绝对行相对列的引用和相对行绝对列的引用。使用绝对行相对列的引用时,单元格地址引用的表示方法为:在行号前加上"＄"符号,如 A＄1、F＄6 等。使用相对行绝对列的引用时,单元格地址引用的表示方法为:在列号前加上"＄"符号,如＄A1、＄F6 等。当公式所在的单元格位置发生变化时,相对引用会随着改变,绝对引用不变。例如,用单元格混合引用方式制作九九乘法表,如图 2-11 所示。

　　解题思路如下。

　　(1) 在 B2:J2 单元格中分别输入 1～9,A3:A11 单元格中分别输入 1～9。

　　(2) 九九乘法表的规律是两个数相乘,乘数小于或等于被乘数,如 $1\times3=3,4\times6=24,5\times5=25$。因此,在乘法表中填充内容时,B3 单元格的公式应该为"＝B2＊A3",B4 单元格的公式应该为"＝B2＊A4"。不难发现,B3:B11 的内容都是 B2 分别乘以 A3:A11 的结果,所以 B3:B11 单元格中的乘数应固定为 B2。另外,当 B 列完成输入后,还要通过自动填充的方式将公式填充 C 至 J 列,由于列号需要随着拖动而变化,所以应该引用为"B＄2"。

　　(3) 表达式中间的乘号(×)和等号(＝)要以文本字符的方式显示出来,因此需要加上

	A	B	C	D	E	F	G	H	I	J
1					九九乘法表					
2		1	2	3	4	5	6	7	8	9
3	1	1x1=1								
4	2	1x2=2	2x2=4							
5	3	1x3=3	2x3=6	3x3=9						
6	4	1x4=4	2x4=8	3x4=12	4x4=16					
7	5	1x5=5	2x5=10	3x5=15	4x5=20	5x5=25				
8	6	1x6=6	2x6=12	3x6=18	4x6=24	5x6=30	6x6=36			
9	7	1x7=7	2x7=14	3x7=21	4x7=28	5x7=35	6x7=42	7x7=49		
10	8	1x8=8	2x8=16	3x8=24	4x8=32	5x8=40	6x8=48	7x8=56	8x8=64	
11	9	1x9=9	2x9=18	3x9=27	4x9=36	5x9=45	6x9=54	7x9=63	8x9=72	9x9=81

图 2-11　九九乘法表

双引号，两边用字符连接符连接起来。

（4）C 列的内容应该是 C2 和分别乘以 A3：A11 的结果，D 列的内容应该是 D2 和分别乘以 A3：A11 的结果，……以此类推，J 列的内容应该是 J2 分别乘以 A3：A11 的结果。由此可见，被乘数的列号是保持不变的，而行号需要随着单元格位置的变化而变化，所以 A3 单元格需要被固定成"＄A3"，即行变列不变。

（5）在标准的乘法表中，两个数相乘时，前面的数小于后面的数，因此用 IF 函数进行判断：当前面的数大于后面的数时，单元格显示结果为空即可。IF 函数的使用方法将会在本章的 2.3.9 节为大家做详细介绍。在 B3 单元格中输入公式"＝IF（B＄2＞＄A3，""，B＄2&"x"&＄A3&"＝"&B＄2＊＄A3）"，选中 B3 单元格后拖动填充柄完成向右填充至 J3 后，再向下填充至 J11 即可。

2.3　常用函数的应用

2.3.1　计数函数

1. COUNT 函数

功能：用于统计数据区域内包含数值型数据的单元格个数以及参数列表中数字的个数。

格式：COUNT(value1,[value2],…)

参数说明如下。

value1：必选参数，可以是单元格区域、单元格引用或数值的第一个参数。

value2,…：可选参数，可以是单元格区域、单元格引用或数值的其他参数，最多可以包含 255 个。

使用 COUNT 函数可以统计参数为数字、日期、逻辑值或代表数字的文本的个数，不统计错误或不能转换为数字的文本。例如，公式"＝COUNT（85,2022-8-16,"Excel 2016"，"85"，FALSE，"A1"）"的返回结果为 4，其中，""Excel 2016""""A1""属于文本类型数据，由于不能转换为数字，所以不会被统计在内。当参数为数组或单元格引用时，只统计数字类型数据的个数，不统计错误、空单元格、文本和逻辑值。例如，A1＝85，A2＝2022-8-16，A3＝"Excel 2016"，A4＝"85"，A5＝FALSE，A6＝"A1"，公式"＝COUNT（A1：A6）"的返回结果为 2,其中,A3:A6 单元格不满足统计条件被忽略不计,而 A2 单元格的日期型数据(2022-8-16)在计数时被自动转换成数字(44789),因而被统计在内。

计算实例 2-1 中"员工总人数"的操作方法为:选中 O3 单元格,选择"公式"→"插入函数",打开"插入函数"对话框,在"选择函数"列表框中选择 COUNT 后单击"确定"按钮,弹出"函数参数"对话框,在 Value1 文本框中输入"C3:C27",如图 2-12 所示,单击"确定"按钮,返回结果为 25。当然,COUNT 函数中的参数也可以选择 F3:F27、…、K3:K27 这些包含了数字的单元格区域,如果选择成包含文本的单元格区域,如"=COUNT(B3:B27)",结果则为 0,此时可以考虑使用 COUNTA 函数。

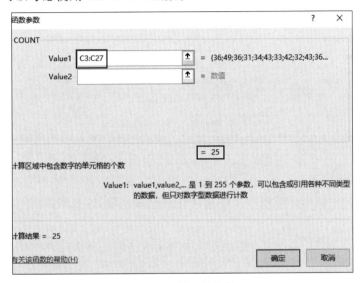

图 2-12　员工总人数

2. COUNTA 函数

功能:统计单元格区域内或函数列表中非空单元格的个数。

格式:COUNTA(value1,[value2],…)

参数说明如下。

value1:必选参数,要计数的值的第一个参数。

value2,…:可选参数,要计数的值的其他参数,最多可以包含 255 个。

使用 COUNTA 函数可以统计参数为任意类型的数值的个数,空白单元格除外。例如,公式"=COUNTA(85,2022-8-16,"Excel 2016","85",FALSE,"A1")",返回结果为 6。

3. COUNTIF 函数

功能:统计数据区域中满足指定条件的单元格的个数。

格式:COUNTIF(range,criteria)

参数说明如下。

range:单元格区域,即用于统计单元格数量的数据区域。

criteria:指定条件,可以由文本、数字或表达式等形式定义。

计算实例 2-1 中"男性员工人数"和"女性员工人数"的操作步骤如下。

(1)选中 O4 单元格,选择"公式"→"插入函数",弹出"插入函数"对话框,在"选择函数"列表框中选择 COUNTIF 后单击"确定"按钮,弹出"函数参数"对话框,在 Range 文本框中输入"B3:B27"、Criteria 文本框中输入"B3"或""男"",如图 2-13 所示,单击"确定"按钮,返回结果为 14。

（2）选中 O5 单元格,按照上述步骤打开"函数参数"对话框后,在 Range 文本框中输入"B3:B27"、Criteria 文本框中输入"B4"或""女"",如图 2-14 所示,单击"确定"按钮,返回结果为 11。

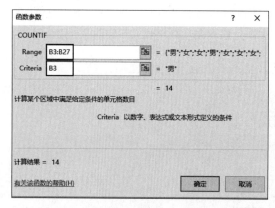

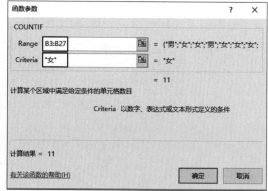

图 2-13　男性员工人数　　　　　　　　　　图 2-14　女性员工人数

4. COUNTIFS 函数

功能：统计多个数据区域内符合指定条件的单元格数量,数据区域与指定条件最多可以达到 127 个。

格式：COUNTIFS(criteria_range1,criteria1,[criteria_range2,criteria2],…)

参数说明如下。

criteria_range1：必选参数,对条件 1 进行关联计算的数据区域。

criteria1：必选参数,指定条件 1,该条件可以由文本、数字、表达式等形式定义。

criteria_range2,criteria2,…：可选参数,附加的数据区域及指定的关联条件。

计算实例 2-1 中"2010—2015 年入职的男性员工人数"和"2010—2015 年入职的销售员的人数"的操作步骤如下。

（1）选中 O6 单元格,选择"公式"→"插入函数",弹出"插入函数"对话框,在"选择函数"列表框中选择 COUNTIFS 后单击"确定"按钮,弹出"函数参数"对话框。在 Criteria_range1 文本框中输入"B3:B27"、Criterial 文本框中输入"B3"、Criteria_range2 文本框中输入"B3:E27"、Criteria2 文本框中输入"">=2010-1-1""、Criteria_range3 文本框中输入"E3:E27"、Criteria3 文本框中输入""<=2015-12-31"",如图 2-15 所示,返回结果为 4。其中,B3:B27 为"性别"条件区域,用于对指定条件 B3（男性）进行关联计算；E3:E27 为"入职时间"条件区域,用于对指定条件（2010—2015 年入职）进行关联计算,由于 2010—2015 年是一个连续的时间段,该时间段可以用两个指定条件表示,即">=2010-1-1""<=2015-12-31"。

（2）选中 O7 单元格,按照上述步骤打开"函数参数"对话框,并按照图 2-16 所示输入参数,单击"确认"按钮,返回结果为 5。其中,D3:D27 为"职务"条件区域,用于对指定条件 D3（销售员）进行关联计算；E3:E27 为"入职时间"条件区域,用于对指定条件（2010—2015 年入职）进行关联计算,由于 2010—2015 年是一个连续的时间段,该时间段可以用两个指定条件表示,即">=2010-1-1""<=2015-12-31"。

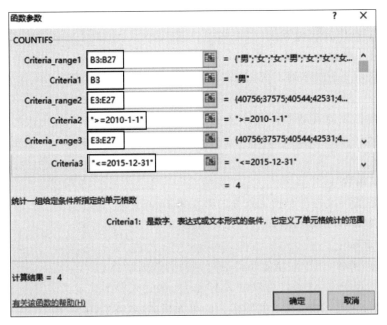

图 2-15　2010—2015 年入职的男性员工人数

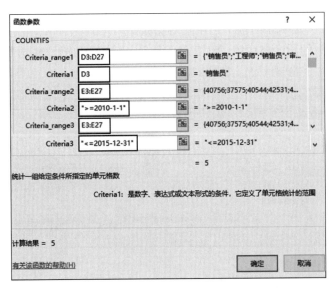

图 2-16　2010—2015 年入职的销售员的人数

2.3.2　求和函数

1. SUM 函数

功能：计算单个值、单元格引用或单元格区域中所有数值的和。

格式：SUM(number1,[number2],…)

参数说明如下。

number1：必要参数，需要求和的第一个参数。

number2,…：其他求和项，最多可以包含 255 个。

计算实例 2-1 中的"实发工资",实发工资＝(基础工资＋岗位津贴＋工龄工资＋应发奖金)－应交个税,操作方法如下。

(1) 选中 K3 单元格,输入"＝SUM(F3:I3)",按 Enter 键,单元格显示结果为 14432.5。SUM(F3:I3)表示将 F3(基础工资)、G3(岗位津贴)、H3(工龄工资)、I3(应发奖金)四个单元格的值求和。

(2) 在求和结果的基础上再减掉应交个税,此时 K3 单元格中的公式为"＝SUM(F3:I3)－J3",运算结果为 11902.75。选中 K3 单元格,按住单元格右下角的填充柄并向下拖动至 K27 单元格。

2. SUMIF 函数

功能:对数据区域内符合指定条件的单元格求和。

格式:SUMIF(range,criteria,[sum_range])

参数说明如下。

range:必选参数,用于对指定条件进行判断的数据区域。

criteria:指定条件,该条件可以由文本、数字、表达式等形式定义。

sum_range:可选参数,用于实际求和的单元格、区域或引用。

计算实例 2-1 中"工程师的总工资"和"男性员工的总工资"的操作方法如下。

(1) 选中 O8 单元格,输入"＝SUMIF(D3:D27,D4,K3:K27)",按 Enter 键,单元格显示结果为 114248.7。其中,D3:D27 是用于对指定条件 D4(工程师)进行判断的条件区域,K3:K27 为实际求和的单元格区域,即"实发工资"。选中 O8 单元格,选择"公式"→"插入函数"选项,弹出"函数参数"对话框,如图 2-17 所示。

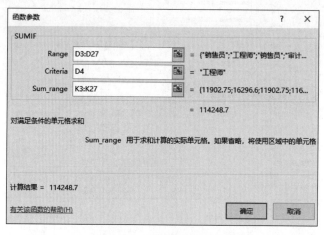

图 2-17 工程师的总工资

(2) 选中 O9 单元格,输入"＝SUMIF(B3:B27,B3,K3:K27)",按 Enter 键,单元格显示结果为 192903.85。其中,B3:B27 是用于对指定条件 B3(男性员工)进行判断的条件区域,K3:K27 为实际求和的单元格区域,即"实发工资"。选中 O9 单元格,选择"公式"→"插入函数"选项,弹出"函数参数"对话框,如图 2-18 所示。

3. SUMIFS 函数

功能:对数据区域内满足多个指定条件的若干值、单元格区域或引用求和。

格式:SUMIFS(sum_range,criteria_range1,criteria1,[criteria_range2,criteria2],…)

图 2-18　男性员工的总工资

参数说明如下。

sum_range：必选参数，用于实际求和的值、单元格区域或引用。

criteria_range1：必选条件，用于关联条件计算的第一个数据区域。

criterial1：必选参数，第一个关联条件，该条件可以由文本、数字、表达式等形式定义。

criteria_range2，criteria2，…：可选参数，附加的条件区域与条件，最多能有 127 个附加区域与条件对。

计算实例 2-1 中"女销售员的总工资""2015 年以后入职的女性销售员的总工资""2015 年以后入职的男性销售员的总工资"的操作方法如下。

(1) 选中 O10 单元格，输入"=SUMIFS(K3:K27,B3:B27,B4,D3:D27,D3)"，按 Enter 键，单元格显示结果为 49579.8。其中，K3:K27 为实际求和的单元格区域，即实发工资；B3:B27 为第一个条件区域，对第一个指定条件 B4(性别为女)进行关联计算；D3:D27 为附加条件区域，对附加条件 D3(销售员)进行关联计算。选中 O10 单元格，选择"公式"→"插入函数"选项，弹出"函数参数"对话框，如图 2-19 所示。

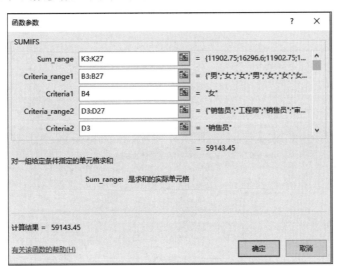

图 2-19　女销售员的总工资

第 2 章

Excel 公式与函数的应用

（2）选中 O11 单元格，输入"＝SUMIFS(K3：K27,E3：E27,"＞＝2015-1-1",B3：B27,B4,D3：D27,D3)"，按 Enter 键，单元格显示结果为 11556.6。其中，K3：K27 为实际求和的单元格区域，即实发工资；E3：E27 为第一个条件区域，对第一个指定条件"＞＝2015-1-1"（2015 年以后入职）进行关联计算；B3：B27 为附加条件区域，对附加条件 B4（女性）进行关联计算；D3：D27 也是附加条件区域，对附加条件 D3（销售员）进行关联计算。选中 O11 单元格，选择"公式"→"插入函数"选项，弹出"函数参数"对话框，如图 2-20 所示。

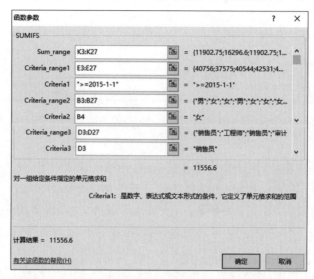

图 2-20　2015 年以后入职的女性销售员的总工资

（3）选中 O12 单元格，输入"＝SUMIFS(K3：K27,E3：E27,"＞＝2015-1-1",B3：B27,B3,D3：D27,D3)"，按 Enter 键，单元格显示结果为 23209.8。其中，K3：K27 为实际求和的单元格区域，即实发工资；E3：E27 为第一个条件区域，对第一个指定条件"＞＝2015-1-1"（2015 年以后入职）进行关联计算；B3：B27 为附加条件区域，对附加条件 B3（男性）进行关联计算；D3：D27 也是附加条件区域，对附加条件 D3（销售员）进行关联计算。选中 O12 单元格，选择"公式"→"插入函数"选项，弹出"函数参数"对话框，如图 2-21 所示。

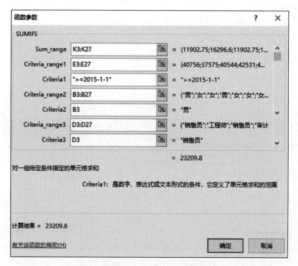

图 2-21　2015 年以后入职的男性销售员的总工资

2.3.3 求平均值函数

1. AVERAGE 函数

功能：计算多个参数的平均值。

格式：AVERAGE(number,[number2],…)

参数说明如下。

number：必选参数，要计算平均值的第一个数字、单元格引用或单元格区域。

number2,…：可选参数，要计算平均值的其他数字、单元格引用或单元格区域，最多可包含 255 个。

计算实例 2-1 中"所有员工的平均工资"的操作方法为：选中 O13 单元格，输入"=AVERAGE(K3:K27)"，按 Enter 键，单元格显示结果为 13599.064。

2. AVERAGEIF 函数

功能：计算某个区域内满足指定条件的所有参数的平均值。

格式：AERAGEIF(range,criteria,[average_range])

参数说明如下。

range：条件区域，用于对指定条件进行判断的数据区域。

criteria：指定条件，该条件可以由文本、数字、表达式等形式定义。

average_range：用于计算平均值的实际数值、单元格区域或单元格引用。

计算实例 2-1 中"男性员工的平均工资"的操作方法为：选中 O14 单元格，输入"=AVERAGEIF(B3:B27,B3,K3:K27)"后按 Enter 键，单元格显示结果为 13778.84643。选中 O14 单元格，选择"公式"→"插入函数"选项，弹出"函数参数"对话框，如图 2-22 所示。

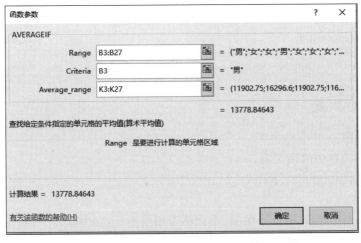

图 2-22 男性员工的平均工资

3. AVERAGEIFS 函数

功能：计算某个区域内满足多个指定条件的所有单元格的平均值。

格式：AVERAGEIFS(average_range,criteria_range1,criteria1,[criteria_range2,criteria2],…)

参数说明如下。

Excel 公式与函数的应用

average_range：必选参数，用于计算平均值的数字、单元格区域或单元格引用。

criteria_range1：必选参数，条件区域，用于关联条件计算的第一个数据区域。

criteria1：必选参数，第一个关联条件，该条件可以由文本、数字、表达式等形式定义。

criteria_range2，criteria2，…：可选参数，附加的条件区域与条件最多可包含 127 个。

计算实例 2-1 中"2010—2015 年入职的女性员工的平均工资"的操作方法为：选中 O15 单元格，输入"＝AVERAGEIFS(K3：K27，E3：E27，"＞＝2010-1-1"，E3：E27，"＜＝2015-12-31"，B3：B27，B4)"，按 Enter 键，单元格显示结果为 12393.97。选中 O15 单元格，选择"公式"→"插入函数"选项，弹出"函数参数"对话框，如图 2-23 所示。

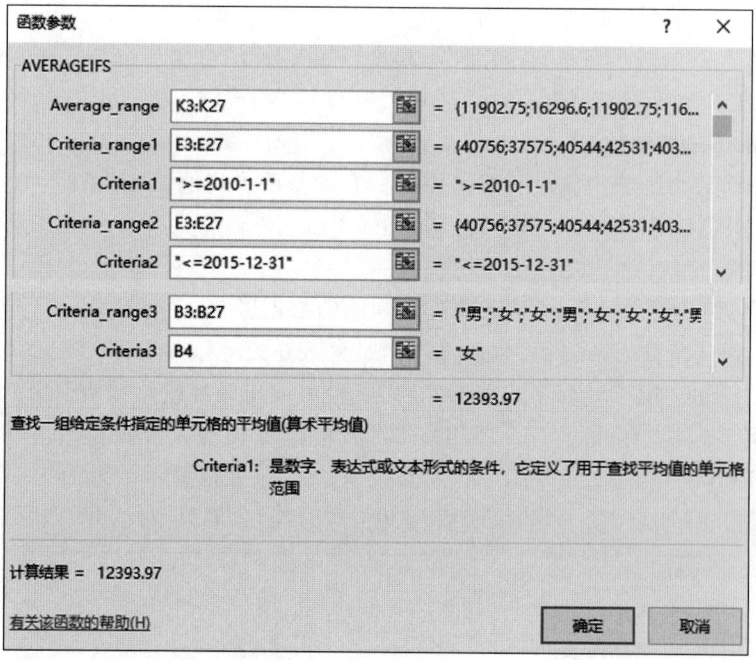

图 2-23　2010—2015 年入职的女性员工的平均工资

2.3.4　最值函数

1. MAX 函数

功能：返回参数中的最大值。

格式：MAX(number1,[number2],…)

参数说明如下。

number1：必选参数，可以是数字、单元格引用或单元格区域。

number2，…：可选参数，最多可以包含 255 个。

计算实例 2-1 中"员工最高工资"的操作方法为：选中 O16 单元格，输入"＝MAX(K3：K27)"后按 Enter 键，单元格显示结果为 18794.4。

2. LARGE 函数

功能：返回参数中从大到小排名第 K 的数值。

格式：LARGE(array,k)

参数说明如下。

array：需要确定第 k 个最大值的数组或数据区域。

k：数组或数据区域中，从大到小排名的名次。

计算实例 2-1 中"排名第三的员工工资"的操作方法为：选中 O17 单元格，输入"＝LARGE(K3:K27,3)"后按 Enter 键，单元格显示结果为 16614。

3. MIN 函数

功能：返回参数中的最小值。

格式：MIN(number1,[number2],…)

参数说明如下。

number1：必选参数，可以是数字、单元格引用或单元格区域。

[number2],…：可选参数，最多可以包含 255 个。

计算实例 2-1 中"员工最低工资"的操作方法为：选中 O18 单元格，输入"＝MIN(K3:K27)"后按 Enter 键，单元格显示结果为 11556.6。

4. SMALL 函数

功能：返回参数中从小到大排名第 K 的数值。

格式：SMALL(array,k)

参数说明如下。

array：需要确定第 k 个最小值的数组或数据区域。

k：数组或数据区域中从小到大排名的名次。

计算实例 2-1 中"排名倒数第三的员工工资"的操作方法为：选中 O19 单元格，输入"＝SMALL(K3:K27,3)"后按 Enter 键，单元格显示结果为 11588.8。

2.3.5 查找引用函数

1. MATCH 函数

功能：返回指定数值在指定数值区域内的相对位置。

格式：MATCH(lookup_value,lookup_array,match_type)

参数说明如下。

lookup_value：需要查找的数值，可以是数值、文本或逻辑值，以及这些数值类型的单元格引用。

lookup_array：查找的数值区域，可以是一组数值或数组引用。

match_type：需要查找的数值在指定区域内的匹配方式，一共有 3 种方式：当 match_type 为"－1"时，MATCH 函数将会在数值区域内查找大于或等于 lookup_value 的数值中的最小值；当 match_type 为"0"时，MATCH 函数将会在数值区域内查找等于 lookup_value 的第一个值；当 match_type 为"1"时，MATCH 函数将会在数值区域内查小于或等于 lookup_value 数值中的最大值。

例如，单元格数值分别为 C1＝101、C2＝89、C3＝68、C4＝99、C5＝304、C6＝76，如果在 D1 单元格中输入公式："＝MATCH(100,A1:A6,0)"后按 Enter 键，单元格显示结果为 ♯N/A。该公式表示，在 A1:A6 单元格区域内查找等于 100 的数值，并返回该数值的相对位置。由于在该区域内没有 100，因此返回结果为 ♯N/A。如果在 D1 单元格中输入"＝MATCH(100,A1:A6,1)"后按 Enter 键，单元格显示结果为 4。因为在 A1:A6 单元格区域内小于或等于 100 的最大值为 99,该数值的相对位置为 4。如果在 D1 单元格中输入"＝MATCH(100,A1:A6,−1)"后按 Enter 键,单元格显示结果为 1。因为在 A1:A6 单元格区域内大于或等于 100 的最小值为 101,该数值的相对位置为 1。

2. INDEX 函数

功能:在指定的单元格区域中,给出指定行列交叉处单元格的值或引用。INDEX()函数分为数组和引用两种形式。

(1) 数组形式,通常返回数值或数值数组。

格式:INDEX(array,row_num,[column_num])

参数说明如下。

array:必选参数,单元格区域或数组常量。

row_num:必选参数,行序号,指定数组中的某行,并从该行返回数值。

column_num:可选参数,列序号,指定数组中的某列,并从该列返回数值。

需要注意的是:行序号和列序号不能同时省略。

例如,单元格数值分别为 A1＝a、A2＝b、A3＝c、A4＝d、B1＝1、B2＝2、B3＝3、B4＝4,在 D5 单元格中输入"＝INDEX(A1:B6,4,2)",该公式表示在数据区域 A1:B6 中查找第 4 行第 2 列的值。按 Enter 键,单元格显示结果为 4,如图 2-24 所示。

(2) 引用形式,通常返回引用。

格式:INDEX(reference,row_num,[column_num],[area_num])

参数说明如下。

reference:必选参数,一个或多个单元格区域。如果是不连续的区域,必须用括号将其括起来。

row_num:必选参数,指定引用中的某行,并从该行返回引用。

column_num:可选参数,指定引用中的某列,并从该列返回引用。

area_num:可选参数。指定引用区域。选择或输入的第 1 个区域的编号为 1,第 2 个区域的编号为 2,依此类推。如果省略 area_num,则使用区域 1。

例如,单元格数值分别为 A1＝a、A2＝b、A3＝c、A4＝d、B1＝1、B2＝2、B3＝3、B4＝4,在 D5 单元格中输入"＝INDEX((A1:A6,B1:B6),4,1,1)",该公式表示引用的数据区域是 A1:A6 和 B1:B6,选择引用中的第 1 个区域(area_num 参数的取值为 1)来查找第 4 行第 1 列的值。按 Enter 键后单元格显示结果为 d,如图 2-25 所示。

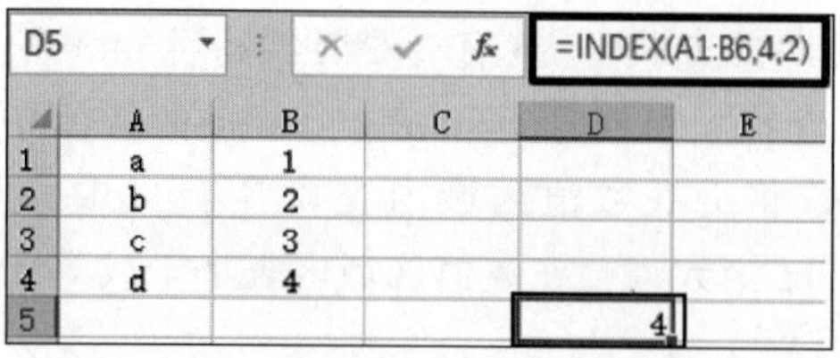

图 2-24　INDEX 函数的数组形式 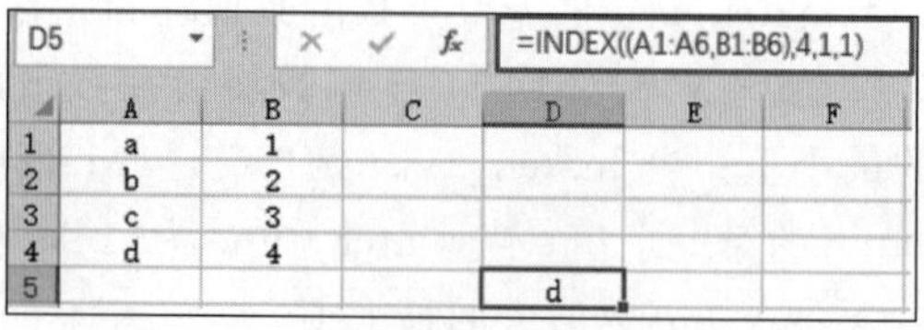　　　　　图 2-25　INDEX 函数的引用形式

计算实例 2-1 中"工资最高的员工名字"的操作方法为:选中 O20 单元格,输入"＝INDEX(A3:K27,MATCH(MAX(K3:K27),K3:K27,0),1)"后按 Enter 键,单元格显示结果为"杨玉清"。解题思路如下。

(1) 用 MAX 函数找出"实发工资"中的最高工资,输入"＝MAX(K3:K27)",值为

18794.4。

(2) 用 MATCH 函数获取最高工资(18794.4)在“实发工资”列中的相对位置,即行号。因此,MATCH 函数的公式为“=MATCH(MAX(K3:K27),K3:K27,0)”,值为 16。

(3) 用 INDEX 函数从“财务数据表”中查找第 16 行第 1 列的值即可,因为最高工资(18794.4)在“实发工资”中处于第 16 行,而“名字”列在“财务数据表”中属于第 1 列。因此,INDEX 函数的公式为“=INDEX(A3:K27,MATCH(MAX(K3:K27),K3:K27,0),1)”,结果为“杨玉清”。

计算实例 2-1 中“年龄最小的员工名字”的操作方法为:选中 O21 单元格,输入“=INDEX(A3:K27,MATCH(MIN(K3:K27),K3:K27,0),1)”后按 Enter 键,单元格显示结果为“王浩”。

计算实例 2-1 中“年龄第三小的员工的名字”的操作方法为:选中 O22 单元格,输入“=INDEX(A3:K27,MATCH(SMALL(C3:C27,3),C3:C27,0),1)”后按 Enter 键,单元格显示结果为“王程磊”。

计算实例 2-1 中“年龄第二大的员工的名字”的操作方法为:选中 O23 单元格,输入“=INDEX(A3:K27,MATCH(LARGE(K3:K27,6),K3:K27,0),1)”后按 Enter 键,单元格显示结果为“孙雯谦”。

3. OFFSET 函数

功能:以指定的引用为参照系,通过给定的偏移量返回新的引用。返回的引用可以是单个单元格或单元格区域。可以指定要返回的行数和列数。

格式:OFFSET(reference,rows,cols,[height],[width])

参数说明如下。

reference:必选参数,指定作为参照系的引用区域。

rows:必选参数,相对于参照系左上的单元格,向上或向下偏移的行数。

cols:必选参数,相对于参照系左上的单元格,向左或向右偏移的列数。

height:可选参数,返回的应用区域的行数。

width:可选参数,返回的应用区域的列数。

例如,根据“业绩表”中的数据,在 F11 单元格中输入“=OFFSET(A2,2,3)”,该公式表示“A2”为引用偏移的参照系位置,“2”为从 A2 单元格开始向下偏移的行数,“3”为从 A2 单元格开始向右偏移的列数。按 Enter 键后单元格显示结果为 463,如图 2-26 所示。

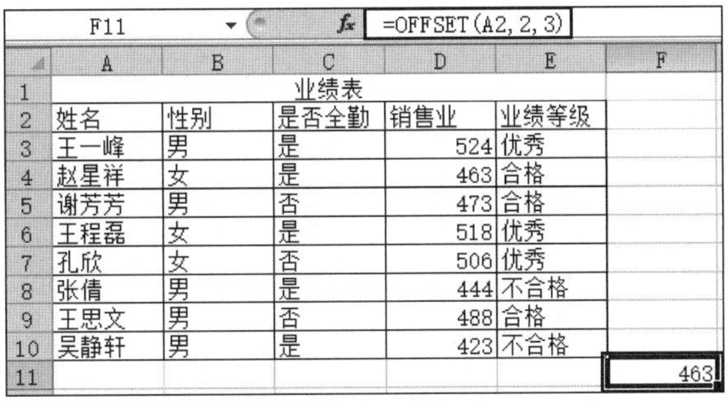
F11 =OFFSET(A2,2,3)

	A	B	C	D	E	F
1			业绩表			
2	姓名	性别	是否全勤	销售业	业绩等级	
3	王一峰	男	是	524	优秀	
4	赵星祥	女	是	463	合格	
5	谢芳芳	男	否	473	合格	
6	王程磊	女	是	518	优秀	
7	孔欣	女	否	506	优秀	
8	张倩	男	是	444	不合格	
9	王思文	男	否	488	合格	
10	吴静轩	男	是	423	不合格	
11						463

图 2-26 OFFSET 函数参数

计算实例 2-1 中“工资最高的员工职务”的操作方法为:选中 O24 单元格,输入

"=OFFSET(A2,MATCH(MAX(K3:K27),K3:K27,0),3)",按 Enter 键后单元格显示结果为总经理。同时,也可以用 INDEX 函数实现,公式为"= INDEX(A3:K27,MATCH(MAX(K3:K27),K3:K27,0),4)"。解题思路如下。

（1）用 MAX 函数找出"实发工资"中的最高工资,公式为："= MAX(K3:K27)",值为18794.4。

（2）用 MATCH 函数获取最高工资(18794.4),在"实发工资"列中的相对位置,即行号。因此,MATCH 函数的公式为"=MATCH(MAX(K3:K27),K3:K27,0)",值为 16。

（3）用 OFFSET 函数从"财务数据表"中通过给定的偏移量定位工资最高的员工的职务。OFFSET 要获取职务,要先在数据区域中指定一个单元格作为参照系,这里选择 A2 单元格作为参照系。以 A2 为参照系向右移动 3 列可以定位到"职务"列,向下移 16 行可以定位到最高工资(18794.4)所对应的职务。因此,OFFSET 函数的公式为"= OFFSET(A2,MATCH(MAX(K3:K27),K3:K27,0),3)"。

计算实例 2-1 中"工资最高的员工年龄"的操作方法为：选中 O25 单元格,输入"=OFFSET(A2,MATCH(MAX(K3:K27),K3:K27,0),2)",按 Enter 键后单元格显示结果为 45。同时,也可以用 INDEX 函数实现,公式为"= INDEX(A3:K27,MATCH(MAX(K3:K27),K3:K27,0),3)"。

实例 2-2 个人信息统计

赵青是某公司的财务管理人员,根据公司提供的个人信息表,如图 2-27 所示,请你帮助她按照以下要求填写个人信息统计表(注："个人信息表"和"个人信息统计表"中"序号"列、"姓名"列一致),个人信息统计表如图 2-28 所示。

	A	B	C	D	E	F
1				个人信息表		
2	序号	姓名	身份证号	职务	出生地	入职时间
3	H121A1	王一峰	533222198606032365	销售员	云南省25yyth	2011年08月01日
4	H121A2	赵星祥	113511197212118648	工程师	北京市jyjj	2002年11月15日
5	H121A3	谢芳芳	436210198608102698	销售员	内蒙古自治区yt	2011年01月01日
6	H121A4	王程磊	233102199012095357	审计员	黑龙江省jytung	2016年06月10日
7	H121A5	孔欣	335461198808122694	营销总监	浙江省htrth	2010年08月06日
8	H121A6	张倩	436521197908108452	工程师	湖南省reghdd	2001年03月31日
9	H123A7	王思文	548412198811126598	审计员	西藏自治区ht2t	2011年01月10日
10	H122A8	吴静轩	468203197910068645	工程师	海南省hyt35gtryyu765	2002年01月31日
11	H121A9	王思琪	628462199008125695	销售员	甘肃省ujtyu56	2018年06月18日
12	H122A10	王博文	330224197812119846	工程师	浙江省u	2002年08月12日
13	H121A11	孙敏文	533222198604038927	销售员	云南省y5ht	2012年09月20日
14	H123A12	董浩凌	455812198012089961	工程师	广西壮族自治区jhyt	2008年11月05日
15	H121A13	冯千青	433215199001015698	销售员	湖南省ng4	2014年02月16日
16	H121A14	马思娜	223101198612055649	销售员	吉林省54gdf	2007年02月16日
17	H122A15	王浩	653240199212120032	销售员	新疆维吾尔自治区tr	2019年05月31日
18	H121A16	杨玉清	356542197706123695	总经理	福建省t54b	2000年03月31日
19	H122A17	杨林霞	233013198809041299	销售员	黑龙江省hft	2012年03月15日
20	H121A18	吴哲晗	533084199109126911	销售员	云南省hfhtu65	2017年07月20日
21	H123A19	孙雯谦	466361198205052351	工程师	海南省5hvcd	2006年07月20日
22	H122A20	刘柠菲	433171198812068546	审计员	湖北省1uifg	2010年08月21日
23	H123A21	贺嘉宁	225364197805105943	营销总监	吉林省fdfeytr6	2001年01月01日
24	H122A22	孙菲菲	378203198510123654	销售员	山东省dg	2009年06月15日
25	H122A23	王庆山	643121198612110009	工程师	宁夏回族自治区re46	2010年04月20日
26	H122A24	孙孟玉	533261199008129657	审计员	云南省2hy	2018年02月16日
27	H122A25	赵志星	617310198509119654	销售员	陕西省k1regng	2009年08月15日

图 2-27　个人信息表

图 2-28　个人信息统计表

序号	姓名	年龄	性别	学历	工龄	出生日期	籍贯所属省份	基础工资	岗位津贴	工龄工资	应交个税	实发工资	出生日是星期几
H121A1	王一峰												
H121A2	赵星祥												
H121A3	谢芳芳												
H121A4	王程磊												
H121A5	孔欣												
H121A6	张倩												
H123A7	王思文												
H122A8	吴静轩												
H121A9	王思琪												
H122A10	王博文												
H121A11	孙敬文												
H123A12	董浩诚												
H121A13	冯千清												
H121A14	马思娜												
H122A15	王浩												
H121A16	杨玉清												
H122A17	杨林霞												
H121A18	吴哲略												
H123A19	孙雯谦												
H122A20	刘柠菲												
H123A21	贺嘉宁												
H122A22	孙菲菲												
H122A23	王庆山												
H122A24	孙孟玉												
H122A25	赵志星												

2.3.6　取值函数

1. LEFT 函数

功能：以字符串的最左边为起点，从左往右截取指定长度的字符。

格式：LEFT(text,[num_chars])

参数说明如下。

text：必选参数，待截取的文本字符串。

num_chars：可选参数，要截取的字符串长度，该参数的取值必须大于或等于 0。如果 num_chars 的取值大于原字符串的最大长度时，直接把原字符串作为返回结果；如果 num_chars 的取值被省略时，该参数默认取值为 1。

例如，公式"=LEFT("广西壮族自治区 jhyt",7)"的返回结果为："广西壮族自治区"；公式"=LEFT("广西壮族自治区 jhyt")"的返回结果为："广"。

2. RIGHT 函数

功能：以字符串的最右边为起点，从右往左截取指定长度的字符。

格式：RIGHT(text,[num_chars])

参数说明如下。

text：必选参数，待截取的文本字符串。

num_chars：可选参数，要截取的字符串长度，取值必须大于或等于 0。如果 num_chars 的取值大于原字符串的最大长度时，直接把原字符串作为结果返回；如果 num_chars 的取值被省略时，该参数默认取值为 1。

例如，公式"=RIGHT("Excel 2016 函数与公式",5)"的返回结果为："函数与公式"；公式"=RIGHT("Excel 2016 函数与公式")"的返回结果为："式"。

3. MID 函数

功能：从字符串的指定位置截取指定长度的字符。

格式：MID(text,start_num,num_chars)

参数说明如下。

text：必选参数，待截取的文本字符串。

start_num：要截取字符串的起始位置。当 start_num 的取值小于 1 时，返回错误值：♯VALUE!；当 start_num 的取值大于原字符串总长度时，返回结果为空文本；当 start_num 的取值小于原字符串总长度，但与 num_chars 之和大于原字符串总长度时，将从指定位置到文本末位的字符串作为返回结果。

num_chars：要截取的字符串长度，取值不能小于 0。

例如，公式"＝MID("Excel 2016 函数与公式",7,4)"的返回结果为"2016"；公式"＝MID("Excel 2016 函数与公式",11,7)"的返回结果为"函数与公式"。从该公式可以发现，要从字符串的第 11 位开始截取，截取长度为 7 位，此时 start_num 与 num_chars 之和是 18，而文本总长度只有 15 位，所以返回结果是从第 11 位到第 15 位的字符串。

实例 2-2 要求根据"个人信息表"中的"身份证号"，填写"个人信息统计表"中的"出生日期"，格式为 XXXX 年 XX 月 XX 日。操作方法为：选中 O3 单元格，输入"＝MID(C3,7,4)&"年"&MID(C3,11,2)&"月"&MID(C3,13,2)&"日""即可。解题思路如下。

(1) 用 MID 函数从"身份证号"的第 7 位开始取 4 位长度的字符串作为出生年份，公式为"＝MID(C3,7,4)"，返回结果为：1986。由于题目要求出生日期的格式为 XXXX 年 XX 月 XX 日，所以需要用字符连接符(&)将字符"年"连接在出生日期(1986)的后面，公式为"＝MID(C3,7,4)&"年""，返回结果为：1986 年。需要注意，"年"属于文本格式，在公式中需要用英文状态下的引号引起来。

(2) 需要在第(1)步的公式"＝MID(C3,7,4)&"年""的后面用字符连接符连上出生月份。用 MID 函数从"身份证号"的第 11 位开始取 2 位长度的字符串作为出生月份，公式为"MID(C3,11,2)")。此时，O3 单元格的公式变为"＝MID(C3,7,4)&"年"&MID(C3,11,2)"，返回结果为：1986 年 06。在公式后面用字符连接符连上字符"月"，O3 单元格的公式变为"＝MID(C3,7,4)&"年"&MID(C3,11,2)&"月""。同理，"月"属于文本格式，在公式中需要用英文状态下的引号引起来。

(3) 同理，用 MID 函数从"身份证号"的第 13 位取 2 位长度的字符串作为出生日，并用字符连接符连在公式后面连上字符"日"即可。最终 O3 单元格的公式为"＝MID(C3,7,4)&"年"&MID(C3,11,2)&"月"&MID(C3,13,2)&"日""，返回结果为：1986 年 06 月 03 日。

(4) 选中 O3 单元格，按住并拖动单元格右下角的填充柄向下填充至 O27 单元格。

2.3.7 查找函数

1. LOOKUP 函数

功能：返回从单行、单列或数组中查找的值。LOOKUP 函数可以分为向量和数组两种形式。

(1) LOOKUP 函数的向量形式，可以在单行或单列数据区域中查找指定的值，并返回第二个单行或单列区域中与之相对应的值。

格式：LOOKUP(lookup_value,lookup_vector,[result_vector])

参数说明如下。

lookup_value：必选参数，是 LOOKUP 在第一个向量中搜索的值，可以是数字、文本、逻辑值、名称或对值的引用。

lookup_vector：必选参数，只包含一行或一列的区域，可以是文本、数字或逻辑值，但值必须升序排列，否则可能会出错。

result_vector：可选参数，只包含一行或一列的区域，该参数必须与 lookup_vector 参数大小相同。

（2）LOOKUP 函数的数组形式，在数组的第一行或第一列中查找指定的值，并返回数组最后一行或最后一列中同一位置的值。

格式：LOOKUP(lookup_value,array)

参数说明如下。

lookup_value：要查找的值，可以是数字、文本、逻辑值、名称或值的引用。

array：包含字、文本、逻辑值的数据区域

例如，单元格的数值分别是 A1＝A001、A2＝A002、A3＝A003、A4＝A004、B1＝电冰箱、B2＝洗衣机、B3＝电视机、B4＝加湿器，如果在 D1 单元格中输入 LOOKUP 函数，公式为："＝LOOKUP(A2,A1:A4,B1:B4)"，返回结果为洗衣机。此公式的意义为：在单列数据区域 A1:A4 中查找特定值 A2，并返回第二个单列区域 B1:B4 中与之对应的值，即"洗衣机"，函数参数，如图 2-29 所示。

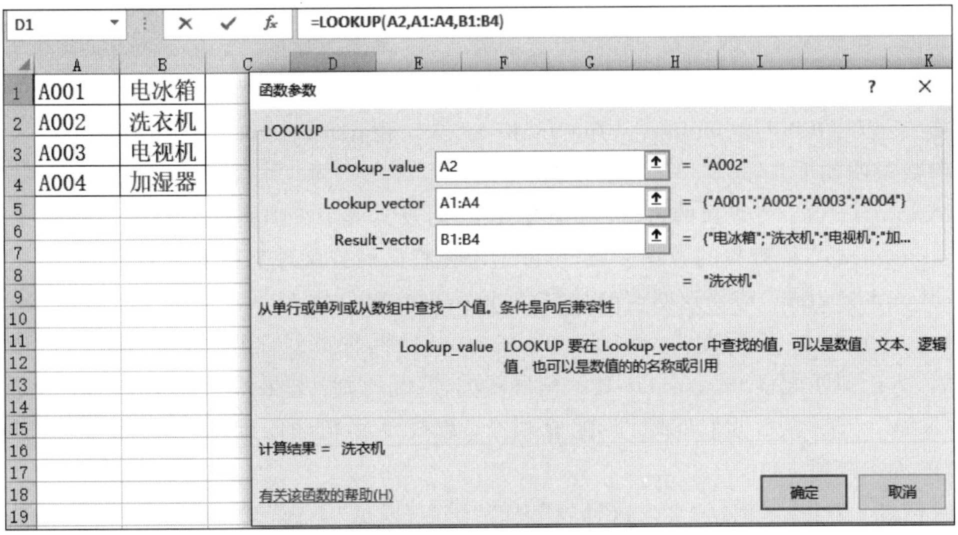

图 2-29　LOOKUP 函数参数

实例 2-2 中，要求根据"序号"填写"个人信息统计表"中的"学历"。如果"序号"的第 4、5 位为"1A"，则为"本科"；"序号"的第 4、5 位为"2A"，则为"硕士"；"序号"的第 4、5 位为"3A"，则为"博士"。

操作方法为：选中 M3 单元格，插入 LOOKUP 函数，公式为"＝LOOKUP(MID(I3,4,2),{"1A","2A","3A"},{"本科","硕士","博士"})"，返回结果为"本科"。解题思路如下。

（1）用 MID 函数取出序号的第 4、5 位，公式为"＝MID(I3,4,2)"，返回结果为 1A。

（2）用 LOOKUP 函数，在向量 1"{"1A","2A","3A"}"中查找 1A，并返回向量 2"{"本科","硕士","博士"}"中与之对应的值。需要注意的是："序号"属于文本格式，用 MID 函

Excel 公式与函数的应用

数取出第 4、5 位后得到的结果仍然是文本格式,因此作为向量的元素时需要用英文状态下的引号引起来。

(3)选中 M3 单元格,拖动单元格右下角的填充柄向下填充至 M27,LOOKUP 函数的参数如图 2-30 所示。

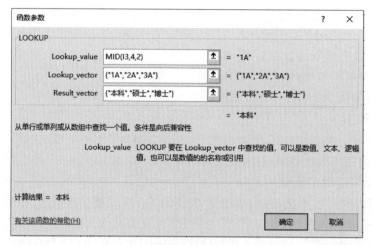

图 2-30　LOOKUP 函数求学历

2. VLOOKUP 函数

功能:在数据区域的首列中查找指定的数值,以确定待查找单元格的行序号,并从数据表中返回由指定列与行序号确定的单元格的值。

格式:VLOOKUP(lookup_value,table_array,col_index_num,range_lookup)

参数说明如下。

lookup_value:待查找的值,可以是数值、引用或文本字符串格式。

table_array:待查找的数据区域,可以是单元格区域或区域名称的引用。

col_index_num:需要返回值的列序号,该值不能取负数。

range_lookup:匹配方式,有 false(0)和 true(1)两种方式,当 range_lookup 取值省略时,默认为近似匹配(true)。false 表示精确匹配,匹配原则:如果找不到匹配值,则返回错误值"♯N/A"；true 表示近似匹配,匹配原则:如果找不到精确匹配值,则返回小于 lookup_value 的最大数值。

实例 2-2 中,要求根据"个人信息表"中的"职务"以及"工资"工作表中的"工资基数",填写"个人信息统计表"中的"基础工资"和"岗位津贴",操作方法为。

(1)选中 Q3 单元格,插入 VLOOKUP 函数,公式为"=VLOOKUP(D3,工资基数,2,FALSE)",返回结果为 6000。选中 Q3 单元格后,单击"公式"→"插入函数"按钮,弹出"函数参数"对话框,如图 2-31 所示。该函数的意义为:在"工资基数"表的首列中查找 D3(销售员),并通过精确匹配,返回第 2 列中与之对应的值。再次选中 Q3 单元格,拖动填充柄向下填充至 Q27。

(2)选中 R3 单元格,插入 VLOOKUP 函数,公式为"=VLOOKUP(D3,工资基数,3,FALSE)",返回结果为 5000。选中 R3 单元格后,单击"公式"→"插入函数"按钮,弹出"函数参数"对话框,如图 2-32 所示。再次选中 R3 单元格,拖动填充柄向下填充至 R27。

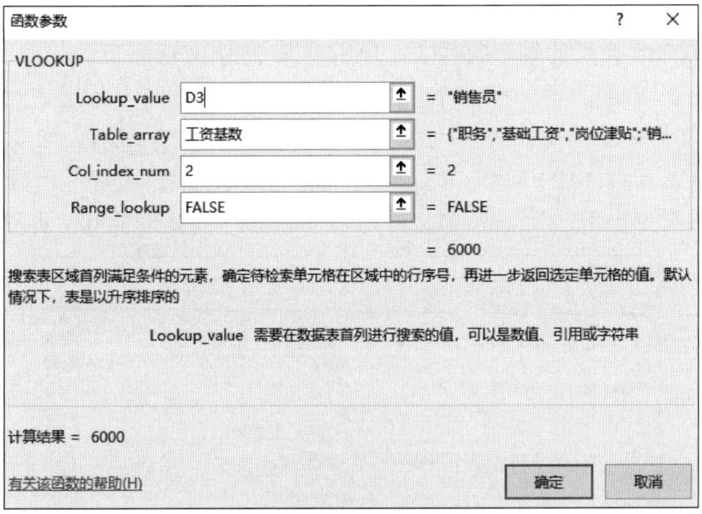

图 2-31 VLOOKUP 函数求基础工资

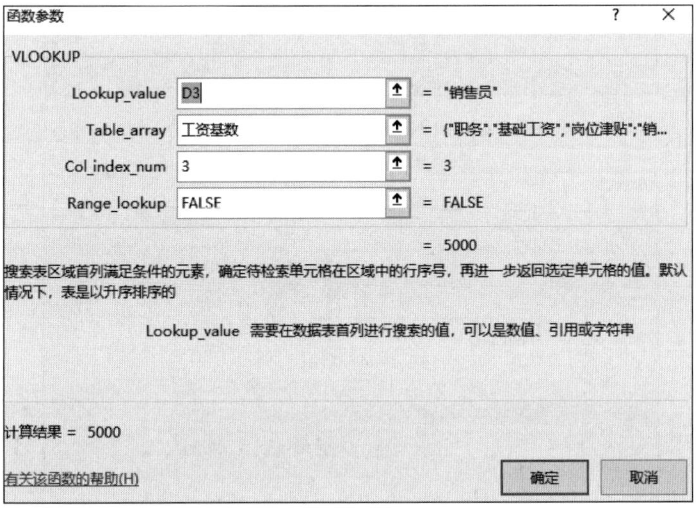

图 2-32 VLOOKUP 函数求岗位津贴

2.3.8 获取文本信息函数

1. LEN 函数

功能：返回字符串的字符长度(字符个数)。

格式：LEN(text)

参数说明：text 是待查找字符长度的文本。

例如，公式"＝LEN("我爱你中国 China2022")"，返回的结果为：16。

2. LENB 函数

功能：返回字符串的字节长度。

格式：LENB(text)

参数说明：text 是待查找字节长度的文本。

例如,公式"=LENB("我爱你中国 China2022")",返回的结果为:21。需要注意:数字、字母、英文、英文状态下的标点符号占 1 字节;汉字、中文状态下的标点符号占 2 字节。

实例 2-2 中,要求根据"个人信息表"中的"出生地",填写"个人信息统计表"中的"籍贯所属省份"。操作步骤为:选中 P3 单元格,输入"=LEFT(E3,LENB(E3)−LEN(E3))",或输入"=MID(E3,1,LENB(E3)−LEN(E3))",返回结果为"云南省",函数参数如图 2-33、图 2-34 所示。再次选中 P3 单元格,单击并拖动填充柄向下填充至 P27 即可。

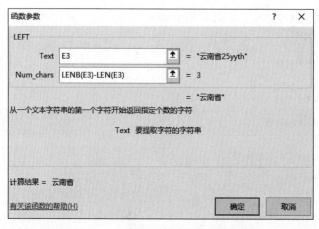

图 2-33　LEFT 函数求籍贯所属省份

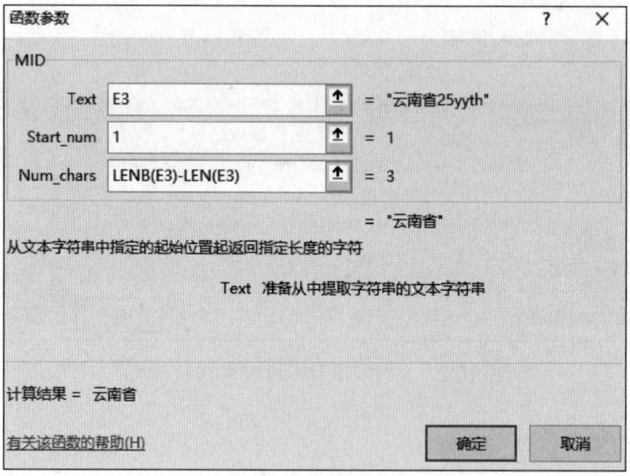

图 2-34　MID 函数求籍贯所属省份

解题思路:利用 LEFT 函数,在 E3 单元格包含的字符串中从左往右取 N 个字符长度。"N"是待截取的字符串长度,即 E3 单元格中要截取的中文字符个数。计算公式是"LENB(E3)−LEN(E3)"。公式的意义:先用 LENB 函数计算出 E3 单元格中包含的字节长度("=LENB(E3)",结果为 12),再减去 LEN 函数计算出 E3 单元格中包含的字符长度("LEN(E3)",结果为 9),得到 E3 单元格中包含的中文字符长度为 3。

3. ROW 函数

功能:返回单元格引用的行号。

格式:ROW([reference])

参数说明：reference，可选参数，需要得到其行号的单元格或单元格区域。若省略则表示对函数 ROW 所在单元格的引用。例如，在 F9 单元格中输入公式"＝ROW()"，返回结果为 9。

4. COLUMN 函数

功能：返回引用的列号。

格式：COLUMN([reference])

参数说明：reference，可选参数，要返回其列号的单元格或单元格范围。例如，在 F9 单元格中输入公式"＝COLUMN()"，返回结果为 6。

2.3.9 逻辑函数与排名函数

1. IF 函数

功能：根据指定的条件判断逻辑值的"真"(TRUE)、"假"(FALSE)，并以判断的逻辑值为依据，返回相应的内容。可以使用 IF 函数对数值和公式进行条件检测。IF 函数可以嵌套使用，最多可以嵌套 7 层。

格式：IF(logical_test,value_if_true,value_if_false)

参数说明如下。

logical_test：表示计算结果为 TRUE 或 FALSE 的任意值或表达式。

value_if_true：当 logical_test 的逻辑判断结果为 TRUE 时返回的值。如果 logical_test 为 TRUE 而 value_if_true 为空，则返回 0。

value_if_false：当 logical_test 的逻辑判断结果为 FALSE 时返回的值。如果 logical_test 为 TRUE 而 value_if_true 为空，则返回 0。

例如，销售业绩高于 500 为优秀，450～499 为合格，低于 450 为不合格。要判断"业绩表"中王一峰的业绩等级，可以在 E3 单元格中输入公式："＝IF(D3>500,"优秀",IF(D3>＝450,"合格","不合格"))"，返回结果为"优秀"，"业绩表"以及 IF 函数参数如图 2-35 所示。

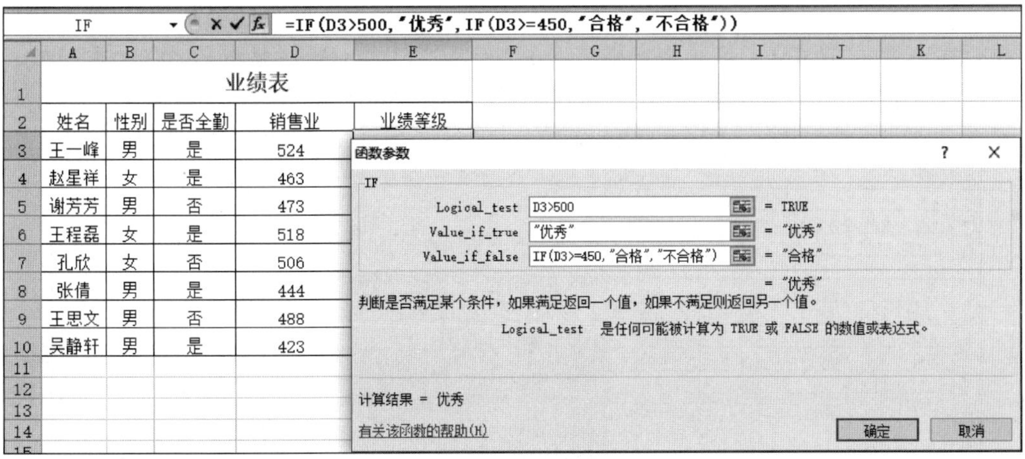

图 2-35 if 函数求业绩等级

实例 2-2 中，计算"个人信息统计表"中的"工龄工资"。工龄大于 20 年的员工，工龄工资＝工龄 * 80；工龄介于 16～20 年的员工，工龄工资＝工龄 * 60；工龄介于 11～15 年的员工，工龄工资＝工龄 * 50；其他工龄的员工，工龄工资＝工龄 * 40。

操作步骤为：选中 S3 单元格，输入"=IF(N3>20,N3*80,IF(N3>15,N3*60,IF(N3>10,N3*50,N3*40)))"，返回结果为550。选中 S3 单元格，单击并拖动填充柄向下填充至 S27。

实例 2-2 中，计算"个人信息统计表"中的"应交个税"。应交个税＝应纳所得税额*税率－速算扣除数，如果应纳所得税额小于等于5000，税率为20%，速算扣除数为150；如果应纳所得税额小于或等于8000，税率为25%，速算扣除数为200；如果应纳所得税额小于或等于10000，税率为30%，速算扣除数为300；如果应纳所得税额高于10000，税率为0.4%，速算扣除数为400(应纳所得税额＝(基础工资＋岗位津贴＋工龄工资)－5000)。

操作步骤为：选中 T3 单元格，输入"=IF(SUM(Q3:S3)－5000<=5000,(SUM(Q3:S3)－5000)*0.2－150,IF(SUM(Q3:S3)－5000<=8000,(SUM(Q3:S3)－5000)*0.25－200,IF(SUM(Q3:S3)－5000<=10000,(SUM(Q3:S3)－5000)*0.3－300,(SUM(Q3:S3)－5000)*0.4－400)))"，返回结果为1437.5。选中 T3 单元格，单击并拖动填充柄向下填充至 T27。当然，也可以用公式"=IF(((Q4＋R4＋S4)－5000)<5000,((Q4＋R4＋S4)－5000)*0.2－150,IF(((Q4＋R4＋S4)－5000)<8000,((Q4＋R4＋S4)－5000)*0.25－200,IF(((Q4＋R4＋S4)－5000)<10000,((Q4＋R4＋S4)－5000)*0.3－300,((Q4＋R4＋S4)－5000)*0.4－400)))"进行计算。

2. AND 函数

功能：当所有参数的计算结果均为 TRUE 时，返回 TRUE，只要有一个参数的计算结果为 FALSE，则返回 FALSE。

格式：AND(logical1,[logical2,…])

参数说明如下。

logical1：必选参数，第一个进行逻辑判断的条件。

logical2,…：可选参数，其他需要逻辑判断的条件，最多可以达到 255 个。

例如，业绩等级为优秀且全勤者，奖金为50元，其余情况无奖金。要判断"业绩表"中王一峰的"奖金"，可以在 F3 单元格中输入公式"=IF(AND(C3="是",E3="优秀"),100,0)"，返回结果为100，"业绩表"以及 IF 函数参数如图 2-36 所示。

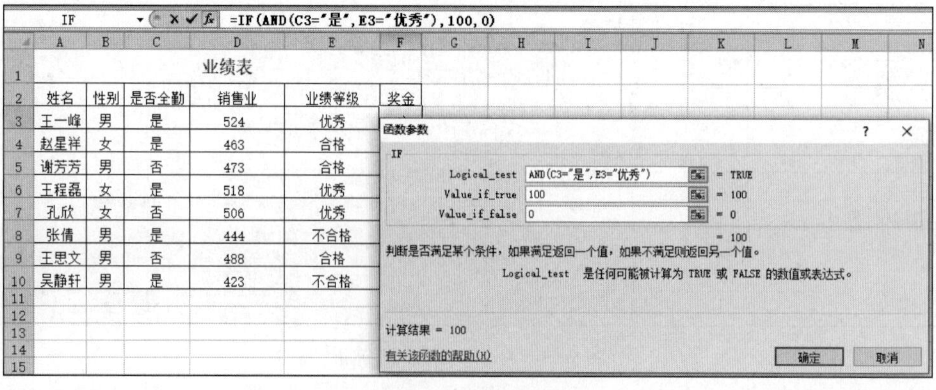

图 2-36　if 函数求奖金

3. OR 函数

功能：在其参数组中，任何一个参数的逻辑值为 TRUE 时，即返回 TRUE；所有参数的逻辑值为 FALSE 时,返回 FALSE。

格式:OR(logical1,[logical2,…])

参数说明如下。

logical1:必选参数,第一个进行逻辑判断的条件。

logical2,…:可选参数,其他需要逻辑判断的条件,最多可以达到 255 个。

例如,成绩等级为不合格或不是全勤者,扣发工资 30 元。要判断"业绩表"中王一峰的"扣发工资",可以在 G3 单元格中输入公式"=IF(OR(C3="否",E3="不合格"),30,0)",返回结果为 0,"业绩表"以及 IF 函数参数如图 2-37 所示。

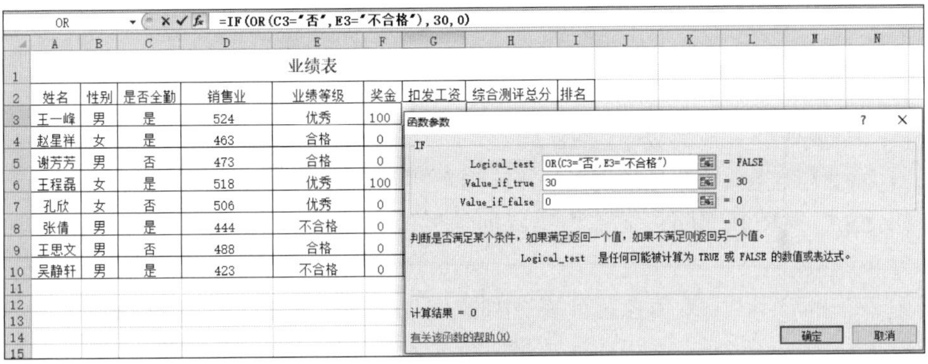

图 2-37 if 函数求扣发工资

4. RANK 函数

功能:返回一个数在一组数或数据列表中的排名。

格式:RANK(number,ref,[order])

参数说明如下。

number:必选参数,需要查找排名的数。

ref:必选参数,数字列表数组或对数字列表的引用。

order:可选参数,用于指定数字的排位方式。参数取值 0(忽略)或不为 0。当取值为 0 或忽略不填时,数字排位是基于 ref 进行降序排列的列表;当取值不为 0 时,数字排位是基于 ref 进行升序排列的列表。

例如,要判断"业绩表"中王一峰的"业绩排名",可以在 H3 单元格中输入公式"=RANK(D3,$D$3:$D$10)",返回结果为 1,"业绩表"以及 RANK 函数参数如图 2-38 所示。

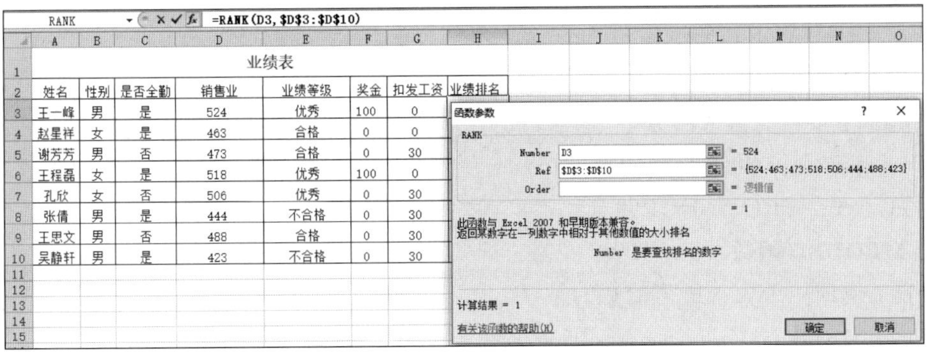

图 2-38 RANK 函数求业绩排名

Excel 公式与函数的应用

2.3.10 数学函数

1. INT 函数

功能：将待取整的数值向下取整为与其最接近的整数。

格式：Int(number)

参数说明：number，待取整的数字。

例如，公式"＝INT(9.999)"，返回结果为 9.00；公式"＝INT(9.159)"，返回结果为 9.00。

2. ROUND 函数

功能：按指定的位数对数值进行四舍五入。

格式：ROUND(number,num_digits)

参数说明如下。

number：要四舍五入的数字。

num_digits：位数，按此位数对 number 参数进行四舍五入。

例如，公式"＝ROUND(9.152,2)"，返回结果为 9.15；公式"＝ROUND(9.159,1)"，返回结果为 9.2。

实例 2-2 中，计算"个人信息统计表"中的"实发工资"，实发工资＝(基础工资＋岗位津贴＋工龄工资)－应交个税，并将计算结果四舍五入至 0 位小数。

操作步骤为：选中 U3 单元格，输入"＝ROUND(SUM(Q3:S3)－T3,0)"，返回结果为10113，函数参数如图 2-39 所示。选中 K3 单元格，单击并拖动填充柄向下填充至 U27。

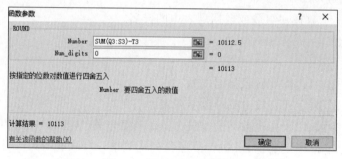

图 2-39 ROUND 函数参数

3. ROUNDUP 函数

功能：远离 0 值，向上舍入数字。

格式：ROUNDUP(number,num_digits)

参数说明如下。

number：要四舍五入的数字。

num_digits：位数，按此位数对 number 参数进行四舍五入。

例如，公式"＝ROUNDUP(9.152,2)"，返回结果为 9.16。

4. MROUND 函数

功能：返回一个舍入所需倍数的数字。

格式：MROUND(number,multiple)

参数说明如下。

number：必选参数，要舍入的值。

multiple：必选参数，要将数值 number 舍入的倍数。

例如，公式"=MROUND(9.152,2)"，返回结果为 10。

5．MOD 函数

功能：两个数值表达式做除法运算后的余数。

格式：MOD(number,divisor)

参数说明如下。

number：必选参数，要计算余数的被除数。

divisor：必选参数，除数。

例如，公式"=MOD(25,6)"，返回结果为 1。

实例 2-2 中，根据"个人信息表"中的"身份证号"计算"个人信息统计表"中的"性别"。如果身份证号最后一位数为奇数时，性别为男性；最后一位数为偶数时，性别为女性。

操作步骤为：选中 L3 单元格，输入"=IF(MOD(MID(C3,18,1),2)=1,"男","女")"，返回结果为男，函数参数如图 2-40 所示。选中 L3 单元格，单击并拖动填充柄向下填充至 L27。

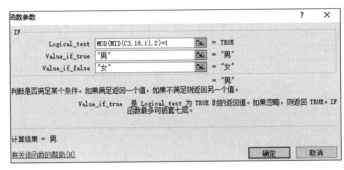

图 2-40　MOD 函数求性别

解题思路如下。

(1) 用 MID 函数取出身份证号的最后一位(第 18 位)，公式为"MID(C3,18,1)"。

(2) 用 MOD 函数计算身份证最后一位数的奇偶性。与第 1 步的公式合在一起后，公式为"MOD(MID(C3,18,1),2)"。判断某个数的奇偶性的方法是：用待判断的数字/2，如果余数为 0，该数为偶数；余数为 1，该数为奇数。

(3) 用 IF 函数根据余数判断"性别"，与第 2 步的公式合在一起后，IF 函数的公式为"=IF(MOD(MID(C3,18,1),2)=1,"男","女")"。

6．PRODUCT 函数

功能：计算所有数字型参数的乘积，并将返回结果。

格式：PRODUCT(number1,[number2,…])

参数说明如下。

number1：必选参数，需要相乘的第一个数字型参数。

number2,…：可选参数，需要相乘的其他数字或单元格区域，最多可以使用 255 个参数。

例如，单元格的数值分别是 A1=10、A2=20、A3=30、A4=40，在 B4 单元格中输入"=PRODUCT(A1:A4)"，返回结果为 240000，函数参数如图 2-41 所示。

7. SUMPRODUCT 函数

功能：在给定的几组数组中,将数组间对应的元素相乘,并返回乘积之和。

格式：SUMPRODUCT(array1,[array2,array3,…])

参数说明如下。

array1：必选参数,要进行相乘并求和的第一个数组。

array2,array3,…：可选参数,2~255 个数组参数,需要进行相乘并求和的其他数组。

例如,要计算"销售表"中的"总支出(元)",在 B7 单元格输入"=SUMPRODUCT(B3:B6,C3:C6)",返回结果为¥34.7,"销售表"及其 SUMPRODUCT 的函数参数如图 2-42 所示。

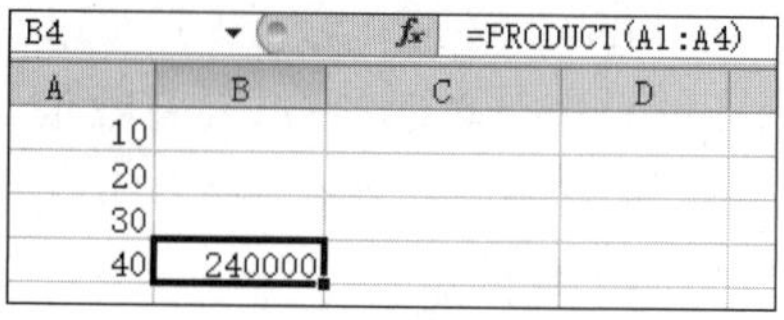

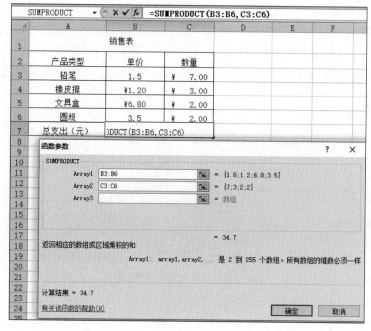

图 2-41 PRODUCT 函数

图 2-42 SUM PRODUCT 函数

2.3.11 日期与时间函数

1. NOW 函数

功能：根据计算机系统设定的日期和时间返回当前的日期和时间。

格式：Now()

参数说明：该函数没有参数。

例如,公式"=NOW()",返回结果为 2022/8/19 14:01。

2. TODAY 函数

功能：根据计算机系统设定的日期和时间返回当前的日期值。

格式：TODAY()

参数说明：该函数没有参数。

例如,公式"=TODAY()",返回结果为 2022/8/19。

3. DATE 函数

功能：返回表示特定日期的连续序列号。

格式：DATE(year,month,day)

参数说明如下。

year：必选参数，参数值为 1～4 位数。使用不同的日期系统，该参数的取值也不同。Windows 系统下，采用的是 1900 日期系统，取值 1900～9999；Macintosh 下，采用 1904 日期系统，取值 1904～9999。Windows 系统下，若 year 参数取值 0～1899，计算年份的方法为：待计算的年份值加 1900；若参数取值 1900～1999，计算年份值就是待计算的年份值；若参数值小于 0 或者大于或等于 10000，返回结果为 ♯NUM!。

month：必选参数，表示一年中代表月份的值。若该参数的取值大于 12，计算时将从指定年份的第一个月开始进行累加；若参数取值小于 1，计算时将从指定年份的第一个月开始递减，并在递减结果上加 1 个月。

day：必选参数，表示一个月中代表天数的值。若该参数的取值大于指定月份的最大天数，计算时将从指定月份的第一天开始进行累加；若参数取值小于 1，计算时将从指定月份的第一天开始递减，并在递减结果上加 1 天。

例如，在 A1 单元格中输入公式"=DATE(1845,10,1)"，返回结果为 3745/10/1，函数参数如图 2-43 所示。原因是 Windows 系统下，year 参数取值 1845 不为 1900～9999，计算年份是以 1845 加 1900 等于 3745。

图 2-43　Date 函数

例如，在 A1 单元格中输入公式"=DATE(2022,15,21)"，返回结果为 2023/3/21，原因是 month 参数取值大于 12，计算时将从指定年份的第一个月开始进行累加。在 B1 单元格中输入公式"=DATE(2022,10,42)"，返回结果为 2022/11/11，原因是 day 参数的取值 42 大于指定月份的最大天数 31，计算时将从指定月份的第一天开始进行累加。

4. DATEDIF 函数

功能：返回两个日期之间的年、月、日间隔数。

格式：DATEDIF(start_date,end_date,unit)

参数说明如下。

start_date：代表时间段内的第一个日期或起始日期。（起始日期必须在 1900 年之后）。

end_date：代表时间段内的最后一个日期或结束日期。

unit：为所需信息的返回类型。该参数的取值为：D,M,Y,YD,YM,MD。当参数取值为"Y"时计算时间段中的整年数；参数取值为"M"时计算时间段中的整月数；参数取值为"D"时计算时间段中的天数；参数取值为"MD"时计算起始日期与结束日期的同月间隔天数，忽略日期中的月份和年份；参数取值为"YD"时计算起始日期与结束日期的同年间隔天数，忽略日期中的年份；参数取值为"YM"时计算起始日期与结束日期的同年间隔月数，忽略日期中年份。

例如，在 A1 单元格中输入公式："=DATEDIF("2020-1-1",TODAY(),"Y")"，返回结果为 2。其中，2020-1-1 为起始时间，TODAY() 为系统当前时间，Y 为返回类型要求返回两个时间段之间的整年数。

5．DAYS360 函数

功能：按照一年 360 天的算法（每个月以 30 天计，一年共计 12 个月），DAYS360 函数返回两个日期间相差的天数。

格式：DAYS360(start_date,end_date,[method])

参数说明如下。

start_date：必选参数，起始时间。

end_date：必选参数，截止时间

method：可选参数，分为美国方法（FALSE）和欧洲方法（TRUE）。美国方法的计算原则是：如果起始日期是一个月的最后一天，则等于同月的 30 号；如果终止日期是一个月的最后一天，并且起始日期早于 30 号，则终止日期等于下一个月的 1 号，否则，终止日期等于本月的 30 号。欧洲方法的计算原则是：如果起始日期和终止日期为某月的 31 号，则等于当月的 30 号。

实例 2-2 中，计算"个人信息统计表"中的"年龄"。以当前日期为基准，要求一年按 360 天，一个月按 30 天计算。不满一年的忽略不计，并保留 0 位小数。

操作步骤如下。

（1）选中 K3 单元格，输入"=INT(DAYS360(O3,TODAY(),0)/360)"，返回值为 36.00。

（2）选中 K3 单元格，单击并拖动填充柄自动填充至 K27 单元格。

（3）选中"年龄"列后右击，选择"设置单元格格式"选项，弹出"设置单元格格式"对话框，切换到"数字"选项卡，在"分类"列表框中选择"数值"，"小数位数"文本框中输入"0"。此时 K3 单元格的取值为 36。

解题思路如下。

（1）先用 DAYS360 函数计算出当前日期（today()）与出生日期之间相差的天数，公式为"=DAYS360(O3,TODAY(),0)"，如果计算结果为日期格式，需要将其改为数字格式。

（2）将第（1）步中计算得的天数，转换成"年"，即"=DAYS360(O3,TODAY(),0)/360"。

（3）由于题目要求：不满一年的忽略不计，所以需要对第 2 步的计算结果向下取整，即"=INT(DAYS360(O3,TODAY(),0)/360)"。

实例 2-2 中，计算"个人信息统计表"中的"工龄"。以当前日期为基准，要求一年按 360 天，一个月按 30 天计算。不满一年的忽略不计，并保留 0 位小数。

操作步骤如下。

（1）选中 N3 单元格，输入"=INT(DAYS360(F3,TODAY(),0)/360)"，返回值为 11.00。

（2）选中 N3 单元格，单击并拖动填充柄自动填充至 N27 单元格。

（3）选中"工龄"列后右击，选择"设置单元格格式"选项，弹出"设置单元格格式"对话框，切换到"数字"选项卡，在"分类"列表框中选择"数值"，"小数位数"文本框中输入"0"。此时 K3 单元格的取值为 11。解题思路与计算"年龄"一致，不再赘述。

6．WEEKDAY 函数

功能：返回代表一周中第几天的数值，是一个 1 到 7（或 0 到 6）之间的整数。

格式：WEEKDAY(serial_number,return_type)

参数说明如下。

serial_number：必选参数，要返回日期数的日期。

return_type：返回类型，取值为1、2、3。当取值为1或省略时，返回的数值范围是1(星期日)-7(星期六)；当取值为2时，返回的数值范围是1(星期一)-7(星期日)；当取值为3时，返回的数值范围是0(星期一)-0(星期日)。

例如，在A1单元格输入"＝WEEKDAY(TODAY(),2)"，返回结果为6，函数参数如图2-44所示。

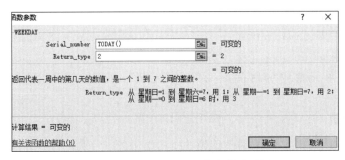

图2-44　WEEKDAY函数参数对话框

实例2-2中，计算"个人信息统计表"中的"出生日是星期几"。根据每个员工的出生日期进行判断，判断结果显示为："星期1"，……，"星期天"等。

操作步骤如下。

(1) 选中V3单元格，输入："＝IF(WEEKDAY(O3,2)＝7,"星期天","星期"&WEEKDAY(O3,2))"，返回值为星期二。

(2) 选中V3单元格，单击并拖动填充柄自动填充至V27单元格。

解题思路如下。

(1) 用WEEKDAY函数计算"出生日期"属于一周中的第几天，公式为"＝WEEKDAY(O3,2)"，返回结果为2。其中，"O3"为要计算日期数的日期，"2"为类型，星期一(1)，……，星期日(7)。

(2) 用IF函数判断该日期属于星期几，与第(1)步的公式合在一起后，公式为"＝IF(WEEKDAY(O3,2)＝7,"星期天","星期"&WEEKDAY(O3,2))"。函数的意义为：如果WEEKDAY函数的计算结果为7，该天为星期天，否则为""星期"&WEEKDAY(O3,2)"，用字符连接符将"星期"与WEEKDAY的计算结果连在一起。函数参数如图2-45所示：

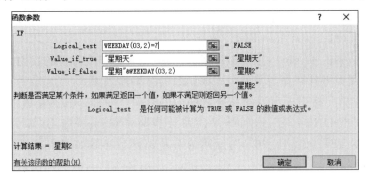

图2-45　WEEKDAY函数计算出生日是星期几

7. HOUR 函数

功能：返回时间中的小时数值。

格式：HOUR(serial_number)

参数说明：serial_number 是必选参数，表示一个时间值。

例如，在 A1 单元格中的时间值为"13：55：05"，在 B1 单元格中输入"＝HOUR(A1)"，返回值为 13。

8. MINUTE 函数

功能：返回时间中的分钟数值。

格式：MINUTE(serial_number)

参数说明：serial_number 是必选参数，表示一个时间值。

例如，在 A1 单元格中的时间值为"13：55：05"，在 B1 单元格中输入"＝MINUTE(A1)"，返回值为 55。

9. YEAR 函数

功能：返回某个日期中的年份值。

格式：YEAR(serial_number)

参数说明：serial_number，为一个日期值，其中包含要查找年份的日期。应使用 DATE 函数输入日期，或者将日期作为其他公式或函数的结果输入。

例如，在 A1 单元格中求出当前系统时间中的年份。操作方法为：选中 A1 单元格，输入"＝YEAR(TODAY())"，函数参数如图 2-46 所示，返回结果为系统当前日期：2022。

图 2-46　YEAR 函数参数

例如，如果在 A1 单元格中输入公式"＝YEAR(DATE(2020,10,1))"，返回结果为 2020；如果在 A1 单元格中输入公式"＝YEAR(DATE(1888,10,1))"，返回结果为 3788。

10. Month 函数

功能：返回以序列号表示的日期中的月份。返回结果为 1～12 的整数。

格式：MONTH(serial_number)

参数说明：serial_number，为一个日期值，其中包含要查找月份的日期。应使用 DATE 函数输入日期，或者将日期作为其他公式或函数的结果输入。

例如，在 A1 单元格中求出当前系统时间中的月份。操作方法为：选中 A1 单元格，输入"＝MONTH(TODAY())"，返回结果为系统当前月份：9。在 B1 单元格中输入公式"＝MONTH(DATE(2022,15,20))"，返回结果为 3，函数参数如图 2-47 所示。

11. DAY 函数

功能：返回以序列号表示的某日期的天数，返回结果为 1～31 的整数。

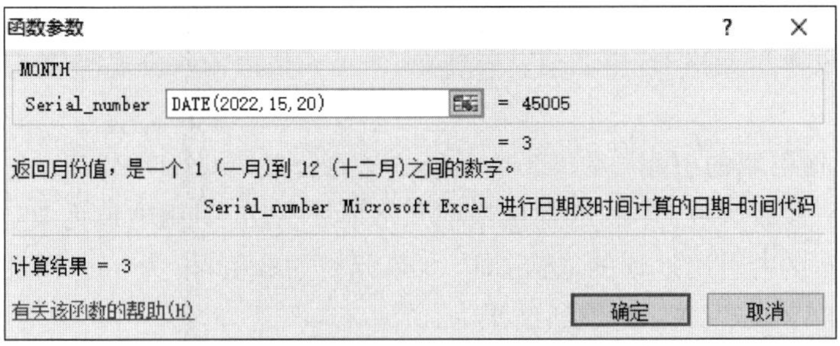

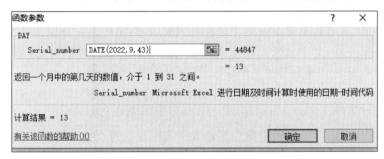

图 2-47　MONTH 函数参数

格式：DAY(serial_number)

参数说明：serial_number,为一个日期值,其中包含要查找某一天的日期。应使用 DATE 函数输入日期,或者将日期作为其他公式或函数的结果输入。

例如,在 A1 单元格中求出当前系统时间中的天数,操作方法为：选中 A1 单元格,插入 DAY 函数,公式为"=DAY(TODAY())",返回结果为系统当前月份：15。在 B1 单元格中输入公式"=DAY(DATE(2022,9,43))",返回结果为：13,函数参数如图 2-48 所示。

图 2-48　DAY 函数参数

2.3.12　引用函数

1. INDIRECT 函数

功能：此函数立即对引用进行计算,并显示其内容。当需要更改公式中单元格的引用,而不更改公式本身时,可以使用此函数,INDIRECT 为间接引用。

格式：INDIRECT(ref_text,[a1])

参数说明如下。

ref_text：必选参数,即单元格引用。可以是 A1 引用、R1C1 或定义为引用的名称或作为文本字符串对单元格的引用。

a1：可选参数,是一个逻辑值,用于指定引用类型。如果该参数取值为 TRUE 或省略,表示 ref_text 采用 A1 引用样式;如果该参数取值为 FALSE,表示 ref_text 采用 R1C1 引用样式。

以数据表中的数据为例,介绍 INDIRECT 函数的使用方法。数据表如图 2-49 所示。

（1）对文本形式的单元格地址进行引用：在 E3 单元格中输入公式"=INDIRECT("B5")",返回结果为 A3,由于 ref_

	A	B	C
1	数据		
2	excel2016	C2	2022
3	35	acd	A1
4	0	45	china
5	B4	A3	C5
6	B5	如风	28

图 2-49　数据表

text 参数取值为""B5""，属于文本格式的单元格地址。该公式的意义是：根据文本单元格地址 B5，直接返回文本单元格 B5 中的值。同理在 E4 单元格内输入公式"=INDIRECT("C4")"，返回结果为 china。

（2）对单元格引用的引用。在 E3 单元格中输入公式"=INDIRECT(B5)"，返回结果为 35，由于 ref_text 参数取值为"B5"，直接是单元格地址引用，引用地址为 B5。该公式的意义是：引用 B5 单元格内引用地址的取值，即 A3 单元格的取值，值为 35。同理在 E4 单元格内输入公式"=INDIRECT(A5)"，返回结果为 45。

2. IFERROR 函数

功能：使用 IFERROR 函数可以捕获和处理公式中的错误。IFERROR 返回公式计算结果为错误时指定的值；否则，它将返回公式的结果。

格式：IFERROR(value,value_if_error)

参数说明如下。

Value：必选参数，用于检查是否存在错误的参数。

value_if_error：必选参数，计算结果为错误时返回的值。计算结果的错误类型一共有 7 种。

（1）"#N/A"。当在函数或公式中没有可用数值时，将产生错误值#N/A。

（2）"#VALUE!"。当使用错误的参数或运算对象类型时，或者当公式自动更正功能不能更正公式时，将产生错误值#VALUE!。

（3）"#REF!"。当单元格引用无效时将产生错误值#REF!。

（4）"#DIV/0!"。当公式被零除时，将会产生错误值#DIV/0!。

（5）"#NUM!"。当公式或函数中某个数字有问题时将产生错误值#NUM!。

（6）"#NAME?"。当公式或函数无法识别公式中的文本时，将出现错误值#NAME?。

（7）"#NULL!"。当试图为两个并不相交的区域指定交叉点时将产生错误值#NULL!。

例如，在"成绩表"中计算总分，如果计算结果出错，要求显示"计算错误"。操作方法为：选中 D3 单元格，输入公式"=IFERROR(B3+C3,"计算错误")"，显示结果为 107，选中 D3 单元格后拖动填充柄填充至 D20 即可，成绩表及其计算结果如图 2-50 所示。

图 2-50 成绩表及其计算结果

实例 2-3　银行贷款计算

赵青根据自己的实际情况，准备按揭购买一套价值 300 万元的住房，首付 30%，贷款 70%。首次接触按揭贷款的她很想知道采用等额本息贷款方式的情况下，不同年率和贷款年限对月还款额、本金、利息的影响。帮助她完成月还款总额表（如图 2-51 所示）以及月还款表（如图 2-52 所示）的计算。

J	K	L	M	N	O	P
			月还款总额表			
贷款总额（元）			2100000			
贷款方案	公积金贷款		商业贷款方案1		商业贷款方案2	
年利率	0.0325		0.049		0.049	
贷款期数（20年）	240		240		360	
月还款额						

图 2-51　月还款总额表

	A	B	C	D	E	F	G
1				月还款表			
2		公积金贷款			商业贷款方案1		
3	期数	偿还本金	偿还利息	本息合计	偿还本金	偿还利息	本息合计
4	1						
5	2						
6	3						
7	4						
8	5						
9	6						
10	7						
11	8						
12	9						
13	10						
14	11						
15	12						
16	13						
17	14						
18	15						
19	16						
20	17						
226	223						
227	224						
228	225						
229	226						
230	227						
231	228						
232	229						
233	230						
234	231						
235	232						
236	233						
237	234						
238	235						
239	236						
240	237						
241	238						
242	239						
243	240						

图 2-52　月还款表

2.3.13　财务函数

1. FV 函数

功能：FV 是一个财务函数，用于根据固定利率计算投资的未来值。可以将 FV 与定期付款、固定付款或一次付清总额付款结合使用。

格式：FV(rate,nper,pmt,[pv],[type])

参数说明如下。

rate：必选参数，表示各期利率。

nper：必选参数，该项投资总的付款期数。

pmt：必选参数，各期所应支付的金额，其数值在整个年金期间保持不变。通常，pmt 包括本金和利息，但不包括其他费用或税款。如果省略 pmt，则必须包括 pv 参数。

pv：可选参数，表示从该项投资开始计算时已经入账的款项，或一系列未来付款当前值的累计和。

type：可选参数，用于指定各期的付款时间是在期初还是期末。如果 type 取值为 0，表示每期还款时间在期末；如果 type 取值为 1，表示每期还款时间在期初。

例如，要计算"数据表"中的"本息合计"，在 B5 单元格内输入"＝FV(B2/12,B3 * 12,B4)"，返回结果为￥－15,528.23。"数据表"及其 FV 函数的函数参数如图 2-53 所示。其中，B2/12 表示月利率(月利率＝年利率/12)，B3 * 12 表示付款期数 120 个月，B4 表示每个月的储蓄额。

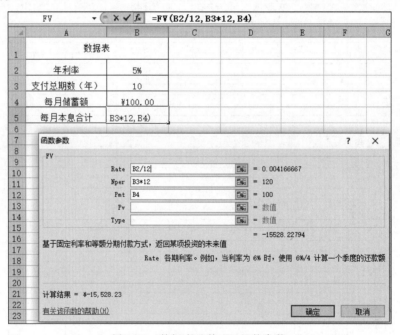

图 2-53　数据表及其 FV 函数参数

2. PMT 函数

功能：基于固定利率及等额分期付款方式，返回贷款的每期付款额。

格式：PMT(rate,nper,pv,[fv],[type])

参数说明如下。

rate：必选参数，贷款利率。

nper：必选参数，贷款的总期数。

pv：必选参数，现值，也称为本金。

fv：可选参数，未来值，即在最后一次付款后希望得到的现金余额。

type：可选参数，用于指定各期的还款时间是在期初还是期末。如果 type 取值为 0，表示每期还款时间在期末；如果 type 取值为 1，表示每期还款时间在期初。

实例 2-3 中，在"月还款总额"表中，计算与不同贷款方案相对应的月还款额，结果分别放在 K7、M7、O7 单元格中。操作步骤如下。

（1）选中 K7 单元格，输入"=PMT(K5/12,K6,K3)"，返回结果为¥−11,911.11，函数参数如图 2-54 所示。该公式中。"K5/12"为月利率(月利率＝年利率/12)，"K6"为贷款总期数，"K3"为贷款总额，因为月还款额是向外支出的，所以显示为负数。

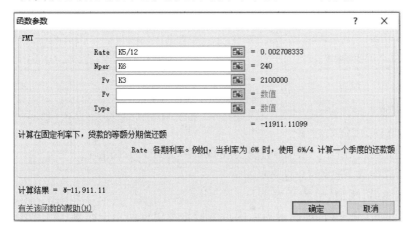

图 2-54　公积金贷款月还款

（2）选中 M7 单元格，输入"=PMT(M5/12,M6,K3)"，返回结果为¥−13,743.33，函数参数如图 2-55 所示。

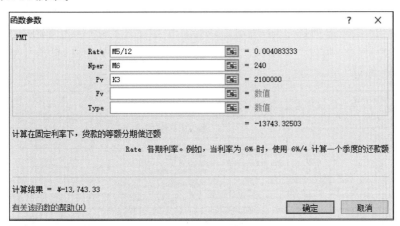

图 2-55　商业贷款 1 的月还款额

（3）选中 O7 单元格，输入"=PMT(O5/12,O6,K3)"，返回结果为¥−11,145.26，函数参数如图 2-56 所示。

3. PPMT 函数

功能：基于等额分期付款方式，返回固定利率下的某项投资或贷款在给定期次内应偿还的本金。

格式：PPMT(rate,per,nper,pv,[fv],[type])

94

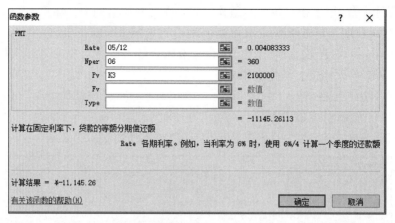

图 2-56　商业贷款 2 的月还款额

参数说明如下。

rate：必选参数，贷款利率。

per：必选参数。用于计算其利息数额的期数，必须为 1～nper。

nper：必选参数，贷款的总期数。

pv：必选参数，现值，也称为本金。

fv：可选参数，未来值，即在最后一次付款后希望得到的现金余额。

type：可选参数，用于指定各期的还款时间是在期初还是期末。如果 type 取值为 0，表示每期还款时间在期末；如果 type 取值为 1，表示每期还款时间在期初。

实例 2-3 中，在"月还款表"中，计算"偿还本金"，操作步骤如下。

（1）选中 B4 单元格，输入"＝PPMT（＄K＄5/12，A4，＄K＄6，＄K＄3）"，返回结果为 ¥－6,223.61，函数参数如图 2-57 所示。该公式中，"＄K＄5/12"为月利率，"A4"为第 1 期，"＄K＄6"为贷款总期数，"＄K＄3"为贷款总额。选中 B4 单元格，单击并拖动填充柄向下填充至 B243 即可。

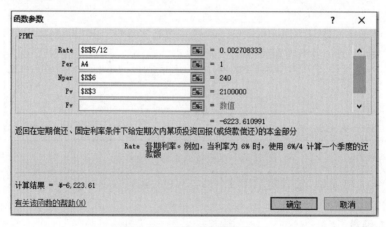

图 2-57　公积金贷款的本金

（2）选中 E4 单元格，输入"＝PPMT（＄M＄5/12，A4，＄M＄6，＄K＄3）"，返回结果为 ¥－5,168.33，函数参数如图 2-58 所示。选中 E4 单元格，拖动填充柄向下填充至 E243 即可。

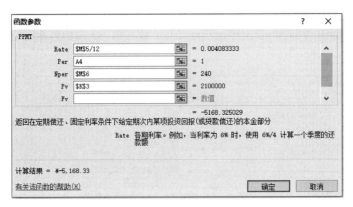

图 2-58　商业贷款的本金

4. IPMT 函数

功能：基于等额分期付款方式,返回固定利率下的某项投资或贷款在给定期次内应偿还的利息。

格式：IPMT(rate,per,nper,pv,[fv],[type])

参数说明如下。

rate：必选参数,贷款利率。

per：必选参数。用于计算其利息数额的期数,范围必须为 1～nper。

nper：必选参数,贷款的总期数。

pv：必选参数,现值,也称为本金。

fv：可选参数,未来值,即在最后一次付款后希望得到的现金余额。

type：可选参数,用于指定各期的还款时间是在期初还是期末。如果 type 取值为 0,表示每期还款时间在期末；如果 type 取值为 1,表示每期还款时间在期初。

实例 2-3 中,在"月还款表"中,计算"偿还利息",以及"本息合计",操作步骤如下。

(1) 选中 C4 单元格,输入"= IPMT($K$5/12,A4,$K$6,$K$3)",返回结果为￥−5,687.50,函数参数如图 2-59 所示。该公式中,"$K$5/12"为月利率,"A4"为第 1 期,$K$6 为贷款总期数,$K$3 为贷款总额。选中 C4 单元格,拖动填充柄向下填充至 C243 单元格即可。

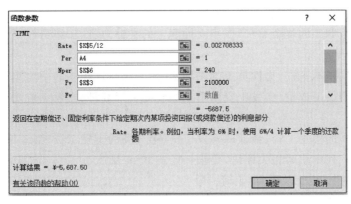

图 2-59　公积金贷款利息

Excel 公式与函数的应用

(2) 选中 F4 单元格,输入"=IPMT($M$5/12,A4,$M$6,$K$3)",返回结果为￥-8,575.00,函数参数如图 2-60 所示。选中 F4 单元格,拖动填充柄向下填充至 F243 单元格即可。

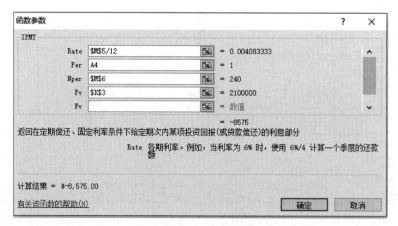

图 2-60   商业贷款利息

(3) 选中 D4 单元格,输入"=SUM(B4:C4)",返回结果为￥-11,911.11。选中 D4 单元格,拖动填充柄向下填充至 D243 即可,此时发现所有计算结果与 K7 单元格的计算结果一样。同理选中 G4 单元格,输入"=SUM(E4:F4)",返回结果为￥-13,743.33,选中 G4 单元格,拖动填充柄向下填充至 G243 单元格即可。

2.4   员工工资分析综合案例

2.4.1   员工工资分析

利用"员工工资.xlsx"文件(见本书配套资源)中的数据,完成以下计算。

(1) 在"基本工资"之前插入一列,列名为"学历",根据右侧"对照表"中的数据用 VLOOKUP 函数计算相关内容。

(2) 在"学历"之后插入 1 列,列名为"部门",用 VLOOKUP 函数完成相关计算,要求:一组为开发部,二组为销售部,三组为人事部。

(3) 计算"实发工资",实发工资=基本工资+奖金+补贴-房租。

(4) 计算一组职工的奖金总额、二组女性职工的补贴总额、三组男性博士职工的实发工资总额。

(5) 计算平均基本工资、男性员工的平均奖金、二组女性职工的平均实发工资。

(6) 计算总的员工数量、实发工资高于 15000 的员工数量、实发工资高于 15000 的女性员工人数。

(7) 计算最高的实发工资、最低的实发工资、第 3 高的实发工资、第 3 低的实发工资。

(8) 在"评语"列中填写相关评语,要求:奖金 3000 及 3000 以上为"业绩优秀",2000 至 3000 为"业绩良好",2000 以下为"业绩一般"。

具体操作步骤如下。

(1) 选中"基本工资"列的任意单元格后右击,在弹出的快捷菜单中选择"插入",打开

"插入"对话框,选择"整列"单选按钮后单击"确定"按钮。在 E3 单元格中输入列名"学历"后按 Enter 键完成输入。在 E4 单元格中输入公式"=VLOOKUP(A4,$O$4:$P$16,2,FALSE)",返回结果为:硕士,选中 E4 单元格,拖动填充柄填充至 E16 单元格即可。

(2) 选中"基本工资"列的任意单元格后右击,在弹出的快捷菜单中选择"插入",打开"插入"对话框,选择"整列"单选按钮后单击"确定"按钮。在 F3 单元格中输入列名"部门"后按 Enter 键完成输入。在 F4 单元格中输入公式"=LOOKUP(B4,{"一组","二组","三组"},{"开发部","销售部","人事部"})",返回结果为:人事部,选中 F4 单元格,拖动填充柄填充至 F16 单元格即可。

(3) 选中 K3 单元格,输入公式"=G4+H4+I4−J4",选中 K3 单元格,拖动填充柄填充至 K16 单元格即可。

(4) 选中 H20 单元格,输入公式"=SUMIF(B4:B16,"一组",H4:H16)";选中 H21 单元格,输入公式"=SUMIFS(K4:K16,B4:B16,"二组",D4:D16,"女")";选中 H22 单元格,输入公式"=SUMIFS(K4:K16,B4:B16,"三组",D4:D16,"男",E4:E16,"博士")"。

(5) 选中 H23 单元格,输入公式"=AVERAGE(G4:G16)";选中 H24 单元格,输入公式"=AVERAGEIF(D4:D16,"男",H4:H16)";选中 H25 单元格,输入公式"=AVERAGEIFS(K4:K16,B4:B16,"二组",D4:D16,"女")"。

(6) 选中 H26 单元格,输入公式"=COUNTA(C4:C16)";选中 H27 单元格,输入公式"=COUNTIF(K4:K16,">15000")";选中 H28 单元格,输入公式"=COUNTIFS(K4:K16,">15000",D4:D16,"女")"。

(7) 选中 H29 单元格,输入公式"=MAX(K4:K16)";选中 H30 单元格,输入公式"=MIN(K4:K16)";选中 H31 单元格,输入公式"=LARGE(K4:K16,3)";选中 H32 单元格,输入公式"=SMALL(K4:K16,3)"。

(8) 在 L4 单元格中输入公式"=IF(H4>=3000,"业绩优秀",IF(H4>=2000,"业绩良好","业绩一般"))",返回结果为:业绩一般,选中 L4 单元格,拖动填充柄填充至 L16 单元格即可。

2.4.2 银行交易明细统计

利用"银行交易明细.xlsx"文件中的数据,完成以下相关操作。

(1) 从"账户余额"列的 D4 单元格开始,计算每行的余额。本行余额=上行余额+本行收入−本行支出,并将计算结果四舍五入 2 位小数。

(2) 填写"收支项目"中的内容,要求:只保留"收支项目类别"列中的中文字符,删除其余数字或字母。

(3) 在"收支项目"的后边插入 1 列,列名为"排名",对账户余额进行排名。

(4) 完成"统计表"中的相关计算,要求:毛利润=销售收入−采购成本;毛利率=毛利润/销售收入,毛利率数据精确显示为保留两位小数的百分比格式,如果出现错误则不显示。

具体操作步骤如下。

(1) 选中 D4 单元格,输入公式"=ROUND(D3+B4−C4,2)",返回结果为 3000000,选中 D4 单元格拖动填充柄填充至 D90 单元格即可。

(2) 在 G3 单元格中输入公式"=LEFT(F3,LENB(F3)−LEN(F3))",返回结果为实

收资本,选中 G3 单元格,拖动填充柄填充至 G90 单元格即可。

(3) 选中 H2 单元格,输入列名"排名",在 H3 单元格中输入公式"=RANK(D3,$D$3:$D$90)",返回结果为 88。选中 H2 单元格,拖动填充柄填充至 H90 单元格即可。

(4) 计算"销售收入"列,在对应单元格内输入如下公式。

N3:"=SUMIFS($B$3:$B$90,$A$3:$A$90,">=2017-1-1",$A$3:$A$90,"<=2017-3-31")",返回结果为:0.00。

N4:"=SUMIFS($B$3:$B$90,$A$3:$A$90,">=2017-4-1",$A$3:$A$90,"<=2017-6-30")",返回结果为:1,000,000.00。

N5:"=SUMIFS($B$3:$B$90,$A$3:$A$90,">=2017-7-1",$A$3:$A$90,"<=2017-9-30")",返回结果为:2,826.81。

N6:"=SUMIFS($B$3:$B$90,$A$3:$A$90,">=2017-10-1",$A$3:$A$90,"<=2017-12-31")",返回结果为:992,172.96。

计算"采购成本"列,在对应单元格内输入如下公式。

O3:"=SUMIFS($C$3:$C$90,$A$3:$A$90,">=2017-1-1",$A$3:$A$90,"<=2017-3-31")",返回结果为:0.00。

O4:"=SUMIFS($C$3:$C$90,$A$3:$A$90,">=2017-4-1",$A$3:$A$90,"<=2017-6-30")",返回结果为:2042.3。

O5:"=SUMIFS($C$3:$C$90,$A$3:$A$90,">=2017-7-1",$A$3:$A$90,"<=2017-9-30")",返回结果为:448,925.00。

O6:"=SUMIFS($C$3:$C$90,$A$3:$A$90,">=2017-10-1",$A$3:$A$90,"<=2017-12-31")",返回结果为:576,912.39。

计算"毛利润"列,在 P3 单元格中输入公式"=N3-O3",按 Enter 键后,选中 P3 单元格拖动填充柄填充至 P6 单元格即可。

计算"毛利率"列,在 Q3 单元格中输入公式"=IFERROR(P3/N3,"")",选中 Q3 单元格,拖动填充柄填充至 Q6 单元格。选中 Q3:Q6 单元格区域后右击,在弹出的快捷菜单中选择"设置单元格格式",打开"设置单元格格式"对话框,在"分类"列表框中选择"百分比","小数位数"文本框中输入 2,单击"确定"按钮。

选中 N7 单元格,输入公式"=SUM(N3:N6)",选中 N7 单元格,拖动填充柄向右填充到 Q7 单元格即可。

2.4.3 产品贸易记录统计分析

利用"贸易记录表.xlsx"文件中的数据,完成以下相关操作。

(1) 利用"商品信息"表与"地区信息"表中的内容填写"地区代码"和"商品价格"。

(2) 计算"销售额"。

(3) 判断每类商品是否属于低价受欢迎产品(商品价格低于 100,且销量高于 1000 的产品)。

(4) 完成"统计表中"中的相关计算,要求总销售额用 SUMPRODUCT 函数计算。

具体操作步骤如下。

(1) 选中 C2 单元格,输入公式"=VLOOKUP(D2,地区信息,2,FALSE)",选中 C2 单

元格后拖动填充柄填充至 C56 单元格；选中 G2 单元格，输入公式"＝VLOOKUP(F2,$Q$3:$R$27,2,FALSE)"，选中 G2 单元格后拖动填充柄填充至 G56 单元格。

（2）选中 I2 单元格，输入公式"＝G2＊H2"，选中 I2 单元格后拖动填充柄填充至 I56 单元格。

（3）选中 J2 单元格，输入公式"＝IF(AND(G2＜100,H2＞1000),"是","否")"，选中 J2 单元格后拖动填充柄填充至 J5 单元格。

（4）在 M7 单元格中输入"＝INDEX($A$2:$J$56,MATCH(MAX($I$2:$I$56),$I$2:$I$56,0),5)"。

在 N7 单元格中输入"＝INDEX($A$2:$J$56,MATCH(MAX($I$2:$I$56),$I$2:$I$56,0),6)"。

在 M8 单元格中输入"＝SUMPRODUCT(G2:G56,H2:H56)"。

在 M9 单元格中输入"＝SUMIF(D2:D56,"欧洲",H2:H56)"。

在 M10 单元格中输入"＝SUMIFS(I2:I56,D2:D56,"亚洲",E2:E56,"日用品")"。

2.5 习　　题

肖某是某企业的管理人员，从该公司的管理系统中随机抽取了数位会员的相关信息，用于分析他们上一年度的消费情况。要求根据下列要求，帮助她完成数据分析。

1．将数据区域 A1:F101 转换成表，将表名修改为"客户资料"。

2．将 B 列中所有的"M"替换为"男"，所有的"F"替换为"女"。

3．将 C 列的日期格式修改为"80 年 5 月 9 日"的格式，即年份只显示后两位。

4．在 D 列中，计算每位客户截止到 2022 年 1 月 1 日的年龄，要求每到下一个生日，计 1 岁。

5．在 E 列中，计算每位顾客截止到 2022 年 1 月 1 日所处的年龄段。年龄段为：30 岁以下、30～34 岁、35～39 岁、40～44 岁、45～49 岁、50～54 岁、55～59 岁、60～64 岁、65～69 岁、70～74 岁、75 岁以上。

6．在 F 列中计算每位顾客的消费金额。各季度的消费情况位于"2016 年消费"工作表中，将 F 列的计算结果修改为货币格式，保留 0 为小数。（注意：便于计算，可修改"2016 年消费"工作表的结构）。

第3章   数 据 处 理

第3章
案例导读

    Excel 提供了强大的数据处理工具,相比其他数据处理工具而言,具有更好的易用性,也更易于学习。Excel 可以作为数据处理的入门基础工具,之后逐步向数据处理专业软件过渡。本章主要介绍的数据处理工具包括导入外部数据、数据的合并与拆分整理、数据排序、数据筛选、数据分类汇总等功能。通过这些数据处理功能可以帮助用户更方便地利用 Excel 分析并获取重要信息,以便做出合理科学的决策。

实例 3-1 数据处理

    西宇公司不仅有线下门店,还有线上商城。李蕾需要对公司本年度的购销数据进行统计,按照下列要求帮助李蕾完成相关数据的整理、计算和分析工作。

    在"西宇公司年销售统计表"工作表右侧插入一个名为"品名"的工作表,如图 3-1 所示,并将文本文件"品名.txt"中的数据导入"品名"工作表,并删除工作表中"商品名称"重复的记录。对工作表"西宇公司年销售统计表"中的数据进行修饰、完善。

序号	商品代码	品牌	商品名称	商品类别	销售日期	分部	销售渠道	销量	销售单价	销售额	进货成本
\multicolumn{12}{c}{西宇公司2021年销售统计表}
0198	NC00005			计算机	2021年3月17日	五部门	线下门店	49	1,489.00	72,961.00	40,158.33
0123	NC00006			计算机	2021年5月1日	三部门	线上商城	45	2,499.00	112,455.00	73,070.76
0055	NC00006			计算机	2021年6月4日	二部门	线上商城	41	4,038.00	165,558.00	124,370.40
0003	PC00004			计算机	2021年1月15日	总部	线下门店	43	13,388.00	575,684.00	466,571.80
0281	NC00004			计算机	2021年4月30日	六部门	线上商城	42	1,499.00	62,958.00	18,212.85
0306	NC00015			计算机	2021年3月27日	六部门	线上商城	50	839.71	41,985.50	13,435.40
0017	NC00007			计算机	2021年5月2日	总部	线上商城	43	8,888.00	382,184.00	255,974.40
0321	PC00008			计算机	2021年1月17日	一部门	线下门店	43	1,490.00	64,070.00	10,728.00
0305	NC00008			计算机	2021年3月19日	六部门	线上商城	40	338.00	13,520.00	13,790.40
0337	PC00008			计算机	2021年5月17日	一部门	线上商城	41	219.00	8,979.00	8,081.10
0253	NC00016			计算机	2021年3月27日	四部门	线上商城	43	839.71	36,107.53	25,527.26
0359	PC00001			计算机	2021年4月5日	一部门	线上商城	35	1,098.00	38,430.00	3,777.12
0151	TC00011			计算机	2021年4月29日	三部门	线上商城	42	1,946.31	81,745.02	59,050.89
0307	PC00002			计算机	2021年4月6日	六部门	线下门店	35	999.00	34,965.00	13,426.56

图 3-1   西宇公司年销售统计表(局部)

3.1 导入外部数据

Excel 提供了强大的数据处理工具,但是很多时候需要处理的数据并不在 Excel 表中,而是在文本文件中或者需要从网页中获取,此时,就需要先将这些在外部文件中的数据首先导入 Excel 中,再进行相应的处理。导入外部数据的方式有很多,这里主要介绍从文本文件导入数据和从网页中导入数据两种。

3.1.1 从文本文件导入数据

假设有一个名为"品名.txt"的文本文件,如图 3-2 所示,里面存放着产品信息。Excel 可以从该文本文件中获取数据。根据实例 3-1 的要求,完成数据的导入。

图 3-2 "品名"文本文件

操作步骤如下。

(1)单击"数据"→"自文本"按钮,弹出"导入文本文件"对话框。

(2)在对话框中找到"品名.txt"所在位置,单击选中"品名.txt"后单击"导入"按钮。

(3)在弹出的"文本导入向导-第 1 步,共 3 步"对话框中,在"请选择合适的文件类型"选项区域中单击"分隔符号",勾选"数据包含标题"复选框选项,如图 3-3 所示。单击"下一步"按钮,弹出"文本导入向导-第 2 步,共 3 步"对话框。

(4)在"文本导入向导-第 2 步,共 3 步"对话框中,可设置分列数据所包含的分隔符号。勾选"分隔符号"选项区的"Tab 键"复选框选项,如图 3-4 所示。单击"下一步"按钮,弹出"文本导入向导-第 3 步,共 3 步"对话框。

(5)在"文本导入导向-第 3 步,共 3 步"对话框中,可根据具体的文本文件,选择对应的各列的数据格式。在"列数据格式"选项区域中选择"常规"选项,如图 3-5 所示。单击"完成"按钮,弹出"导入数据"对话框。

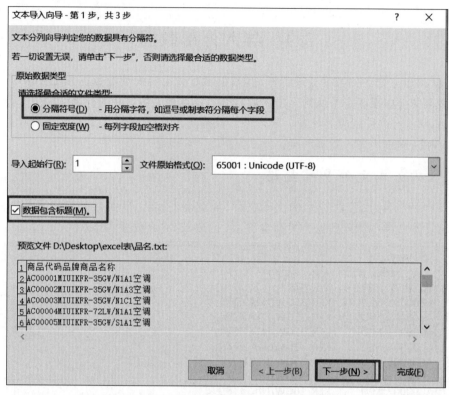

图 3-3 "文本导入向导-第 1 步,共 3 步"对话框

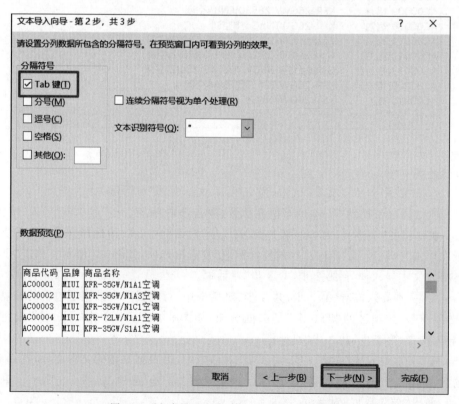

图 3-4 "文本导入向导-第 2 步,共 3 步"对话框

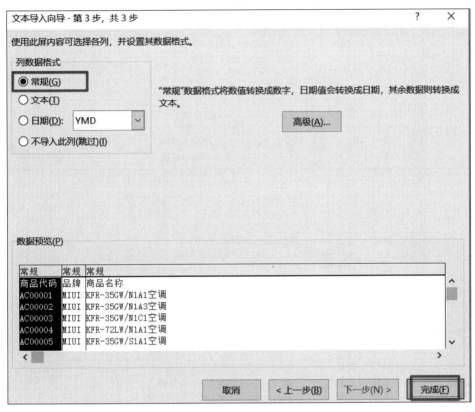

图 3-5 "文本导入向导-第 3 步,共 3 步"对话框

（6）在"导入数据"对话框中,选择"现有工作表"文本框右侧的选择数据源按钮后,单击A1 单元格后再次单击选择数据源按钮,返回"导入数据"对话框,单击"确定"按钮,如图 3-6所示。

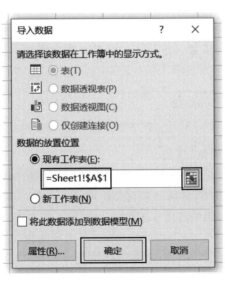

图 3-6 "导入数据"对话框

（7）导入的数据如图 3-7 所示。

第 3 章

数据处理

	A	B	C
1	商品代码	品牌	商品名称
2	AC00001	MIUI	KFR-35GW/N1A1空调
3	AC00002	MIUI	KFR-35GW/N1A3空调
4	AC00003	MIUI	KFR-35GW/N1C1空调
5	AC00004	MIUI	KFR-72LW/N1A1空调
6	AC00005	MIUI	KFR-35GW/S1A1空调
7	AC00006	格力	KFR-35GW/NhGc1B空调
8	AC00007	格力	KFR-26GW/NhGd3B空调
9	AC00008	格力	KFR-35GW/NhAd1BAt空调
10	AC00009	格力	KFR-26GW/(26530)FNhA空调
11	AC00010	格力	KFR-26GW/NhGc1B空调
12	AC00011	格兰仕	Galanz KFR-23GW/dLP45-150(2)空调
13	AC00012	格兰仕	Galanz KFR-32GW/dLP57-130(2)空调
14	AC00013	格兰仕	Galanz KFR-35GW/DLC45-130(2)空调
15	AC00009	格力	KFR-26GW/(26530)FNhA空调
16	AC00010	格力	KFR-26GW/NhGc1B空调
17	AC00011	格兰仕	Galanz KFR-23GW/dLP45-150(2)空调
18	AC00012	格兰仕	Galanz KFR-32GW/dLP57-130(2)空调
19	AC00013	格兰仕	Galanz KFR-35GW/DLC45-130(2)空调
20	AC00014	海尔	Haier KFR-35GW/ER01N2空调
21	AC00015	海尔	Haier KFR-26GW/ER01N2空调
22	AC00014	海尔	Haier KFR-35GW/ER01N2空调
23	AC00015	海尔	Haier KFR-26GW/ER01N2空调
24	AC00016	月兔	KFR-25GW/d03-A2c-70Y5R空调
25	AC00017	长虹	KFRd-35GW/RBCL12+3空调
26	AC00018	荣事达	KFRd-26GW/RACL10+B5空调
27	AC00019	荣事达	KFRd-26GW/RACL10+B5N2空调

品名

图 3-7 导入的数据

实例 3-2 从网页导入数据

如今是大数据时代,数据的主要来源是网络,很多时候需要分析的数据来自网络,因此有必要学会如何从网页中导入数据并保存更新。从"财富"网站将"2022 年中国 500 强利润率最高的 40 家公司"相关的表导入 Excel 工作表中并更新。

3.1.2 从网页中导入数据

操作步骤如下。

(1) 单击"数据"→"自网站"按钮。

(2) 弹出"新建 Web 查询"对话框,在"地址"文本框中粘贴网址(请扫前言中的二维码获取),单击右侧的"转到"按钮,对话框中将是该网址的内容。

(3) 鼠标拖动对话框右侧的进度条直到出现要导入的表格,将光标移动到表格区域,表格的左上角会出现向右的箭头"→",旁边有"单击可选定此表"的提示语,如图 3-8 所示。

(4) 单击图 3-8 中的箭头"→",由箭头"→"转变为勾"√",说明此时已经选中要导入的表格,单击"导入"按钮。如图 3-9 所示。

(5) 弹出"导入数据"对话框,单击工作表中的 A1 单元格,单击"确定"按钮,如图 3-10 所示。

图 3-8 选择要导入的数据表

图 3-9 导入选中的表格

图 3-10 "导入数据"对话框

第3章

数据处理

（6）在工作表中会出现"正在获取数据"的提示，如图 3-11 所示。

图 3-11　正在获取数据

（7）加载完毕后，数据将导入 Excel 的工作表中，表中为"2022 年中国 500 强净利润率最高的 40 家公司"，如图 3-12 所示。

	A	B	C	D
1	排名	公司名称	净利润率	
2	432	中国生物制药有限公司	54.38%	
3	125	贵州茅台酒股份有限公司	47.92%	
4	239	中国长江电力股份有限公司	47.21%	
5	109	科兴控股生物技术有限公司	43.70%	
6	360	上海国际港务（集团）股份有限公司	42.82%	
7	475	国信证券股份有限公司	42.47%	
8	126	东方海外(国际)有限公司	42.35%	
9	21	腾讯控股有限公司	40.14%	
10	469	上海农村商业银行股份有限公司	40.13%	
11	405	招商证券股份有限公司	39.57%	
12	237	上海银行股份有限公司	39.20%	
13	308	南京银行股份有限公司	38.75%	
14	453	信义玻璃控股有限公司	37.94%	
15	56	兴业银行股份有限公司	37.37%	
16	246	宁波银行股份有限公司	37.04%	
17	8	中国工商银行股份有限公司	36.95%	
18	12	中国建设银行股份有限公司	36.70%	
19	38	招商银行股份有限公司	36.20%	
20	17	中国银行股份有限公司	35.76%	
21	207	宜宾五粮液股份有限公司	35.31%	
22	328	华泰证券股份有限公司	35.21%	
23	293	国泰君安证券股份有限公司	35.06%	

图 3-12　导入数据的结果

（8）数据更新。此例的数据不存在更新的问题，但是其他数据经常出现更新的情况，比如关于股票信息的表，就需要更新。可以直接在 Excel 中获取最新信息，实现数据的更新，不用重新导入数据。选中工作表的数据区域后按 Ctrl＋Alt＋F5 组合键更新数据，也可以单击"数据"→"全部刷新"按钮更新数据。

此外还可以通过其他方式更新数据。例如，单击"数据"→"属性"按钮，弹出"外部数据区域属性"对话框，如图 3-13 所示。可以通过设置"刷新频率"或者"打开文件时刷新数据"等来实现数据的更新。

3.1.3　删除重复项

如果数据是直接从外部导入的，或者是由多个数据源合并生成的，那么数据中可能包含重复记录，会影响数据的唯一性，可能造成数据处理中得到错误的结果，从而影响决策者的决策，因此有必要删除重复项。

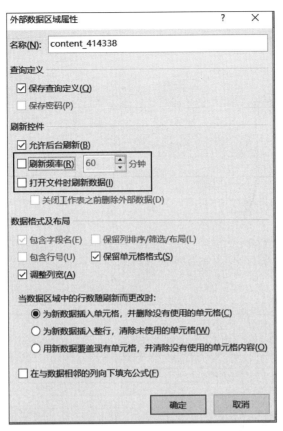

图 3-13 "外部数据区域属性"对话框

下面以图 3-7 所示的数据为例,删除工作表中"商品名称"重复的记录,对于重复信息只保留最前面的一个。删除重复项的操作步骤如下。

(1)选中"品名"工作表中的任意单元格。

(2)单击"数据"→"删除重复值"按钮,弹出"删除重复项"对话框。

(3)在"删除重复项"对话框中单击"取消全选"按钮,然后选择要删除的重复项的列,即勾选"商品名称"复选框,单击"确定"按钮,如图 3-14 所示。

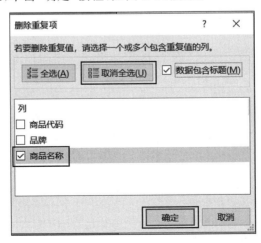

图 3-14 "删除重复项"对话框

数据处理

（4）弹出提示框，告知用户删除了多少条包含重复项的记录，保留了多少条记录，如图 3-15 所示。

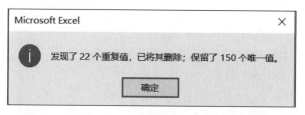

图 3-15　删除重复项提示框

实例 3-3　数据的合并

张一是公司的人事专员，根据公司提供的员工的数据表，如图 3-16 所示，完善数据。根据省份、城市、地址列信息，通过数据合并功能得到详细地址。

	A	B	C	D
1	省份	城市	地址	详细地址
2	云南省	丽江市	古城区玉泉路一号	
3	云南省	丽江市	金龙村68正北方向60米	
4	云南省	丽江市	古城区光义街忠义巷140	
5	云南省	丽江市	古城区纳西风云餐厅向东30米	
6	云南省	丽江市	古城区义尚街文明巷136号	
7	云南省	丽江市	古城区七一街兴文巷95	
8	云南省	丽江市	大研镇光义街	
9	云南省	丽江市	古城区七一街兴文巷39号	
10	云南省	丽江市	五一街兴仁下段73号	
11	云南省	丽江市	大研镇新华街	
12	云南省	丽江市	新义街四方街	
13	云南省	丽江市	大研街道学堂路57号	
14	云南省	丽江市	新华街翠文段177号	

图 3-16　员工数据表

3.2　数据的合并与拆分整理

3.2.1　数据的合并处理

数据的合并是指汇总多个单元格中的数据，并在单个单元格中合并计算结果。

一般可使用以下两种方法实现数据的合并。

1. 使用连接符 & 组合数据

选择要放置合并后数据的单元格，输入"="，随后单击待合并的第一个单元格，输入"&"，随后单击待合并的下一个单元格，输入"&"，以此类推，直到单击选中最后一个单元格，按 Enter 按钮。例如，公式为"=A2&B2"，A2 单元格的内容是"1"，B2 单元格的内容是"hello"，则返回"1hello"。

2. 使用 CONCAT 函数合并数据

CONCAT 函数的语法格式为：CONCAT(text1,[text2],…)。其中，text1 是所需要的联接的文本项，可以是字符串或字符串数组，如单元格区域。[text2,…]，可选参数，要连接的其他文本项,文本项最多可以有 253 个文本参数,每个参数可以是一个字符串或字符串数组,如单元格区域。

例如,"＝CONCAT("我","爱","中国")"将返回"我爱中国"。提示:参数中如果是字符串,则用英文状态下的双引号引起来即可,参数与参数之间用英文状态下的逗号隔开。

使用 CONCAT 函数合并数据的一般操作步骤如下。

(1) 选择要放置合并后数据的单元格,输入"＝CONCAT()"。

(2) 选择要合并的单元格,使用逗号分隔要合并的单元格,使用引号添加空格、逗号或其他文本。

(3) 在公式末尾添加括号,然后按 Enter 键。例如,公式为"＝CONCAT(A2,B2)",A2 单元格的内容是字符串"China is a great country!",B2 单元格的内容是字符串"中国是一个伟大的国家!",则返回"China is a great country! 中国是一个伟大的国家!"。

实现实例 3-3 中数据合并的具体步骤如下。

(1) 在 D2 单元格中输入"＝A2&B2&C2",按 Enter 键实现数据合并,得到如图 3-17 所示的结果。

	A	B	C	D
1	省份	城市	地址	详细地址
2	云南省	丽江市	古城区玉泉路一号	云南省丽江市古城区玉泉路一号
3	云南省	丽江市	金龙村68正北方向60米	
4	云南省	丽江市	古城区光义街忠义巷140	
5	云南省	丽江市	古城区纳西风云餐厅向东30米	
6	云南省	丽江市	古城区义尚街文明巷136号	
7	云南省	丽江市	古城区七一街兴文巷95	
8	云南省	丽江市	大研镇光义街	
9	云南省	丽江市	古城区七一街兴文巷39号	
10	云南省	丽江市	五一街兴仁下段73号	
11	云南省	丽江市	大研镇新华街	
12	云南省	丽江市	新义街四方街	
13	云南省	丽江市	大研街道学堂路57号	
14	云南省	丽江市	新华街翠文段177号	

图 3-17　合并 D2 单元格中的数据

(2) 选中合并好的 D2 单元格,光标移动到单元格区域右下角,当鼠标呈黑色十字时,按住鼠标左键并向下拖动至最后一行,单击"自动填充选项"下拉按钮,在下拉菜单中选择"快速填充",如图 3-18 所示。

省份	城市	地址	详细地址	
云南省	丽江市	古城区玉泉路一号	云南省丽江市古城区玉泉路一号	
云南省	丽江市	金龙村68正北方向60米	云南省丽江市金龙村68正北方向60米	
云南省	丽江市	古城区光义街忠义巷140	云南省丽江市古城区光义街忠义巷140	
云南省	丽江市	古城区纳西风云餐厅向东30米	云南省丽江市古城区纳西风云餐厅向东30米	
云南省	丽江市	古城区义尚街文明巷136号	云南省丽江市古城区义尚街文明巷136号	
云南省	丽江市	古城区七一街兴文巷95	云南省丽江市古城区七一街兴文巷95	
云南省	丽江市	大研镇光义街	云南省丽江市大研镇光义街	
云南省	丽江市	古城区七一街兴文巷39号	云南省丽江市古城区七一街兴文巷39号	
云南省	丽江市	五一街兴仁下段73号	云南省丽江市五一街兴仁下段73号	
云南省	丽江市	大研镇新华街	云南省丽江市大研镇新华街	
云南省	丽江市	新义街四方街	云南省丽江市新义街四方街	
云南省	丽江市	大研街道学堂路57号	云南省丽江市大研街道学堂路57号	
云南省	丽江市	新华街翠文段177号	云南省丽江市新华街翠文段177号	

○ 复制单元格(C)
○ 仅填充格式(F)
○ 不带格式填充(O)
◉ 快速填充(F)

图 3-18　合并数据结果

实例 3-4 数据的拆分

销售员给李蕾一份如图 3-19 所示的表格，请你帮助李蕾完成相关数据的整理。根据销售记录，通过数据拆分功能，获取商品名称、销售数量和销售额。

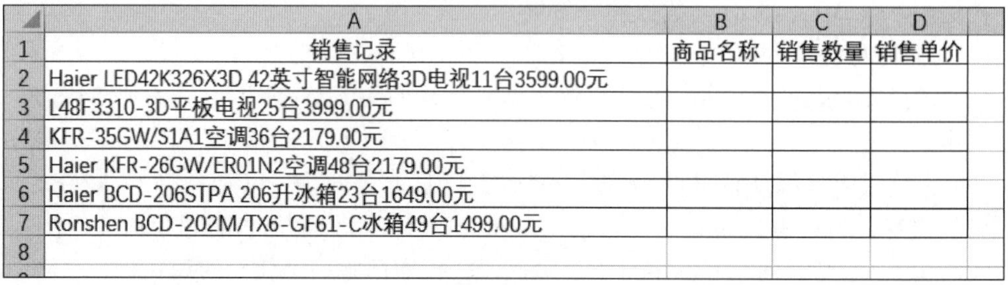

	A	B	C	D
1	销售记录	商品名称	销售数量	销售单价
2	Haier LED42K326X3D 42英寸智能网络3D电视11台3599.00元			
3	L48F3310-3D平板电视25台3999.00元			
4	KFR-35GW/S1A1空调36台2179.00元			
5	Haier KFR-26GW/ER01N2空调48台2179.00元			
6	Haier BCD-206STPA 206升冰箱23台1649.00元			
7	Ronshen BCD-202M/TX6-GF61-C冰箱49台1499.00元			
8				

图 3-19 销售记录

3.2.2 数据的拆分处理

数据的拆分是指将一列包含多项信息的数据按某种规则拆分至各列。

实现实例 3-4 的具体操作步骤如下。

(1) 将 A2 单元格中的数据手动拆分输入对应的单元格中：B2 单元格中输入“Haier LED42K326X3D 42 英寸智能网络 3D 电视”，C2 单元格中输入“11 台”，D2 单元格中输入“3599.00 元”，如图 3-20 所示。

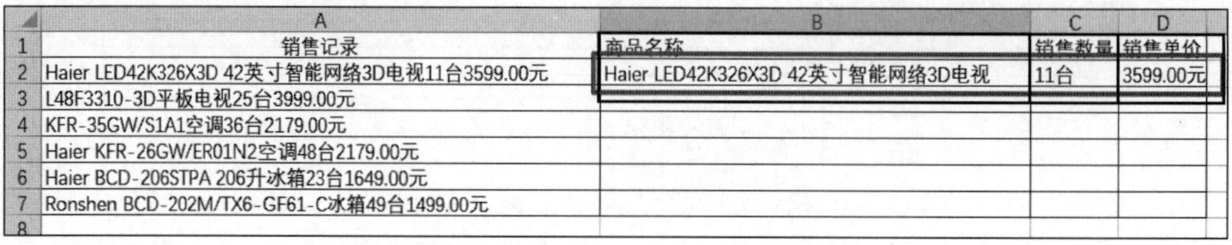

	A	B	C	D
1	销售记录	商品名称	销售数量	销售单价
2	Haier LED42K326X3D 42英寸智能网络3D电视11台3599.00元	Haier LED42K326X3D 42英寸智能网络3D电视	11台	3599.00元
3	L48F3310-3D平板电视25台3999.00元			
4	KFR-35GW/S1A1空调36台2179.00元			
5	Haier KFR-26GW/ER01N2空调48台2179.00元			
6	Haier BCD-206STPA 206升冰箱23台1649.00元			
7	Ronshen BCD-202M/TX6-GF61-C冰箱49台1499.00元			
8				

图 3-20 手动拆分 A2 单元格中的数据

(2) 选中 B2 单元格，按住右下角的填充柄不放拖动至最后一行，单击“自动填充选项”下拉按钮，在下拉菜单中选择“快速填充”，如图 3-21 所示。

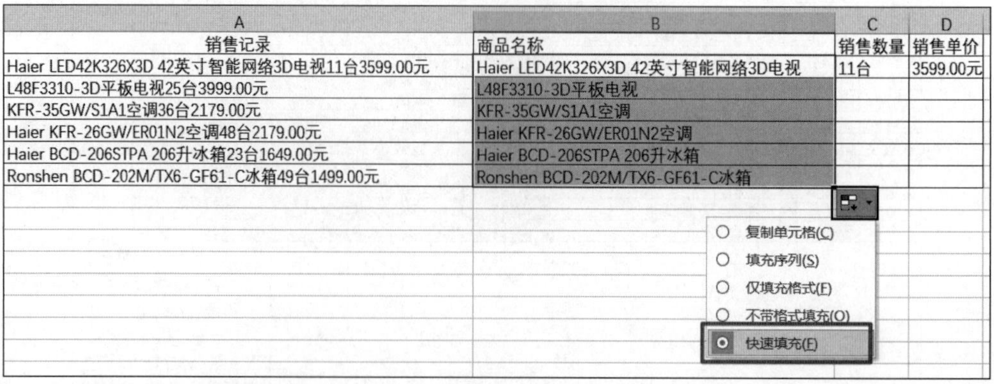

A	B	C	D
销售记录	商品名称	销售数量	销售单价
Haier LED42K326X3D 42英寸智能网络3D电视11台3599.00元	Haier LED42K326X3D 42英寸智能网络3D电视	11台	3599.00元
L48F3310-3D平板电视25台3999.00元	L48F3310-3D平板电视		
KFR-35GW/S1A1空调36台2179.00元	KFR-35GW/S1A1空调		
Haier KFR-26GW/ER01N2空调48台2179.00元	Haier KFR-26GW/ER01N2空调		
Haier BCD-206STPA 206升冰箱23台1649.00元	Haier BCD-206STPA 206升冰箱		
Ronshen BCD-202M/TX6-GF61-C冰箱49台1499.00元	Ronshen BCD-202M/TX6-GF61-C冰箱		

图 3-21 快速填充

（3）C 和 D 列重复步骤②，最后拆分结果如图 3-22 所示。

	A	B	C	D
1	销售记录	商品名称	销售数量	销售单价
2	Haier LED42K326X3D 42英寸智能网络3D电视11台3599.00元	Haier LED42K326X3D 42英寸智能网络3D电视	11台	3599.00元
3	L48F3310-3D平板电视25台3999.00元	L48F3310-3D平板电视	25台	3999.00元
4	KFR-35GW/S1A1空调36台2179.00元	KFR-35GW/S1A1空调	36台	2179.00元
5	Haier KFR-26GW/ER01N2空调48台2179.00元	Haier KFR-26GW/ER01N2空调	48台	2179.00元
6	Haier BCD-206STPA 206升冰箱23台1649.00元	Haier BCD-206STPA 206升冰箱	23台	1649.00元
7	Ronshen BCD-202M/TX6-GF61-C冰箱49台1499.00元	Ronshen BCD-202M/TX6-GF61-C冰箱	49台	1499.00元

图 3-22　拆分数据结果

3.3　数据排序

对数据进行排序是数据分析中不可缺少的组成部分，后续很多对数据的处理都需要以排序好的数据为前提，如"分类汇总"。

按方向分，排序可分为按列排序和按行排序。Excel 默认是按列排序。按列排序是指根据列（字段）的值对行（记录）进行重新排序。按行排序是指根据某一行（记录）的顺序，对数据表中列（字段）的顺序进行重新排序。

作为排序依据的字段称为"关键字段"，简称"关键字"。关键字只有一个的排序称为单列排序，关键字有多个（两个或者两个以上）的排序称为多列排序。其中，第一个关键字称为"主要关键字"，第二个及之后的关键字称为"次要关键字"，Excel 最多可以有 64 个关键字。可以通过"排序"对话框中的"添加条件"按钮来添加一个"主要关键字"（一般情况默认已有主要关键字）和若干"次要关键字"（不超过 63 个）。也可以通过"删除条件"按钮来删除不需要的"次要关键字"，如图 3-23 所示。

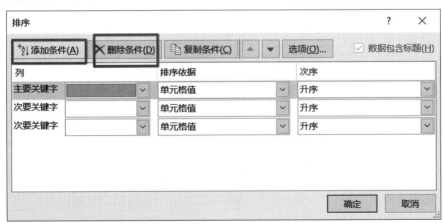

图 3-23　"排序"对话框

Excel 不仅可以按单元格值的大小进行排序，还可以按字符内码的大小、汉字笔画、单元格颜色、字体颜色、条件格式图标等进行排序，如图 3-24 所示。

3.3.1　自定义排序

有时，需要按照固定的文本顺序进行排序，如"一部、二部、三部、四部……"这样的序号，但是 Excel 内置的几种排序依据都无法实现，这时就可以直接自定义排序序列。

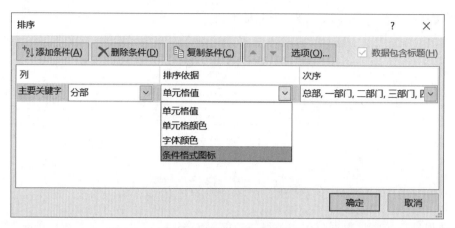

图 3-24 "排序"对话框的"排序依据"下拉列表

将实例 3-1 中"西宇公司 2021 年销售统计表"按分部进行排序,排序的规则为"总部、一部门、二部门、三部门、四部门、五部门、六部门"。排序前如图 3-25 所示。

商品代码	品牌	商品名称	商品类别	销售日期	分部	销售渠道	销量	销售单价	销售额	进货成本
AC00019	荣事达	KFRd-26GW/RACL10+B5N2空调	空调	2021年6月12日	二部门	线下门店	5	2,179.00	10,895.00	9,151.80
AC00019	荣事达	KFRd-26GW/RACL10+B5N2空调	空调	2021年3月2日	二部门	线下门店	12	2,179.00	26,148.00	21,964.32
TC00016	华硕	ASUS ZenPad8 Z380KL 8英寸平板电脑 金色	计算机	2021年5月7日	五部门	线下门店	15	1,499.00	22,485.00	18,662.55
AC00020	荣事达	KFRd-26GW/RACL10+N3空调	空调	2021年5月12日	三部门	线下门店	16	1,979.00	31,664.00	26,914.40
NC00012	戴尔	Dell Ins15CR-4528B 15.6英寸笔记本电脑	计算机	2021年3月25日	四部门	线上商城	17	3,149.00	53,533.00	48,179.70
WH00001	AO史密斯	A.O.Smith ET300J-60 电热水器	热水器	2021年1月31日	总部	线下门店	25	2,268.00	56,700.00	46,494.00
NC00016	戴尔	Dell XPS13R-9343-5608S 13.3英寸超极本	计算机	2021年5月8日	四部门	线上商城	25	8,099.00	202,475.00	176,153.25
RF00005	奥马	BCD-176A7冰箱	冰箱	2021年3月7日	一部门	线下门店	29	1,098.00	31,842.00	28,657.80
WH00002	AO史密斯	A.O.Smith ET500J-60 电热水器	热水器	2021年2月1日	四部门	线下门店	36	2,868.00	103,248.00	82,598.40
NC00010	华硕	VivoBooK1 14英寸笔记本电脑	计算机	2021年3月21日	六部门	线上商城	37	1,946.31	72,013.47	59,050.89
WM00003	安仕	ASG-131S双层干衣机	洗衣机	2021年6月25日	五部门	线上商城	44	198.00	8,712.00	7,318.08
RF00001	海尔	Haier BCD-216SCM 冰箱	冰箱	2021年1月13日	五部门	线下门店	48	2,399.00	115,152.00	93,273.12
WM00001	LG	WD-N12430D 6公斤滚筒洗衣机	洗衣机	2021年2月23日	六部门	线上商城	48	2,599.00	124,752.00	108,534.24

图 3-25 西宇公司 2021 年销售统计表

对于 Excel 中没有预先定义的序列,首先需要添加自定义序列,步骤如下。

(1)单击"文件"→"选项"→"高级"按钮,拖动滚动条,找到"编辑自定义列表"按钮,如图 3-26 所示。

(2)单击"编辑自定义列表"按钮,弹出"自定义序列"对话框,在"输入序列"文本框中输入自定义的排序序列"总部""一部门""二部门""三部门""四部门""五部门""六部门",并用 Enter 键隔开,如图 3-27 所示。

(3)单击"添加"按钮后,可以在左侧"自定义序列"选项框中找到刚添加的自定义序列,如图 3-28 所示。单击"确定"按钮,关闭对话框。

现在,Excel 中已经添加了自定义序列,可以利用自定义序列进行排序了。

(1)将光标定位在要排序的列中任意单元格,单击"数据"→"排序"按钮。

(2)弹出"排序"对话框,在"主要关键字"下拉列表中选择"分部","排序依据"下拉列表中选择"单元格值","次选"下拉列表中选择"总部,一部门,二部门,三部门……",如图 3-29 所示。单击"确定"按钮。

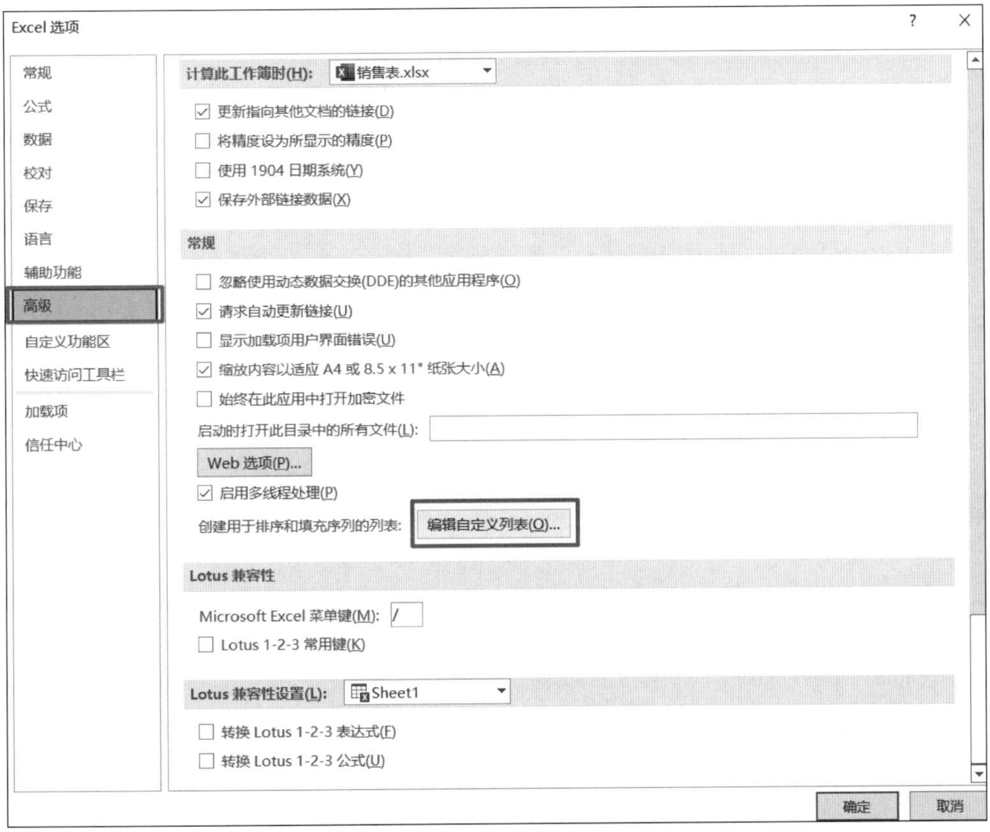

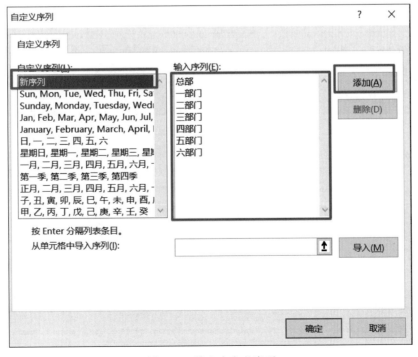

图 3-26 "编辑自定义列表"按钮

图 3-27 输入自定义序列

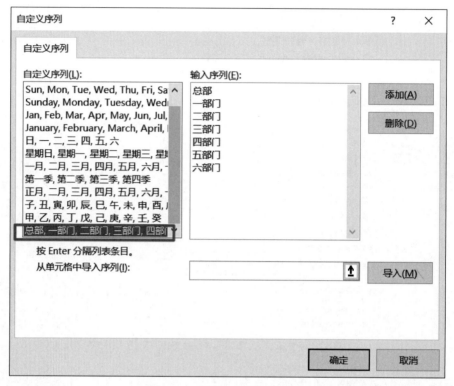

图 3-28 自定义序列添加成功

图 3-29 "排序"对话框

（3）按分部排序的结果如图 3-30 所示。

商品代码	品牌	商品名称	商品类别	销售日期	分部	销售渠道	销量	销售单价	销售额	进货成本
		西宇公司2021年销售统计表								
WH00001	AO史密斯	A.O.Smith ET300J-60 电热水器	热水器	2021年1月31日	总部	线下门店	25	2,268.00	56,700.00	46,494.00
WM00007	格力	GREE GSP20 烘干机滚筒干衣机	洗衣机	2021年1月27日	总部	线上商城	61	799.00	48,739.00	42,890.32
RF00005	奥马	BCD-176A7冰箱	冰箱	2021年3月7日	一部门	线下门店	29	1,098.00	31,842.00	28,657.80
AC00019	荣事达	KFRd-26GW/RACL10+B5N2空调	空调	2021年6月12日	二部门	线下门店	5	2,179.00	10,895.00	9,151.80
AC00019	荣事达	KFRd-26GW/RACL10+B5N2空调	空调	2021年3月2日	二部门	线下门店	12	2,179.00	26,148.00	21,964.32
AC00020	荣事达	KFRd-26GW/RACL10+N3空调	空调	2021年5月12日	三部门	线下门店	16	1,979.00	31,664.00	26,914.40
NC00012	戴尔	Dell Ins15CR-4528B 15.6英寸笔记本电脑	计算机	2021年3月25日	四部门	线上商城	17	3,149.00	53,533.00	48,179.70
NC00016	戴尔	Dell XPS13R-9343-5608S 13.3英寸超极本	计算机	2021年5月8日	四部门	线上商城	25	8,099.00	202,475.00	176,153.25
WH00002	AO史密斯	A.O.Smith ET500J-60 电热水器	热水器	2021年2月1日	四部门	线下门店	36	2,868.00	103,248.00	82,598.40
TC00016	华硕	ASUS ZenPad8 Z380KL 8英寸平板电脑 金色	计算机	2021年5月7日	五部门	线下门店	15	1,499.00	22,485.00	18,662.55
WM00003	安仕	ASG-131S双层干衣机	洗衣机	2021年6月25日	五部门	线上商城	44	198.00	8,712.00	7,318.08
RF00001	海尔	Haier BCD-216SCM 冰箱	冰箱	2021年1月13日	五部门	线下门店	48	2,399.00	115,152.00	93,273.12
NC00010	华硕	VivoBooK1 14英寸笔记本电脑	计算机	2021年3月21日	六部门	线上商城	37	1,946.31	72,013.47	59,050.89

图 3-30 按"分部"自定义排序的结果

3.3.2 单列和多列排序

1. 排序原则

（1）文本从 A 到 Z 排序为升序；从 Z 到 A 排序为降序。

（2）数字从小到大排序为升序；从大到小排序为降序。

（3）日期和时间从最旧到最新排序为升序；从最新到最旧排序为降序。

（4）自定义排序指可以按自己创建的序列（如大、中和小）或格式（包括单元格颜色、字体颜色或图标集）进行的排序。

2. 单列排序

选中要排序的列中任意单元格，在单击"开始"→"排序和筛选"按钮，下拉菜单中选择 ⬛ 为升序，⬛ 为降序。另外，还可以单击"数据"选项卡，在"排序和筛选"组中选择 ⬛ 为升序，⬛ 为降序。

如果工作表中有空行，则不会对整个工作表的数据进行排序，因此建议先删除空白行后用上述的排序方法。或者选中整个数据区域，单击"数据"→"排序"按钮，弹出"排序"对话框，根据情况对于"列""排序依据""次序"通过下拉菜单进行选择，如图 3-31 所示。有时，进行排序的数据是包含标题的，如果排序时发现标题也参与排序了，只需要勾选"数据包含标题行"，这样再进行排序时标题就不会参与排序了。

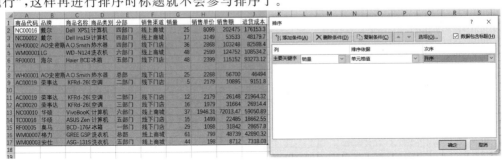

图 3-31 有空白行的数据进行排序

西宇公司 2021 年销售统计表将实例 3-1 中按销量进行升序排序，具体操作方法为：将光标定位在要排序的列中任意单元格，单击"数据"选项卡中的"升序"按钮即可。排序效果如图 3-32 所示，通过上述方法可自动删除空白行，实现排序。

	A	B	C	D	E	F	G	H	I	J	K
1	商品代码	品牌	商品名称	商品类别	分部	销售渠道	销量	销售单价	销售额	进货成本	
2	AC00019	荣事达	KFRd-260	空调	二部门	线下门店	5	2179	10895	9151.8	
3	AC00019	荣事达	KFRd-260	空调	二部门	线下门店	12	2179	26148	21964.32	
4	TC00016	华硕	ASUS Zen	计算机	五部门	线下门店	15	1499	22485	18662.55	
5	AC00020	荣事达	KFRd-260	空调	三部门	线下门店	16	1979	31664	26914.4	
6	NC00012	戴尔	Dell Ins150	计算机	四部门	线上商城	17	3149	53533	48179.7	
7	NC00016	戴尔	Dell XPS1	计算机	四部门	线上商城	25	8099	202475	176153.3	
8	WH00001	AO史密斯	A.O.Smith	热水器	总部	线下门店	25	2268	56700	46494	
9	RF00005	奥马	BCD-176A	冰箱	一部门	线下门店	29	1098	31842	28657.8	
10	WH00002	AO史密斯	A.O.Smith	热水器	四部门	线下门店	36	2868	103248	82598.4	
11	NC00010	华硕	VivoBooK	计算机	六部门	线上商城	37	1946.31	72013.47	59050.89	
12	WM00003	安仕	ASG-131S	洗衣机	五部门	线上商城	44	198	8712	7318.08	
13	WM00001	LG	WD-N124	洗衣机	六部门	线上商城	48	2599	124752	108534.2	
14	RF00001	海尔	Haier BCD	冰箱	五部门	线下门店	48	2399	115152	93273.12	
15	WM00007	格力	GREE GSP	洗衣机	总部	线上商城	61	799	48739	42890.32	
16											

图 3-32　有空白行的排序结果

3. 多列排序（按指定条件排序）

下面以图 3-25"西宇公司 2021 年销售统计表"为例，说明多列排序的具体操作步骤。

（1）选中工作表中数据区域中任意一个单元格或者整个数据区域。

（2）单击"数据"→"排序"按钮，弹出"排序"对话框。

（3）在"主要关键字"下拉列表中选择"商品类别"，"排序依据"下拉列表中选择"单元格值"，"次序"下拉列表中选择"降序"。单击左上角的"添加条件"按钮，在"次要关键字"下拉列表中选择"销量"，"排序依据"下拉列表中选择"单元格值"，"次序"下拉列表中选择"升序"，如图 3-33 所示。单击"确定"按钮，关闭对话框。

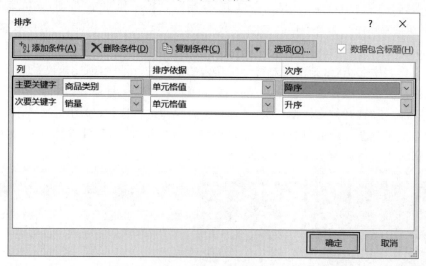

图 3-33　"排序"对话框

（4）排序后如图 3-34 所示。可以看出"西宇公司 2021 年销售统计表"中的记录是先按商品类别进行降序排序，对于相同的商品类别的记录，再按销量进行升序排序的。

西宇公司2021年销售统计表										
商品代码	品牌	商品名称	商品类别	销售日期	分部	销售渠道	销量	销售单价	销售额	进货成本
WM00003	安仕	ASG-131S双层干衣机	洗衣机	2021年6月25日	五部门	线上商城	44	198.00	8,712.00	7,318.08
WM00001	LG	WD-N12430D 6公斤滚筒洗衣机	洗衣机	2021年2月23日	六部门	线上商城	48	2,599.00	124,752.00	108,534.24
WM00007	格力	GREE GSP20 烘干机滚筒干衣机	洗衣机	2021年1月27日	总部	线上商城	61	799.00	48,739.00	42,890.32
WH00001	AO史密斯	A.O.Smith ET300J-60 电热水器	热水器	2021年1月31日	总部	线下门店	25	2,268.00	56,700.00	46,494.00
WH00002	AO史密斯	A.O.Smith ET500J-60 电热水器	热水器	2021年2月1日	四部门	线下门店	36	2,868.00	103,248.00	82,598.40
AC00019	荣事达	KFRd-26GW/RACL10+B5N2空调	空调	2021年6月12日	二部门	线下门店	5	2,179.00	10,895.00	9,151.80
AC00019	荣事达	KFRd-26GW/RACL10+B5N2空调	空调	2021年3月2日	二部门	线下门店	12	2,179.00	26,148.00	21,964.32
AC00020	荣事达	KFRd-26GW/RACL10+N3空调	空调	2021年5月12日	三部门	线下门店	16	1,979.00	31,664.00	26,914.40
TC00016	华硕	ASUS ZenPad8 Z380KL 8英寸平板电脑 金色	计算机	2021年5月7日	五部门	线下门店	15	1,499.00	22,485.00	18,662.55
NC00012	戴尔	Dell Ins15CR-4528B 15.6英寸笔记本电脑	计算机	2021年3月25日	四部门	线上商城	17	3,149.00	53,533.00	48,179.70
NC00016	戴尔	Dell XPS13R-9343-5608S 13.3英寸超极本	计算机	2021年5月20日	四部门	线下门店	25	8,099.00	202,475.00	176,153.25
NC00010	华硕	VivoBooK1 14英寸笔记本电脑	计算机	2021年3月21日	六部门	线上商城	37	1,946.31	72,013.47	59,050.89
RF00005	奥马	BCD-176A7冰箱	冰箱	2021年3月7日	一部门	线上商城	29	1,098.00	31,842.00	28,657.80
RF00001	海尔	Haier BCD-216SCM 冰箱	冰箱	2021年1月13日	五部门	线下门店	48	2,399.00	115,152.00	93,273.12

图 3-34　多列排序

3.3.3　按行排序

按行排序的实质是改变表的结构,因为按行排序是改变工作表数据的列的顺序,会影响数据之间的关系。但是 Excel 允许按行排序,可以解决一些特殊问题,按行排序的主要应用是可以快速地改变表格中各字段的先后顺序,即改变表的结构。常用的方法是:在表格数据最后一行后的第一个空白行中,输入所在列在按行排序后列的次序,再将此行作为"主要关键字"进行按行排序,最后删除此行,即可以实现按行排序,交换或者改变列的顺序。

下面以如图 3-25"西宇公司 2021 年销售统计表"为例,实现将"销售日期"调至第一列,其余列按原来的顺序进行排序,说明按行排序的具体操作步骤。

(1) 在最后一行数据后的第一个空白行的各列依次输入值 2、3、4、5、1、6、7、8、9、10、11。

(2) 选中工作表中数据区域任意一个单元格或者整个数据区域。

(3) 单击"数据"→"排序"按钮,弹出"排序"对话框。

(4) 在"排序"对话框中单击"选项"按钮,弹出"排序选项"对话框,在"方向"选项区中选择"按行排序",如图 3-35 所示,单击"确定"按钮,关闭"排序选项"对话框。

图 3-35　"排序选项"对话框

（5）返回"排序"对话框,在"主要关键字"下拉列表中选择"行 17"(步骤（1）中输入数据的行),"排序依据"下拉列表中选择"单元格值","次序"下拉列表中选择"升序",如图 3-36 所示,单击"确定"按钮,关闭"排序"对话框。

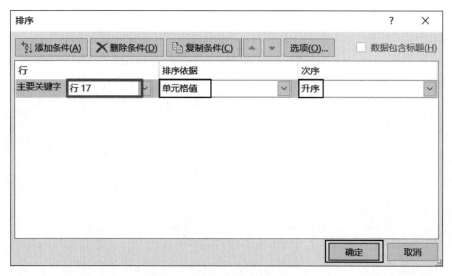

图 3-36　按行排序"排序"对话框

（6）适当调整列宽,并删除第 17 行,即完成按行排序。排序后如图 3-37 所示。可以发现,"销售日期"移动到第一列,其余列按原来的顺序进行排序。

	A	B	C	D	E	F	G	H	I	J	K
1				西宇公司2021年销售统计表							
2	销售日期	商品代码	品牌	商品名称	商品类别	分部	销售渠道	销量	销售单价	销售额	进货成本
3	2021年6月25日	WM00003	安仕	ASG-131S双层干衣机	洗衣机	五部门	线上商城	44	198.00	8,712.00	7,318.08
4	2021年2月23日	WM00001	LG	WD-N12430D 6公斤滚筒洗衣机	洗衣机	六部门	线上商城	48	2,599.00	124,752.00	108,534.24
5	2021年1月27日	WM00007	格力	GREE GSP20 烘干机滚筒干衣机	洗衣机	总部	线上商城	61	799.00	48,739.00	42,890.32
6	2021年1月31日	WH00001	AO史密斯	A.O.Smith ET300J-60 电热水器	热水器	总部	线下门店	25	2,268.00	56,700.00	46,494.00
7	2021年2月1日	WH00002	AO史密斯	A.O.Smith ET500J-60 电热水器	热水器	四部门	线上商城	36	2,868.00	103,248.00	82,598.40
8	2021年6月12日	AC00019	荣事达	KFRd-26GW/RACL10+B5N2空调	空调	二部门	线下门店	5	2,179.00	10,895.00	9,151.80
9	2021年3月2日	AC00019	荣事达	KFRd-26GW/RACL10+B5N2空调	空调	二部门	线下门店	12	2,179.00	26,148.00	21,964.32
10	2021年5月12日	AC00020	荣事达	KFRd-26GW/RACL10+N3空调	空调	三部门	线下门店	16	1,979.00	31,664.00	26,914.40
11	2021年5月7日	TC00016	华硕	ASUS ZenPad8 Z380KL 8英寸平板电脑 金色	计算机	五部门	线上商城	15	1,499.00	22,485.00	18,662.55
12	2021年3月25日	NC00012	戴尔	Dell Ins15CR-4528B 15.6英寸笔记本电脑	计算机	四部门	线上商城	17	3,149.00	53,533.00	48,179.70
13	2021年5月8日	NC00016	戴尔	Dell XPS13R-9343-5608S 13.3英寸超极本	计算机	四部门	线上商城	25	8,099.00	202,475.00	176,153.25
14	2021年3月21日	NC00010	华硕	VivoBook1 14英寸笔记本电脑	计算机	六部门	线上商城	37	1,946.31	72,013.47	59,050.89
15	2021年3月7日	RF00005	奥马	BCD-176A7冰箱	冰箱	一部门	线下门店	29	1,098.00	31,842.00	28,657.80
16	2021年1月13日	RF00001	海尔	Haier BCD-216SCM 冰箱	冰箱	五部门	线下门店	48	2,399.00	115,152.00	93,273.12

图 3-37　按行排序后

3.4　数 据 筛 选

通过筛选工作表中的信息,可以快速找到需要的值。可以对一个或多个列数据进行筛选。使用筛选,不仅可以控制想要查看的内容,还可以控制想要排除的内容。可以基于从列表中所做的选择进行筛选,或者可以创建特定的筛选器来精确定位你想要查看的数据。用"自动筛选"来显示需要的数据并隐藏其余部分。筛选单元格或表中的数据后,可以重新应用筛选器以获得最新结果,或者清除筛选器以重新显示所有数据。使用筛选器暂时隐藏表格中的部分数据,以便查看所需数据。

可通过使用筛选器界面中的搜索框来搜索文本和数字。

在筛选数据时,如果一个或多个列中的数值不能满足筛选条件,整行数据都会隐藏起来。可以对数值或文本值进行筛选,也可以对背景或文本应用了颜色格式的单元格按颜色进行筛选。

3.4.1 自动筛选

1. 进入筛选状态

以实例 3-1"西宇公司 2021 年统计销售表"为例,筛选"商品类别"。操作步骤如下。

(1)选中工作表中数据区域内任意单元格,单击"数据"→"筛选"按钮。此时,在各列标题单元格出现下拉三角按钮 ,单击下拉按钮,弹出可进行筛选选择的列表,如图 3-38 所示。

(2)在列表中取消勾选"全选"复选框。此时,将取消勾选所有复选框。然后,仅选择想要查看的值,如想筛选"冰箱",则单击"冰箱"复选框,如图 3-39 所示,然后单击"确定"按钮,关闭对话框。

图 3-38　筛选下拉列表　　　　　　　　图 3-39　筛选"冰箱"

(3)筛选的结果如图 3-40 所示,"商品类别"单元格下拉按钮 转变为 ,且除了"冰箱"之外的其他类别被隐藏,说明目前该列处于筛选状态。

2. 清除筛选

如果想清除筛选,回到筛选前的状态,可以单击列标旁的下拉按钮 ,弹出下拉列表,如图 3-41 所示。单击"从商品类别中删除筛选器",即可清除筛选。另外,也可以单击"全选"复选框,此时将勾选所有复选框,单击"确定"按钮,即可回到筛选前的状态。判断是否处于筛选状态可观察列标旁的图标:下拉三角 表示还未筛选 , 表示已筛选状态 。

3. 数字筛选

依据单元格中数据值的类型,Excel 在列表中将显示数字筛选器或文本筛选器。数字

				西宇公司2021年销售统计表									
序号	商品代码	品牌	商品名称	商品类别	销售日期	分部	销售渠道	销量	销售单价	销售额	进货成本		
12	10	RF0007	海尔	Haier BCD-206STPA 206升冰箱	冰箱	2021年3月9日	总部	线下门店	23	1,649.00	37,927.00	32,237.95
13	29	RF0016	Skyworth	Skyworth BCD-202M/TX6-GF61-C冰箱	冰箱	2021年3月16日	总部	线下门店	49	1,499.00	73,451.00	65,371.39
26	29	RF0005	美菱	BCD-253WP3CX冰箱	冰箱	2021年6月16日	总部	线下卖场	13	1,098.00	14,274.00	12,846.60
28	31	RF0013	美的	Midea BCD-206TM(E)冰箱	冰箱	2021年1月25日	总部	线下门店	7	1,699.00	11,893.00	9,990.12
45	53	RF0008	海尔	Haier BCD-231WDB8 冰箱	冰箱	2021年6月21日	总部	线下门店	35	3,199.00	111,965.00	99,648.85
46	54	RF0018	卡萨帝	Casarte KK20V40Ti冰箱	冰箱	2021年6月2日	一部门	线下门店	20	1,999.00	39,980.00	32,383.80
56	64	RF0009	海尔	Haier BCD-568WDPF冰箱	冰箱	2021年3月12日	一部门	线下门店	7	3,899.00	27,293.00	23,471.98
57	65	RF0020	卡萨帝	Casarte KG23N1116W冰箱	冰箱	2021年3月19日	一部门	线下门店	11	2,799.00	30,789.00	25,862.76
72	83	RF0007	海尔	Haier BCD-206STPA 206升冰箱	冰箱	2021年5月18日	一部门	线下门店	24	1,649.00	39,576.00	33,639.60
74	85	RF0015	美菱	MeLing BCD-206L3TC冰箱	冰箱	2021年4月26日	一部门	线下门店	30	1,490.00	44,700.00	35,760.00
87	105	RF0001	海尔	Haier BCD-216SCM 冰箱	冰箱	2021年6月14日	一部门	线上商城	40	2,399.00	95,960.00	77,727.60
97	116	RF0006	海尔	Haier BCD-190TMPK 冰箱	冰箱	2021年3月8日	二部门	线下门店	14	1,299.00	18,186.00	14,548.80
98	117	RF0015	美菱	MeLing BCD-206L3TC冰箱	冰箱	2021年1月31日	二部门	线下门店	9	1,490.00	13,410.00	10,728.00
115	138	RF0020	卡萨帝	Casarte KG23N1116W冰箱	冰箱	2021年6月27日	二部门	线下门店	33	2,799.00	92,367.00	77,588.28
133	158	RF0007	海尔	Haier BCD-206STPA 206升冰箱	冰箱	2021年6月20日	二部门	线上商城	40	1,649.00	65,960.00	56,066.00
134	159	RF0017	Skyworth	Skyworth BCD-201E/A冰箱	冰箱	2021年6月27日	二部门	线下门店	11	1,399.00	15,389.00	12,465.09
143	168	RF0008	海尔	Haier BCD-231WDB8 冰箱	冰箱	2021年3月10日	二部门	线下门店	2	3,199.00	6,398.00	5,694.22
144	169	RF0017	Skyworth	Skyworth BCD-201E/A冰箱	冰箱	2021年3月16日	二部门	线下门店	29	1,399.00	40,571.00	32,862.51
158	187	RF0006	海尔	Haier BCD-190TMPK 冰箱	冰箱	2021年3月16日	二部门	线下门店	5	1,299.00	6,495.00	5,196.00
160	189	RF0014	美菱	MeLing BCD-181MLC双门冰箱	冰箱	2021年6月28日	二部门	线下门店	12	1,299.00	15,588.00	12,465.09
179	212	RF0020	卡萨帝	Casarte KG23N1116W冰箱	冰箱	2021年6月28日	二部门	线上商城	25	2,799.00	69,975.00	58,779.00
188	221	RF0005	美菱	BCD-253WP3CX冰箱	冰箱	2021年3月7日	三部门	线下门店	28	1,098.00	31,842.00	28,657.80
189	222	RF0014	美菱	MeLing BCD-181MLC双门冰箱	冰箱	2021年3月31日	三部门	线下门店	47	1,299.00	61,053.00	49,452.93
240	240	RF0003	MIUI	BCD-176K50二门冰箱	冰箱	2021年5月10日	三部门	线下门店	19	1,169.00	51,557.00	44,296.91
204	244	RF0019	卡萨帝	Casarte KG23F1861W冰箱	冰箱	2021年1月30日	三部门	线下门店	31	3,199.00	105,369.00	88,509.96
206	264	RF0006	海尔	Haier BCD-190TMPK 冰箱	冰箱	2021年6月19日	三部门	线下门店	32	1,299.00	41,568.00	33,254.40
219	265	RF0016	Skyworth	Skyworth BCD-202M/TX6-GF61-C冰箱	冰箱	2021年6月23日	三部门	线下门店	45	1,499.00	67,455.00	60,034.95

图 3-40　筛选结果

筛选可以对范围做进一步筛选，如等于、不等于、大于、大于或等于、介于、前 10 项等。以实例 3-1"西宇公司 2021 年统计销售表"为例，筛选"销售额"大于 50 万的数据行，具体操作方法如下。

（1）选中"销售额"列中的任意单元格，单击"数据"→"筛选"按钮，"销售额"单元格旁出现下拉三角按钮 ▼ ，单击该下拉按钮，在弹出的下拉列表中选择"数字筛选"→"大于"选项，如图 3-42 所示。

图 3-41　清除筛选

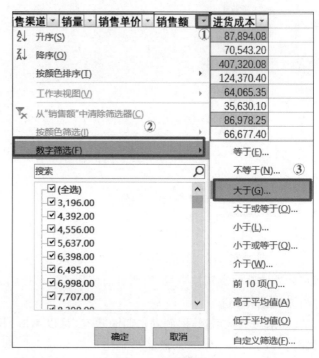

图 3-42　数字筛选

（2）弹出"自定义自动筛选方式"对话框，在"大于"右边的文本框中输入 500000，如图 3-43 所示，单击"确定"按钮。

（3）此时，"销售额"单元格旁的图标变为 ▼ ，且显示的记录满足销售额大于 500000，如

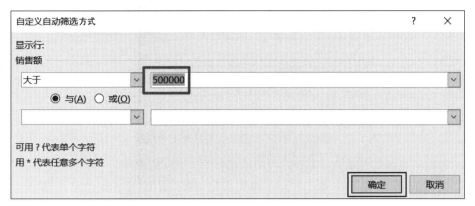

图 3-43　数字筛选"自定义自动筛选方式"对话框

图 3-44 所示。

1				西宇公司2021年销售统计表								
2	序号	商品代码	品牌	商品名称	商品类别	销售日期	分部	销售渠道	销量	销售单价	销售额	进货成本
47	55	NC00006	HUAWEI	MateBook14深空灰英寸笔记本电脑	计算机	2021年6月4日	一部门	线上商城	41	13,388.00	548,908.00	466,571.80
103	123	NC00006	HUAWEI	MateBook14深空灰英寸笔记本电脑	计算机	2021年5月1日	二部门	线上商城	45	13,388.00	602,460.00	512,091.00
166	198	NC00005	HUAWEI	MateBook Pro KLVL-W76W英寸笔记本电脑	计算机	2021年3月17日	二部门	线下门店	49	15,688.00	768,712.00	645,718.08

图 3-44　"销售额"大于 500000 的记录筛选结果

4. 文本筛选

文本筛选可以对文本做进一步筛选,如等于、不等于、开头是、结尾是、包含、不包含等。以实例 3-1"西宇公司 2021 年统计销售表"为例,筛选"商品代码"以 AC 开头的数据。因为不同的字母开头代表不同的意义,通过文本筛选可以快速地筛选出需要的信息。具体操作方法如下。

(1)选中工作表中"商品代码"列中的任意单元格,单击"数据"→"筛选"按钮,"商品代码"单元格旁出现下拉三角按钮,单击该下拉按钮,在弹出的下拉列表中选择"文本筛选"→"开头是"选项。

(2)弹出"自定义自动筛选方式"对话框,在"开头是"右侧文本框输入 AC,如图 3-45 所示,单击"确定"按钮,关闭对话框。

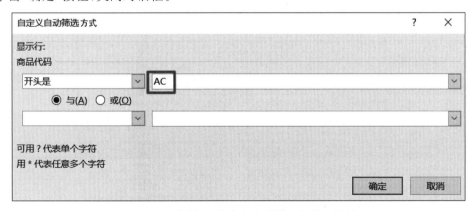

图 3-45　文本筛选"自定义自动筛选方式"对话框

(3)此时,"商品代码"单元格旁的图标变为,且显示的记录满足"商品代码"开头是AC,如图 3-46 所示。

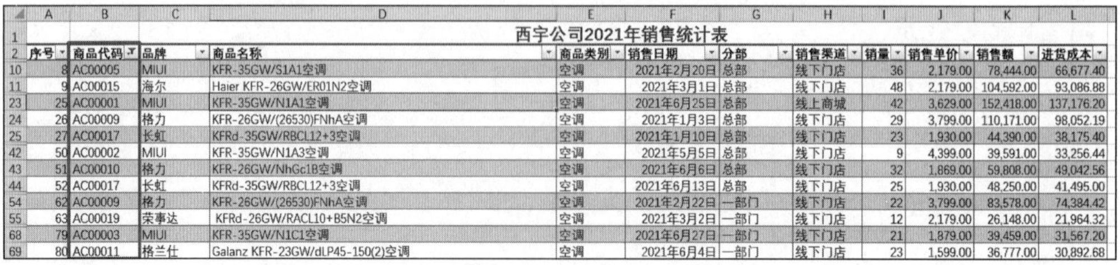

图 3-46　商品代码的开头是 AC 的记录筛选结果(局部)

提示:如果筛选条件中含字符问号"?"或星号"＊"时,需要用"～?"代表"?",用"～＊"代表"＊"。比如,筛选以开头是 AC＊的商品代码,则需要在文本框中输入 AC～＊。在 Excel 中,"?"和"＊"是通配符,有特殊含义,"?"代表单个字符,"＊"代表任意多个字符。

5. 创建切片器筛选

切片器是一个非常实用的筛选器。在 Excel 中,切片器可以根据具体条件,快速筛选出数据。除快速筛选外,切片器还可以指示当前筛选状态,以便轻松了解当前显示的内容。

Excel 的切片器只能在智能表格或者数据透视表中才可以使用。智能表格就是"套用表格格式"之后的表,可以使用 Ctrl＋T 组合键快速应用智能表格。

例如,要求对图 3-25"西宇公司 2021 年销售统计表"用切片器筛选出"品牌"的字段值为"HUAWEI"的记录。操作步骤如下。

(1) 选中表格数据区域,选择"开始"→"套用表格格式"→"表样式中等深浅 1",弹出"套用表格格式"对话框,单击"确定"按钮。

(2) 选定表格中任意单元格,单击"表格工具/设计"→"插入切片器"按钮。

(3) 弹出"插入切片器"对话框,勾选"品牌"复选框,如图 3-47 所示,单击"确定"按钮,关闭对话框。

(4) 弹出品牌切片器,单击"HUAWEI",即可在表格中筛选出"品牌"字段值为"HUAWEI"的记录,如图 3-48所示,可以发现字段名"品牌"单元格右侧的图标变为 。

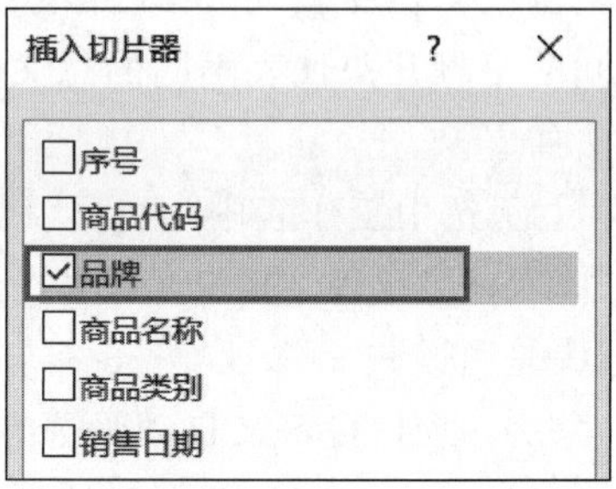

图 3-47　"插入切片器"对话框(局部)

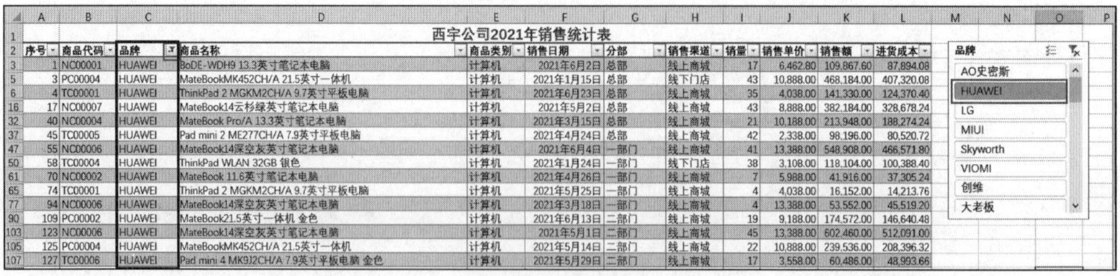

图 3-48　在切片器中选择筛选值(局部)

注意:

- 若要选择多个项,可按住 Ctrl 键的同时选择要显示的项。
- 若要清除切片器筛选器,可在切片器中单击"清除筛选器"按钮,　或按 Alt＋C 组合键。

- 切片器标题指示切片器中项的类别。
- 以图 3-47 为例,若要删除(移除)切片器,在切片器任意位置右击,选择"删除'品牌'"即可(' '中为切片器标题)。
- 未选中的筛选按钮指示该项未包含在筛选器中,选中的筛选按钮指示该项包含在筛选器中。
- 切片器中拥有当前可见项之外的其他项时,可使用滚动条滚动进行查看。

3.4.2 高级筛选

高级筛选适用于使用复杂条件进行筛选的情况,解决自动筛选无法解决的筛选中跨列的"条件或"或者"条件或"和"条件与"的结合的问题。使用高级筛选时,除了需要有要筛选的数据源(列表区域),还需要创建合适的"条件区域"。

"条件区域"的建立需要满足如下的条件。

- "条件区域"应当与"列表区域"隔开,至少隔一个空白行或一个空白列,也可以建立在其他工作表中。
- "条件区域"至少包含两行,第一行为列名行,即参与筛选的列标题放在第一行;第二行放条件参数,是对该列的限定条件。根据需要也可以再增加行。
- "条件区域"中除第一行外,如果条件参数在同行,代表"且关系"(同时满足),不在同行代表与其他行是"或关系"。例如,图 3-49 所示,第一行是列名行,代表筛选的列包含"商品类别""部门"和"销售渠道"。第二行代表筛选满足"商品类别"为"计算机"且"部门"为"总部"且"销售渠道"为"线上商城"的记录。第三行代表筛选满足"部门"为"一部"且"销售渠道"为"线下门店"的记录。其中,第二行和第三行的条件之间是或关系(代表满足第二行的条件或第三行的条件之一即可)。

1. 创建条件区域

将筛选条件限定的列的列名复制到条件区域中指定单元格(条件区域的第一行),列名不分先后,在列名下输入该列需要满足的筛选条件,在同一行的下一列输入下一个条件。如果还有其他条件,可以继续重复上述过程。

提示:在条件区域,除了可使用文本和数值(工作表中固定的值)之外。还可以使用比较运算符直接与文本或数值结合,组成"关系表达式",如图 3-50 所示的条件区域表示筛选出"商品类别"不等于"计算机"(除计算机外的其他类别)且"销售额"大于 100000 且"销量"大于 10 的记录。

商品类别	部门	销售渠道
计算机	总部	线上商城
	一部	线下门店

图 3-49　文本条件区域

商品类别	销售额	销量
<>计算机	>100000	>10

图 3-50　表达式条件区域

2. 使用高级筛选

单击"数据"→"高级"按钮,弹出"高级筛选"对话框,如图 3-51 所示。在对话框中需设置"列表区域"和"条件区域"以及结果存放方式,根据需要可以勾选"选择不重复的记录",避免筛选结果有重复记录。

默认情况下,选中的是"在原有区域显示筛选结果",如果需要将结果复制到其他位置,

124

则需要在"方式"下方选择"将筛选结果复制到其他位置",并在"复制到"文本框中输入或选择单元格区域。这样做可以把筛选结果与源数据进行对比,这是自动筛选功能无法实现的。

以图 3-25"西宇公司 2021 年统计销售表"为数据源,使用高级筛选选出"商品类别"为"计算机"且"销量"小于 20 或"商品类别"为"空调"且"销售额"大于 100000 的记录。操作步骤如下。

(1) 在数据源的右侧(至少空一列)建立条件区域,如图 3-52 所示。

(2) 选中数据源中任意单元格,单击"数据"→"高级"按钮。弹出"高级筛选"对话框,在"列表区域"中选择数据源区域(默认已选中工作表中数据源的区域),"条件区域"文本框中选择数据源右侧的条件区域所在的单元格区域,勾选"选择不重复的记录",如图 3-53 所示。单击"确定"按钮,关闭"高级筛选"对话框。

图 3-51 "高级筛选"对话框 1

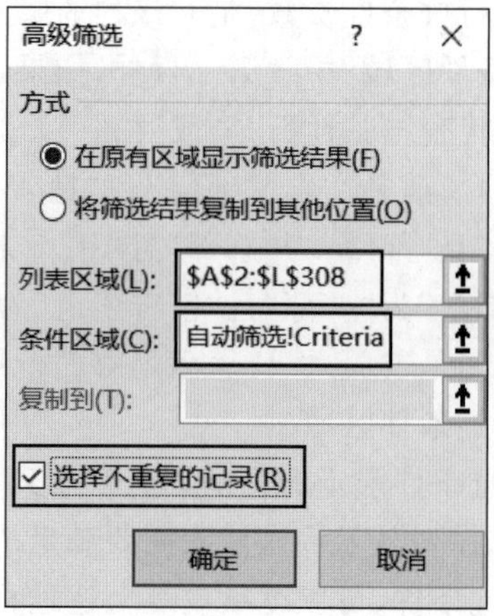

图 3-53 设置"高级筛选"参数

商品类别	销量	销售额
计算机	<20	
空调		>100000

图 3-52 条件区域

(3) 完成筛选,筛选结果如图 3-54 所示。

图 3-54 高级筛选结果(局部)

3. 清除高级筛选

清除高级筛选,只需要单击"数据"→"清除"按钮,如图 3-55 所示。清除高级筛选后,工作表可恢复到筛选前的状态。

图 3-55　清除筛选

3.5　数据分类汇总

数据分类汇总的定义是：按指定的分类变量对数据进行分组，对每组记录的各变量求指定的描述统计量。分类汇总是对数据先按照某一标准进行分类，然后对各类别相关数据分别进行求和、求平均数、求个数、求最大值、求最小值等方法的汇总。所以对数据进行分类汇总前，要分析清楚三个问题：按什么分类（即分类字段是什么），对什么进行汇总（即选定汇总项），用什么方式进行汇总（汇总方式是什么）。

分类字段和汇总项的选项都是数据表中的列名，分类字段值的类型一般是文本类型，汇总项的数据类型是数字类型。汇总方式有：求和、计数、平均值、最大值、最小值、乘积、数值计数、标准偏差、总体标准偏差、方差和总体方差。

提示：如果工作表使用了"套用表格格样式"功能，则数据区域将变成 Excel 表格，Excel 表格无法进行分类汇总，所以要特别注意这个问题。如果目前的工作表是 Excel 表格，则需要转换为数据区域再进行分类汇总，可选中表格任意单元格后右击，在弹出的快捷菜单中选择"表格"→"转换为区域"。

3.5.1　简单分类汇总

1. 建立分类汇总

分类汇总是基于排序后的数据，因此分类汇总前要先按分类字段所在的列进行排序，再进行分类汇总。

下面以对如图 3-56 所示的"西宇公司 2021 销售统计表"要求统计不同销售渠道的销量总和及销售额总和为例。

	A	B	C	D	E	F	G	H	I	J	K	L
1				西宇公司2021年销售统计表								
2	商品代码	品牌	商品名称	商品类别	销售日期	分部	销售渠道	销量	销售单价	销售额	进货成本	进货成本
3	WH00009	海尔	Haier JSQ24-A2(12T)燃气热水器	热水器	2021年3月23日	一部门	线上商城	50	1,998.00	99,900.00	79,920.00	176153.3
4	TV00010	海尔	Haier LED40K170JD平板电视	电视	2021年6月18日	三部门	线上商城	50	2,569.00	128,450.00	105,329.00	17155.6
5	AC00015	海尔	Haier KFR-26GW/ER01N2空调	空调	2021年6月12日	三部门	线上商城	50	2,179.00	108,950.00	96,965.50	5196
6	WM00015	松下	Panasonic XQB60-Q662U 6公斤 立体揉全自动波轮洗衣机	洗衣机	2021年4月21日	四部门	线上商城	50	1,419.00	70,950.00	59,598.00	10197.45
7	NC00015	戴尔	Dell XPS13R-9343-2508S 13.3英寸超极本	计算机	2021年3月27日	四部门	线上商城	50	7,799.00	389,950.00	331,457.50	60034.95
8	TV00014	索尼	SONY KLV-40R476A平板电视	电视	2021年6月20日	二部门	线下门店	50	3,899.00	194,950.00	171,556.00	44850.08
9	WH00009	海尔	Haier JSQ24-A2(12T)燃气热水器	热水器	2021年2月9日	二部门	线下门店	50	1,998.00	99,900.00	79,920.00	31567.2
10	WH00015	林内	Rinnai RUS-11E22CWNF 11L燃气热水器	热水器	2021年6月13日	一部门	线上商城	49	3,380.00	165,620.00	147,401.80	65814.84
11	TC00013	联想	ThinkPad 8 (20BNA00RCD) 8.3英寸触控平板电脑	计算机	2021年5月2日	二部门	线上商城	49	2,599.00	127,351.00	108,248.35	35666
12	AC00011	格兰仕	Galanz KFR-23GW/dLP45-150(2)空调	空调	2021年6月6日	二部门	线上商城	49	1,599.00	78,351.00	65,814.84	252669.6
13	TC00004	HUAWEI	ThinkPad WLAN 32GB 银色	计算机	2021年5月28日	三部门	线上商城	49	3,108.00	152,292.00	129,448.20	265231.7
14	RF00016	Skyworth	Skyworth BCD-202M/TX6-GF61-C冰箱	冰箱	2021年3月16日	四部门	线下门店	49	1,499.00	73,451.00	65,371.39	45340.05

图 3-56　示例数据

操作步骤如下。

（1）选中 G2 单元格，单击"数据"→"升序"按钮。

（2）选定工作表数据区域中任一单元格。

（3）单击"数据"→"分类汇总"按钮，弹出"分类汇总"对话框。

（4）在该对话框中，"分类字段"下拉列表中选择"销售渠道"，"汇总方式"下拉列表中选择"求和"，"选定汇总项"选项区域中选择"销量"和"销售额"，如图 3-57 所示。单击"确定"按钮，关闭对话框。

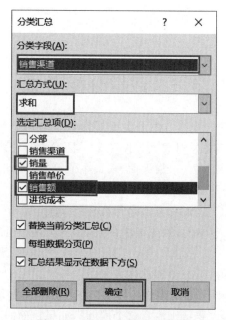

图 3-57　设置"分类汇总"参数

（5）汇总结果如图 3-58 所示。图 3-58 采用的第 2 级显示。

	品牌	商品名称	商品类别	销售日期	分部	销售渠道	销量	销售单价	销售额	进货成本	进货成本
				西宇公司2021年销售统计表							
					线上商城	3372		14,420,487.99			
					线下门店	4833		15,156,830.22			
					总计	8205		29,577,318.21			

图 3-58　"分类汇总"结果

分类汇总的特点是源数据跟分类汇总的数据在同一个表中，方便查看。简单的分类汇总结果可以显示为 3 个层级。第 1 级只显示所有记录汇总字段的"总计"，即所有字段的统计值。第 2 级如图 3-58 所示，显示分类字段和"总计"的统计值。第 3 级在显示分类字段和"总计"的统计值的同时，还有源数据明细。可以单击分级显示符号（图 3-58 左上角的"1""2""3"按钮）查看各级数据，也可以单击下方的"＋"进行展开和"－"进行折叠数据。

2. 清除分类汇总

如果想清除分类汇总结果，恢复到分类汇总之前的源数据，可以单击"数据"→"分类汇总"按钮，弹出"分类汇总"对话框，在对话框中单击"全部删除"按钮，即可清除分类汇总结果。

3.5.2　多级分类汇总

多级分类汇总也称为分类汇总的嵌套，只是在原来一级分类汇总的基础上，再进行一个分类汇总,按照这样的操作,可以进行两次或以上的操作。用户按照工作表中的一个字段进行分类是 1 级分类,如果想按照两个及以上字段进行分类,只需要创建多级分类汇总,分类汇总中多个分类字段之间的关系为:下级分类字段从属于上级分类字段。

下面以对如图 3-56 所示的"西宇公司 2021 销售统计表"要求分销售渠道及产品类别对销量总和进行统计为例,来说明多级分类汇总的使用。操作步骤如下。

(1) 用自定义排序以"销售渠道"字段作为"主要关键字"进行升序(或降序)排序,以"产品类别"字段作为"次要关键字"进行升序(或降序)排序。

(2) 选定工作表数据区域中任一单元格。

(3) 完成 1 级分类汇总。单击"数据"→"分类汇总"按钮,弹出"分类汇总"对话框,在"分类字段"下拉列表中选择"销售渠道","汇总方式"下拉列表中选择"求和","选定汇总项"列表框中选择"销量"。单击"确定"按钮,关闭对话框。

(4) 在完成 1 级分类汇总的基础上,继续进行 2 级分类汇总。单击"数据"→"分类汇总"按钮,弹出"分类汇总"对话框,在"分类字段"下拉列表中选择"产品类别","汇总方式"下拉列表中选择"求和","选定汇总项"列表框中选择"销量",并取消勾选"替换当前分类汇总"复选框,如图 3-59 所示,单击"确定"按钮,关闭对话框。

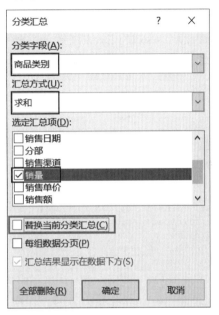

图 3-59　设置多级"分类汇总"参数

(5) 分类汇总的结果如图 3-60 所示,图 3-60 采用的第 3 级显示。

		A	B	C	D	E	F	G	H	I	J	K	L	M
1						西宇公司2021年销售统计表								
2		商品代码	品牌	商品名称	商品类别	销售日期	分部	销售渠道	销量	销售单价	销售额	进货成本	进货成本	
8					冰箱 汇总				153					
13					电视 汇总				118					
90					计算机 汇总				1962					
99					空调 汇总				350					
115					热水器 汇总				429					
126					洗衣机 汇总				360					
127								线上商城	3372					
162					冰箱 汇总				848					
210					电视 汇总				1097					
251					计算机 汇总				1199					
292					空调 汇总				821					
317					热水器 汇总				764					
321					洗衣机 汇总				104					
322								线下门店	4833					
323								总计	8205					

图 3-60　多级"分类汇总"结果

多级分类汇总的结果分 4 个层级,可以点开分级显示符号(图 3-60 左上角的"1""2""3""4"按钮)查看各级数据,也可以单击下方的"+"进行展开和"−"进行折叠数据。

提示:如果需要对分类汇总的结果进行复制再作图,不能直接对分类汇总的结果进行复制粘贴,因为会把表格中隐藏的源数据一并复制过去。因此需要先选中分类汇总结果所在的单元格区域,单击"开始"→"查找和选择"→"定位条件",弹出"定位条件"对话框,单击选中"可见单元格",单击"确定"按钮,关闭对话框。然后再进行复制粘贴就不会复制隐藏的单元格了。

3.6　数据处理综合案例

3.6.1　成绩单数据整理分析

小王是一位大学生助教,在学院教务处负责大二计算机专业学生的成绩管理。现在,第二学期期末考试刚刚结束,小王将大二计算机专业三个班的成绩均录入了文件名为"第二学期成绩单.xlsx"的 Excel 工作簿文档中,如图 3-61 所示。

	A	B	C	D	E	F	G	H	I	J	K	L
1	学号	姓名	班级	大学语文	计算机组成原理	操作系统原理	代数与逻辑	数据分析语言程序设计	局域网及组网技术	计算机网络课程设计	总分	平均分
2	12020210305	浩丽		91.5	89	94	92	91	86	86		
3	12020210203	方旭		93	89	92	86	86	73	92		
4	12020210104	和畅		92	95	89	78	88	86	73		
5	12020210301	符合		87	90	91	95	91	95	78		
6	12020210306	迦迦		96	94	89	90	87	95	93		
7	12020210206	慧语		80.5	89	74	88	89	78	90		
8	12020210302	李廊圆		78	95	94	82	90	93	84		
9	12020210204	刘汪锋		95.5	92	96	84	95	91	92		
10	12020210201	刘季哲		93.5	78	92	89	93	92	93		
11	12020210304	冬夏		95	97	92	93	95	92	88		
12	12020210103	简言		95	85	79	45	92	92	88		
13	12020210105	何佩玛		88	89	89	89	73	95	91		
14	12020210202	于慧辉		86	63	89	88	92	88	89		
15	12020210205	张飞		93.5	89	78	93	93	90	86		
16	12020210102	叶蓁蓁		89	95	96	78	93	93	92		
17	12020210303	朱哲		84	69	97	87	78	89	93		
18	12020210101	王乐乐		97.5	95	87	89	87	96	96		
19	12020210106	张翠翠		90	78	86	72	95	93	95		

图 3-61　"第二学期成绩单"(数据源)

根据下列要求帮助小王老师对该成绩单进行整理和分析。

(1) 对工作表"第二学成绩单"中的数据列表设置格式:将所有成绩列设为保留两位小数的数值;适当加大行高和列宽,改变字体、字号,设置对齐方式,增加适当的边框和底纹使工作表更加美观。

(2) 利用"条件格式"功能进行下列设置:将"大学语文""计算机组成原理""操作系统原理"三门课程中不低于 90 分的成绩所在的单元格以一种颜色填充,其他四科中低于 60 分的成绩以红色文本标出。

(3) 利用 sum 和 average 函数计算每一个学生的总分及平均成绩。

(4) 学号第 9 位代表学生所在的班级,如"12020210305"代表 2021 级 3 班 5 号。请通过函数提取每个学生所在的班级并按表 3-1 所示的对应关系填写在"班级"列中。

表 3-1　学号与班级对应关系表

学号的第 9 位	对应班级
1	计科 1 班
2	计科 2 班
3	计科 3 班

(5) 复制工作表"第二学期成绩单",将副本放置到原表之后;改变该副本表标签的颜色,并重命名为"成绩分类汇总"。

（6）通过分类汇总功能求出各个班各科的平均成绩，并将每组结果分页显示。

（7）以分类汇总结果为基础，创建一个三维簇状柱形图，对每个班各科平均成绩进行比较，并将该图表放置在一个名为"每个班各科平均成绩柱状分析图"新工作表中。

具体分析操作步骤如下。

（1）打开"第二学期成绩单.xlsx"工作簿，选中所有成绩列后右击，在弹出的下拉列表中选择"设置单元格格式"，弹出"设置单元格格式"对话框，在"数字"选项卡下选择"数值"后将小数位数设置为"2"，单击"确定"按钮，关闭"设置单元格格式"对话框。

选中整个工作表，将光标放在列之间拖动可调整列宽，同理调整行高。

选中表格，在"开始"选项卡的"字体"组中设置字体为"微软雅黑"、字号为"14"，单击"边框"下拉按钮，在下拉列表中选择"所有框线"，在"对齐方式"组中单击"居中"按钮。

选中标题，单击"开始"→"填充颜色"，在弹出的下拉菜单中选择任意颜色作为底纹。效果如图 3-62 所示。

	学号	姓名	班级	大学语文	计算机组成原理	操作系统原理	代数与逻辑	数据分析语言程序设计	局域网与局域网技术	计算机网络课程设计	总分	平均分
1	12020210305	浩丽		91.50	89.00	94.00	92.00	91.00	86.00	86.00		
2	12020210203	方旭		93.00	89.00	92.00	86.00	86.00	73.00	92.00		
3	12020210104	和畅		92.00	95.00	89.00	78.00	88.00	86.00	73.00		
4	12020210301	符合		87.00	90.00	91.00	95.00	91.00	95.00	78.00		
5	12020210306	涵涵		96.00	94.00	89.00	90.00	87.00	95.00	93.00		
6	12020210206	慧语		80.50	89.00	74.00	88.00	89.00	78.00	90.00		
7	12020210302	李馨圆		78.00	95.00	94.00	82.00	90.00	93.00	84.00		
8	12020210204	刘王锋		95.50	92.00	96.00	84.00	95.00	91.00	92.00		
9	12020210201	刘孝哲		93.50	78.00	96.00	89.00	93.00	92.00	93.00		
10	12020210304	冬越		95.00	97.00	78.00	93.00	95.00	92.00	88.00		
11	12020210103	简言		95.00	85.00	79.00	45.00	92.00	92.00	88.00		
12	12020210105	何锦鸿		88.00	78.00	89.00	89.00	73.00	95.00	91.00		
13	12020210202	于慧辉		86.00	63.00	89.00	88.00	92.00	88.00	89.00		
14	12020210205	张飞		93.50	89.00	78.00	93.00	93.00	90.00	86.00		
15	12020210102	叶蕾蕾		89.00	95.00	96.00	78.00	93.00	93.00	92.00		
16	12020210303	朱哲		84.00	69.00	97.00	87.00	78.00	89.00	93.00		
17	12020210101	王乐乐		97.50	95.00	87.00	89.00	87.00	96.00	96.00		
18	12020210106	张翠翠		90.00	78.00	86.00	72.00	95.00	93.00	95.00		

图 3-62　"第二学期成绩单"设置格式后

（2）选中 D2:F19 单元格区域，单击"开始"→"条件格式"→"突出显示单元格规则"→"其他规则"，弹出"新建格式规则"对话框，选择"单元格值"为"大于或等于"，并在文本框中输入"90"，单击"格式"按钮，弹出"设置单元格"对话框，在"填充"选项卡中选择任意填充色，单击"确定"按钮返回"新建格式规则"对话框，单击"确定"按钮，关闭对话框。

选中 G2:J19 单元格区域，单击"开始"→"条件格式"→"突出显示单元格规"→"小于"，在弹出的"小于"对话框的文本框中输入"60"，在"设置为"下拉列表中选择"红色文本"，单击"确定"按钮，关闭对话框。

（3）选中 K2 单元格，输入公式"＝SUM(D2:J2)"，选中 L2 单元格，输入公式"＝AVERAGE(D2:J2)"，选中"L2"和"K2"两个单元格，将光标放在右下角的填充柄上后双击，实现自动填充。

（4）选中 C2 单元格，输入公式"＝"计科"&MID(A2,9,1)&"班""后按 Enter 键，将光标放在右下角的填充柄上双击，实现自动填充，如图 3-63 所示。

（5）按住 Ctrl 键不放，选中并往后拖动"第二学期成绩单"工作表，双击该表重命名为"成绩分类汇总"，按 Enter 键完成编辑，再右击"工作表表签"，选择任意颜色。

（6）将光标定位在"班级"列下方的任意有数据的单元格，单击"开始"→"排序和筛选"→"升序"，将数据区域按班级列升序排列。

学号	姓名	班级	大学语文	计算机组成原理	操作系统原理	代数与逻辑	数据分析语言程序设计	局域网及组网技术	计算机网络课程设计	总分	平均分
12020210305	浩琚	计料3班	91.50	89.00	94.00	92.00	91.00	86.00	86.00	629.50	89.93
12020210203	方旭	计料2班	93.00	89.00	92.00	86.00	86.00	73.00	92.00	611.00	87.29
12020210104	和畅	计料1班	92.00	95.00	89.00	78.00	88.00	86.00	73.00	601.00	85.86
12020210301	符合	计料3班	87.00	90.00	91.00	95.00	91.00	95.00	78.00	627.00	89.57
12020210306	涵涵	计料3班	96.00	94.00	89.00	90.00	87.00	95.00	93.00	644.00	92.00
12020210206	慧语	计料2班	80.50	89.00	74.00	88.00	89.00	78.00	90.00	588.50	84.07
12020210302	李娜茜	计料3班	78.00	95.00	94.00	82.00	90.00	93.00	84.00	616.00	88.00
12020210207	刘玉锋	计料2班	95.50	92.00	96.00	84.00	95.00	91.00	92.00	645.50	92.21
12020210201	刘李哲	计料2班	93.50	78.00	96.00	89.00	93.00	92.00	93.00	634.50	90.64
12020210304	冬夏	计料3班	95.00	97.00	78.00	93.00	95.00	92.00	88.00	638.00	91.14
12020210103	简言	计料1班	95.00	85.00	79.00	45.00	92.00	92.00	88.00	576.00	82.29
12020210105	何俐鸣	计料1班	88.00	78.00	89.00	89.00	73.00	95.00	91.00	603.00	86.14
12020210202	于慧辉	计料2班	86.00	63.00	89.00	88.00	92.00	88.00	89.00	595.00	85.00
12020210205	张飞	计料2班	93.50	89.00	78.00	93.00	93.00	90.00	86.00	622.50	88.93
12020210102	叶蓁蓁	计料1班	89.00	95.00	96.00	78.00	93.00	93.00	92.00	636.00	90.86
12020210303	朱哲	计料3班	84.00	69.00	97.00	87.00	78.00	89.00	93.00	597.00	85.29
12020210101	王乐乐	计料1班	97.50	95.00	87.00	89.00	87.00	96.00	96.00	647.50	92.50
12020210106	张翠翠	计料1班	90.00	78.00	86.00	72.00	95.00	93.00	95.00	609.00	87.00

图 3-63 "第二学期成绩单"使用条件格式后

单击"数据"→"分类汇总"按钮,在弹出的"分类汇总"对话框中,"分类字段"下拉列表中选择"班级","汇总方式"下拉列表中选择"平均值","选定汇总项"选项框中勾选"大学语文""计算机组成原理""操作系统原理""代数与逻辑""数据分析语言程序设计""局域网及组网技术""计算机网络课程设计"复选框,再勾选"每组数据分页"复选框,如图 3-64 所示,单击"确定"按钮,关闭"分类汇总"对话框。

(7)在"成绩分类汇总"工作表中选择分类汇总为 2 级,如图 3-65 所示。选中每个班各科平均成绩以及第 1 行标题行的相关标题单元格,单击"插入"→"插入柱形图或条形图"→"三维簇状柱形图",图表被创建到了本工作表中。

单击"图表工具/设计"→"切换/列"。

单击"图表工具/设计"→"移动图表"按钮。弹出"移动图标"对话框,选择"新工作表",在右侧文

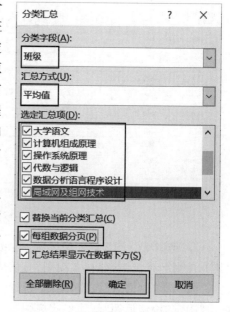

图 3-64 设置成绩"分类汇总"参数

本框中输入"每个班各科平均成绩柱状分析图",如图 3-66 所示,单击"确定"按钮,关闭"移动图表"对话框。

拖动该工作表放置到第 3 个工作表的位置,双击"图表标题",重命名为"每个班各科平均成绩柱状分析图",如图 3-67 所示。

	学号	姓名	班级	大学语文	计算机组成原理	操作系统原理	代数与逻辑	数据分析语言程序设计	局域网及组网技术	计算机网络课程设计	总分	平均分
			计料1班 平均值	91.92	87.67	87.67	75.17	88.00	92.50	89.17		
			计料2班 平均值	90.33	83.33	87.50	88.00	91.33	85.33	90.33		
			计料3班 平均值	88.58	89.00	90.50	89.83	88.67	91.67	87.00		
			总计平均值	90.28	86.67	88.56	84.33	89.33	89.83	88.83		

图 3-65 "成绩分类汇总"2 级显示

图 3-66 中对话框内容：

移动图表 ? ×

选择放置图表的位置：

◉ 新工作表(S): 每个班各科平均成绩柱状分析图

○ 对象位于(O): 成绩分类汇总

确定　取消

图 3-66 "移动图表"对话框

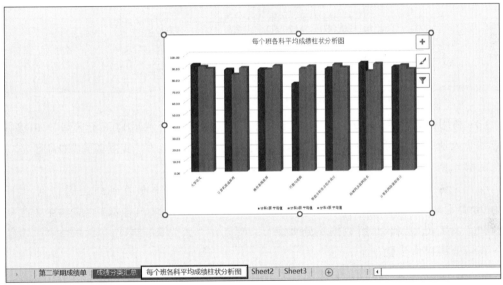

图 3-67 "每个班各科平均成绩柱状分析图"

3.6.2 工资表的处理和计算

小张是西宇公司的会计,利用自己所学的办公软件进行记账管理,为节省时间,同时又确保记账的准确性,她使用 Excel 2016 编制了"西宇公司 2021 年度员工工资表.xlsx",如图 3-68 所示,根据下列要求帮助小张对该工资表进行整理和分析(提示：本题中若出现排序问题则采用升序方式)。

序号	员工工号	姓名	部门	基础工资	奖金	住房补贴	扣除病事假	应付工资合计	扣除社保	年度收入额	准予扣除额	应纳税所得额	应纳个人所得税税额	实发工资
								西宇公司2021年度员工工资表						
1	A1270001	浩丽	综合管理部	487200	6000	3120	230	496090	5520	490570	100000			
2	A1270002	方旭	综合管理部	42000	0	3120	352	44768	3708	41060	60000			
3	A1270003	和畅	财务部	149400	6000	3120	0	158520	3468	155052	60000			
4	A1270004	慧语	品管部	72600	0	3120	130	75590	4320	71270	70000			
5	A1270005	李娜圆	技术部	73800	0	3120	0	76920	3468	73452	60000			
6	A1270006	刘汪锋	综合管理部	76200	6000	3120	0	85320	3468	81852	60000			
7	A1270007	刘孝哲	综合管理部	126600	0	3120	0	129720	2472	127248	60000			
8	A1270008	冬夏	技术部	186600	6000	3120	155	195565	3696	191869	60000			
9	A1270009	简言	市场部	49200	0	3120	0	52320	3468	48852	80000			
10	A1270010	何悯鸿	技术部	69600	0	3120	25	72695	3468	69227	60000			
11	A1270011	于楚辉	市场部	60600	0	3120	0	63720	3468	60252	60000			
12	A1270012	叶蓁蓁	技术部	36000	0	3120	0	39120	3468	35652	60000			
13	A1270013	朱哲	综合管理部	149400	6000	3120	0	158520	3468	155052	60000			
14	A1270014	王乐乐	财务部	58200	0	3120	0	61320	3468	57852	60000			
15	A1270015	张翠翠	综合管理部	117600	0	3120	0	120720	3708	117012	60000			

图 3-68 "西宇公司 2021 年度员工工资表"

（1）将"基础工资"往右各列设置为会计专用格式、保留 2 位小数、无货币符号；调整表格各列宽度、对齐方式，使表格更加美观；设置纸张大小为 A4、横向，整个工作表需调整在一个打印页内。

（2）参考年度工资薪金所得税率表，如图 3-69 所示，利用 IF 函数计算"应纳个人所得税税额"列。（提示：应纳个人所得税税额＝应纳税所得额×适用税率－速算扣除数；应纳税所得额＝年度收入额－准予扣除额；准予扣除额＝基本扣除费用 60000 元＋专项扣除＋专项附加扣除＋依法确定的其他扣除。另外，如果应纳税所得额为负数，则应纳个人所得税税额＝0。）

全年应纳税所得额	税率	速算扣除数（元）
不超过36000元	3%	0
超过36000元至144000元	10%	2520
超过144000元至300000元	20%	16920
超过300000元至420000元	25%	31920
超过420000元至660000元	30%	52920
超过660000元至960000元	35%	85920
超过960000元	45%	181920

图 3-69　年度工资薪金所得税率表

（3）利用公式计算"实发工资"列数据，公式为：实发工资＝应付工资合计－扣除社保－应纳个人所得税税额。利用"条件格式"功能进行下列设置：将"实发工资"中高于 100000 所在的单元格以一种颜色填充。

（4）复制工作表"西宇公司 2021 年度员工工资表"，将副本放置到原表的右侧，并重命名为"分类汇总"。在"分类汇总"工作表中通过分类汇总功能求出各部门"应纳个人所得税税额""实发工资"之和，每组数据不分页。

具体分析操作步骤如下。

（1）打开"西宇公司 2021 年度员工工资表.xlsx"工作表，选中 E3：O17 单元格区域后右击，在快捷菜单中选择"设置单元格格式"，弹出"设置单元格格式"对话框，在"数字"选项卡的"分类"选项区中选择"会计专用"，"小数位数"文本框中输入"2"，"货币符号"下拉列表中选择"无"，单击"确定"按钮。

注意：如果单元格中的内容变为"＃＃＃"，说明列宽较小，可拖动各列字母标号（A、B、C…）之间的分隔线适当调整列宽。

适当调整列宽，选择适应的对齐方式，如居中。

在"西宇公司 2021 年度员工工资表.xlsx"工作表中，单击"页面布局"→"纸张大小"→"A4"。

单击"页面布局"→"纸张方向"→"横向"。

单击"页面布局"选项卡"调整为合适大小"组右下角的对话框启动器，弹出"页面设置"对话框，在"页面"选项卡的"缩放"选项区中选择"调整为 1 页宽 1 页高"，单击"确定"按钮，关闭"页面设置"对话框。

（2）在 M3 单元格中输入公式"＝K3－L3"，将光标放在 M3 单元格右下角的填充柄上双击，完成自动填充。

在 N3 单元格中输入公式"＝IF(M3＜0,0,IF(M3＜=36000,M3 * 0.03－0,IF(M3＜

=144000,M3＊0.1−2520,IF(M3＜=300000,M3＊0.2−16920,IF(M3＜=420000,M3＊0.25−31920,IF(M3＜=660000,M3＊0.3−52920,IF(M3＜=960000,M3＊0.35−85920,M3＊0.45−181920)))))))”后按 Enter 键，将光标放在 N3 单元格右下角的填充柄上双击，完成自动填充。

(3) 在 O3 单元格中输入公式“=I3−J3−N3”，将光标放在 O3 单元格右下角的填充柄上双击，完成自动填充。

选中 O3:O17 单元格区域，单击“开始”→“条件格式”→“突出显示单元格规则”→“大于”，在弹出的“大于”对话框中文本框内输入“100000”、“设置为”下拉列表中选择“黄填充深色黄色文本”，单击“确定”按钮，关闭对话框。

(4) 按住 Ctrl 键，单击选中并向后拖动“西宇公司 2021 年度员工工资表”工作表，双击该表重命名为“分类汇总”，按 Enter 键完成编辑。

将光标定位在“部门”列下方任意有数据的单元格，单击“开始”→“排序和筛选”→“升序”按钮，将数据区域按部门名称升序排列。

单击“数据”→“分类汇总”按钮，在弹出的“分类汇总”对话框中，“分类字段”下拉列表中选择“部门”，“汇总方式”下拉列表中选择“求和”，“选定汇总项”选项区域中勾选“应纳个人所得税税额”“实发工资”复选框，在对话框下方勾选“替换当前分类汇总”和“汇总结果显示在数据下方”复选框，单击“确定”按钮，关闭“分类汇总”对话框。

分类汇总结果如图 3-70 所示(分类汇总选择 3 级)。

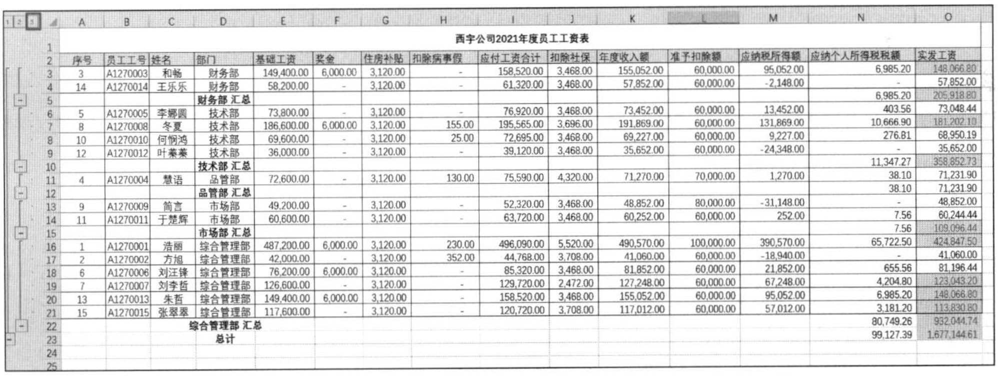

西宇公司2021年度员工工资表

序号	员工工号	姓名	部门	基础工资	奖金	住房补贴	扣除病事假	应付工资合计	扣除社保	年度收入额	准予扣除额	应纳税所得额	应纳个人所得税税额	实发工资
3	A1270003	和畅	财务部	149,400.00	6,000.00	3,120.00	-	158,520.00	3,468.00	155,052.00	60,000.00	95,052.00	6,985.20	148,066.80
14	A1270014	王乐乐	财务部	58,200.00	-	3,120.00	-	61,320.00	3,468.00	57,852.00	60,000.00	-2,148.00	-	57,852.00
			财务部 汇总										6,985.20	205,918.80
5	A1270005	李娜圆	技术部	73,800.00	-	3,120.00	-	76,920.00	3,468.00	73,452.00	60,000.00	13,452.00	403.56	73,048.44
8	A1270008	冬夏	技术部	186,600.00	6,000.00	3,120.00	155.00	195,565.00	3,696.00	191,869.00	60,000.00	131,869.00	10,666.90	181,202.10
10	A1270010	何悯鸿	技术部	69,600.00	-	3,120.00	25.00	72,695.00	3,468.00	69,227.00	60,000.00	9,227.00	276.81	68,950.19
12	A1270012	叶蓁蓁	技术部	36,000.00	-	3,120.00	-	39,120.00	3,468.00	35,652.00	60,000.00	-24,348.00	-	35,652.00
			技术部 汇总										11,347.27	358,852.73
4	A1270004	慧语	品管部	72,600.00	-	3,120.00	130.00	75,590.00	4,320.00	71,270.00	70,000.00	1,270.00	38.10	71,231.90
			品管部 汇总										38.10	71,231.90
9	A1270009	简言	市场部	49,200.00	-	3,120.00	-	52,320.00	3,468.00	48,852.00	80,000.00	-31,148.00	-	48,852.00
11	A1270011	于楚辉	市场部	60,600.00	-	3,120.00	-	63,720.00	3,468.00	60,252.00	60,000.00	252.00	7.56	60,244.44
			市场部 汇总										7.56	109,096.44
1	A1270001	浩丽	综合管理部	487,200.00	6,000.00	3,120.00	230.00	496,090.00	5,520.00	490,570.00	100,000.00	390,570.00	65,722.50	424,847.50
2	A1270002	方旭	综合管理部	42,000.00	-	3,120.00	352.00	44,768.00	3,708.00	41,060.00	60,000.00	-18,940.00	-	41,060.00
6	A1270006	刘汪锋	综合管理部	76,200.00	6,000.00	3,120.00	-	85,320.00	3,468.00	81,852.00	60,000.00	21,852.00	655.56	81,196.44
7	A1270007	刘李哲	综合管理部	126,600.00	-	3,120.00	-	129,720.00	2,472.00	127,248.00	60,000.00	67,248.00	4,204.80	123,043.20
13	A1270013	朱哲	综合管理部	149,400.00	6,000.00	3,120.00	-	158,520.00	3,468.00	155,052.00	60,000.00	95,052.00	6,985.20	148,066.80
15	A1270015	张翠翠	综合管理部	117,600.00	-	3,120.00	-	120,720.00	3,708.00	117,012.00	60,000.00	57,012.00	3,181.20	113,830.80
			综合管理部 汇总										80,749.26	932,044.74
			总计										99,127.39	1,677,144.61

图 3-70 “工资表分类汇总”结果 3 级显示

3.6.3 数据的汇总分析

朱喆是海尔集团江苏分公司的战略规划人员，正在参与制订 2022 年度的生产与营销计划。为此，他需要对 2021 年度中三款热销产品的销售情况进行汇总和分析，从中提取出有价值的信息。根据下列要求，帮助朱喆运用已有的原始数据完成上述分析工作。

(1) 在工作表 Sheet1 中，从 A3 单元格开始，导入“销售记录.txt”中的数据，并将工作表名称修改为“2021 年销售记录”。

(2) 在“2021 年销售记录”工作表的 A1 单元格中输入文字“2021 年销售数据”，并使其显示在 A1:F1 单元格区域的正中间(注意：不要合并上述单元格区域，可使用跨列居中)；适当调整字体大小和样式，使其美观大方，隐藏第 2 行；将 B 列(日期)中数据的数字格式修改为如"2012-03-14"的格式。

（3）在"2021年销售记录"工作表的 E3 和 F3 单元格中，分别输入文字"零售价"和"销售额"；在"2021年销售记录"工作表的 E4:E366 中，应用 VLOOKUP 函数输入 C 列（产品类型）所对应的零售价，价格信息如图 3-71 所示；然后将填入的零售价设为货币格式，并保留零位小数。

产品类型	零售价（元）
空调	2499
冰箱	3899
电视	6499

图 3-71　产品价格

（4）在"2021年销售记录"工作表的 F4:F366 中，计算每笔订单记录的销售额，并应用货币格式，不保留小数，计算公式为：销售额＝零售价×数量。将"2021年销售记录"工作表的 A3:F366 单元格区域中所有数据垂直居中对齐。对标题行区域 A3:F3 应用单元格的上框线和下框线，对数据区域最后一行 A366:F366 应用单元格的下框线，其他单元格无边框线，不显示工作表的网格线。

（5）复制工作表"2021年销售记录"，将副本放置到原表的右侧，并重命名为"切片器筛选"，套用任意单元格样式，使用切片器筛选出"产品类型"字段值为"冰箱"的记录。

（6）在"切片器筛选"工作表的右侧名为"数据透视表"新工作表中自 A3 单元格开始创建数据透视表，按照月份和季度对"2021年销售记录"工作表中的三种产品的销售数量进行汇总；在数据透视表右侧创建数据透视图，图表类型为"带数据标记的折线图"，并为"冰箱"系列添加线性趋势线，显示"公式"和"R^2值"，数据透视表和数据透视图的样式如图 3-72 所示。

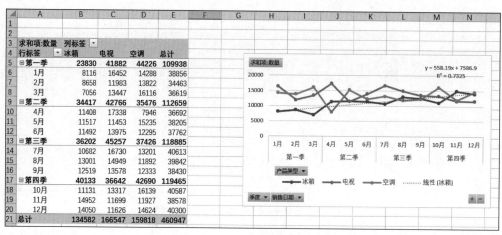

图 3-72　"2021年销售记录"的数据透视表和数据透视图

（7）复制"2021年销售记录"工作表到"数据透视表"工作表右侧，并重命名为"分类汇总"，通过分类汇总功能求出各产品"数量""销售额"之和，每组数据不分页。

（8）在"分类汇总"工作表右侧创建一个新的工作表，命名为"大额订单"；在这个工作表中使用高级筛选功能，筛选出"2021年销售记录"工作表中"冰箱"数量在 1280 以上、"电视"数量在 1500 以上以及"空调"数量在 1500 以上的记录（请将条件区域放置在 1～4 行，筛选结果放置在从 A6 单元格开始的区域）。

具体分析操作步骤如下。

（1）单击 Sheet1 工作表，选中 A3 单元格，在"数据"→"自文本"，在弹出的"导入文本文件"对话框中选择"销售记录.txt"，单击"导入"按钮，弹出"文本导入向导-第 1 步，共 3 步"对话框,保持默认设置,单击"下一步"按钮,弹出"文本导入向导-第 2 步,共 3 步"对话框,单击"下一步"按钮,弹出"文本导入向导-第 3 步,共 3 步"对话框,在"列数据格式"选项区域中选择"日期",单击"完成",返回"导入数据"对话框,单击"确定"按钮。双击 Sheet1,重命名为"2021 年销售记录"。

(2)选中"2021 年销售记录"工作表的 A1 单元格,输入"2021 年销售数据",选中 A1:F1 单元格后右击,在弹出的快捷菜单中选择"设置单元格格式",弹出"设置单元格格式"对话框,在"对齐"选项卡的"水平对齐"下拉列表中选择"跨列居中",单击"确定"按钮。选中 A1 单元格中的"2021 年销售数据",在"开始"选项卡的"字体"组适当调整字体大小和样式。选中第 2 行后右击,在弹出的快捷菜单中选择"隐藏"。

使用 Ctrl+Shift+↓组合键选中 B4:B366 单元格区域后右击,在弹出的快捷菜单中选择"设置单元格格式",弹出"设置单元格格式"对话框,在"数字"选项卡中选择"日期","类型"中选择"2012-03-14",单击"确定"按钮。

(3)在"2021 年销售记录"工作表的 E3 单元格中输入"零售价",F3 单元格中输入"销售额"。

从 A369 单元格开始创建如图 3-70 所示的产品价格。在 E4 单元格中输入公式"=VLOOKUP(C4,＄A＄369:＄B＄372,2,FALSE)"(其中,"＄A＄369:＄B＄372"是对刚创建的数据单元格的绝对引用),按 Enter 键完成 E4 单元格值的计算。将光标放到 E4 单元格右下角的填充柄上双击,完成自动填充。

选中 E 列后右击,选择"设置单元格格式",弹出"设置单元格格式"对话框,在"数字"选项卡中选择"货币","小数位数"文本框中输入"0","货币符号"选择"￥",单击"确定"按钮。

在"视图"选项卡的"显示"组中,取消勾选"网格线"复选框。

(4)选中"2021 年销售记录"工作表的 F4 单元格,输入公式"=D4＊E4",按 Enter 键,完成 F4 单元格值计算,将光标放到 F4 单元格右下角的填充柄上双击,完成自动填充。

选中 E 列,在"开始"选项卡的"剪贴板"组中,单击"格式刷"按钮,再单击选中 F 列。

选中 A3:F366 单元格区域,在"开始"选项卡的"对齐方式"组中,单击"垂直居中"按钮。

选中 A3:F3 单元格,单击"开始"→"框线"→"上框线",同理选择"下框线"。选中 A366:F366 单元格,单击"开始"→"框线"→"下框线"按钮。

(5)选中"2021 年销售记录"工作表标签,按住 Ctrl 键不放,单击选中并拖曳至"2021 年销售记录"工作表右侧,双击该表重命名为"切片器筛选",按 Enter 键完成编辑。

选中 A3:F366 单元格区域,单击"开始"→"套用表格格式"按钮,在下拉列表中选择任意一个样式,弹出"套用表格式"对话框,勾选"表包含标题"复选框,单击"确定"按钮,关闭"套用表格式"对话框。

选中表格中任意单元格,单击"插入"→"切片器"按钮,弹出"插入切片器"对话框,勾选"产品类型"复选框,单击"确定"按钮,弹出"产品类型"切片器,用鼠标单击列表中的"冰箱",即可显示所有"产品类型"为"冰箱"的记录,如图 3-73 所示。

(6)选中"2021 年销售记录表"中任意有数据的单元格,单击"插入"→"数据透视表"按钮,弹出"创建数据透视表"对话框,在"选择放置数据透视表的位置"区域中选择"新工作表",单击"确定"按钮,关闭"创建数据透视表"对话框。

双击新工作表标签,重命名为"数据透视表",按住"数据透视表"工作表的工作表标签不

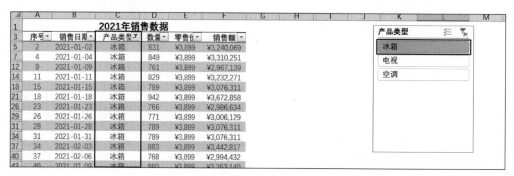

图 3-73　产品类型"切片器"(局部)

放,向右拖曳到"切片器筛选"工作表的右侧。

在"数据透视表"工作表右侧的"数据透视表字段"任务窗格中,拖动"销售日期"字段到"行"标签区域、"产品类型"字段到"列"标签区域、"数量"字段到"值"数值区域。

右击 A5 单元格,在弹出的快捷菜单中选择"组合",弹出"组合"对话框,"步长"选择"季度"和"月",单击"确定"按钮,关闭"组合"对话框。

选中数据透视表的任意一个单元格,在"数据透视表工具/分析"→"数据透视图"按钮,弹出"插入图表"对话框,在"所有图表"选项卡中,选择"折线图"→"带数据标记的折线图",单击"确定"按钮,关闭"插入图表"对话框。调整图表的大小和位置,使其位于数据透视表的右侧。

单击插入的折线图,选中代表"冰箱"的折线后右击,在弹出的快捷菜单中选择"添加趋势线"命令,在右侧的"设置趋势线格式"任务窗格中,在"趋势线选项"区域中选择"线性",勾选"显示公式"和"显示 R 平方值"复选框。关闭"设置趋势线格式"窗格,单击折线图右上角的"图表元素"按钮 ,在弹出的"图表元素"选项区的"图例"级联菜单中选择"底部"。

(7) 选中工作表"2021 年销售记录"工作表标签,按住 Ctrl 键不放,选中并拖曳至"数据透视表"工作表右侧,双击该表重命名为"分类汇总",按 Enter 键完成编辑。

选中"分类汇总"工作表中字段名为"产品类型"下任一有数据的单元格,单击"数据"→"升序"按钮,完成对字段"产品类型"进行升序排序。

选中"分类汇总"工作表中任意有数据的单元格,单击"数据"→"分类汇总"按钮,在弹出的"分类汇总"对话框中,"分类字段"下拉列表中选择"产品类型","汇总方式"下拉列表中选择"求和","选定汇总项"中勾选"数量""销售额"复选框,但不勾选其他复选框,在对话框下方勾选"替换当前分类汇总"和"汇总结果显示在数据下方"复选框,但不勾选"每组数据分页"复选框,单击"确定"按钮,关闭"分类汇总"对话框。

分类汇总结果如图 3-74 所示(分类汇总为 2 级)。

			A	B	C	D	E	F	G	H
1					**2021年销售数据**					
3			序号	销售日期	产品类型	数量	零售价	销售额		
+		**131**			**冰箱 汇总**	134582		¥524,735,218		
+		**251**			**电视 汇总**	166547		¥1,082,388,953		
+		**369**			**空调 汇总**	159818		¥399,385,182		
−		**370**			**总计**	460947		¥2,006,509,353		

图 3-74　"2021 年销售数据"分类汇总

（8）单击"分类汇总"工作表的工作表标签右侧的 ✴，新
建工作表，双击该表重命名为"大额订单"，在 A1:B4 单元格
区域创建如图 3-75 所示的"条件区域"。

产品类型	数量
冰箱	>1280
电视	>1500
空调	>1500

图 3-75　大额订单条件区域

选中"分类汇总"工作表的 A6 单元格，单击"数据"→"高
级"按钮，弹出"高级筛选"对话框，在"方式"选项区中选择"将
筛选结果复制到其他位置"；"列表区域"选择"2021 年销售记录"工作表的 A3:F366 单元格
区域（选中 A3 单元格按 Ctrl＋A 组合键），也可以输入"2021 年销售记录'！＄A＄3：＄F
＄366"；"条件区域"选择"大额订单"工作表的 A1:B4 单元格区域，也可以输入"大额订单！
Criteria"；"复制到"选择"大额订单"工作表 A6 单元格（A6 是起始位置，只需要填入起始位
置），也可以输入"大额订单！＄A＄6"。单击"确定"按钮，关闭"高级筛选"对话框。

高级筛选的结果如图 3-76 所示。

	A	B	C	D	E	F
1	产品类型	数量	条件区域			
2	冰箱	>1280				
3	电视	>1500				
4	空调	>1500				
5						
6	序号	销售日期	产品类型	数量	零售价	销售额
7	3	2021-01-03	电视	1524	¥6,499	¥9,904,476
8	6	2021-01-06	空调	1510	¥2,499	¥3,773,490
9	13	2021-01-13	电视	1513	¥6,499	¥9,832,987
10	21	2021-01-21	电视	1538	¥6,499	¥9,995,462
11	24	2021-01-24	电视	1544	¥6,499	¥10,034,456
12	25	2021-01-25	空调	1528	¥2,499	¥3,818,472
13	30	2021-01-30	空调	1514	¥2,499	¥3,783,486
14	44	2021-02-13	电视	1537	¥6,499	¥9,988,963
15	45	2021-02-14	空调	1515	¥2,499	¥3,785,985
16	47	2021-02-16	电视	1533	¥6,499	¥9,962,967
17	48	2021-02-17	空调	1525	¥2,499	¥3,810,975
18	55	2021-02-24	电视	1528	¥6,499	¥9,930,472
19	56	2021-02-25	空调	1505	¥2,499	¥3,760,995
20	63	2021-03-03	电视	1532	¥6,499	¥9,956,468
21	64	2021-03-04	空调	1532	¥2,499	¥3,828,468
22	65	2021-03-05	电视	1508	¥6,499	¥9,800,492
23	68	2021-03-08	电视	1516	¥6,499	¥9,852,484
24	70	2021-03-10	电视	1528	¥6,499	¥9,930,472
25	83	2021-03-25	空调	1513	¥2,499	¥3,780,987
26	184	2021-07-04	空调	1505	¥2,499	¥3,760,995
27	189	2021-07-09	空调	1527	¥2,499	¥3,815,973
28	194	2021-07-14	空调	1539	¥2,499	¥3,845,961
29	207	2021-07-27	空调	1512	¥2,499	¥3,778,488

2021年销售记录 | 切片器筛选 | 数据透视表 | 分类汇总 | 大额订单

图 3-76　"大额订单高级筛选结果"（局部）

3.7　习　　题

在"销售记录.txt"中有如图 3-77 所示的信息，该信息是某公司在 2022 年 2～5 月的销
售记录，按要求完成操作。

编号	销售日期	品牌	类别	单价	数量	金额	销售人员
A001	2022/2/11	华为 HUAWEI	服务器	22600	3	67800	李博
A002	2022/2/11	华为 HUAWEI	服务器	22400	2	44800	孙晓晓
A003	2022/2/11	华硕	台式机	8600	27	206400	王一博
A004	2022/2/11	小米	笔记本电脑	14800	5	74000	李晨然
A005	2022/2/16	华为 HUAWEI	服务器	22400	3	67200	孙晓晓
A006	2022/2/16	小米	台式机	4600	26	119600	李蕾
A007	2022/2/16	华为 HUAWEI	笔记本电脑	12000	5	60000	孙晓晓
A008	2022/2/22	华硕	台式机	8600	22	189200	李晨然
A009	2022/2/22	华为 HUAWEI	服务器	22600	6	135600	李博
A010	2022/2/22	华硕	台式机	8600	40	344000	李晨然
A011	2022/3/7	华为 HUAWEI	笔记本电脑	12000	8	96000	李博
A012	2022/3/12	小米	台式机	7600	33	250800	孙晓晓
A013	2022/3/12	华为 HUAWEI	笔记本电脑	12000	10	120000	李博
A014	2022/3/10	华为 HUAWEI	台式机	8600	27	232200	王一博
A015	2022/3/10	华为 HUAWEI	服务器	24300	3	72900	孙晓晓
A016	2022/3/10	小米	笔记本电脑	14800	6	88800	王一博
A017	2022/3/10	华为 HUAWEI	笔记本电脑	12000	9	108000	李晨然
A018	2022/3/11	小米	台式机	4600	30	138000	李蕾
A019	2022/3/11	华为 HUAWEI	台式机	8600	26	223600	李蕾
A020	2022/3/11	华为 HUAWEI	服务器	22600	11	248600	孙晓晓

图 3-77　2022 年 2～5 月销售记录

（1）从"销售记录.txt"导入 excel 文件中，并保存为"销售记录.xlsx"。

（2）按照以下品牌顺序对数据排序：华为 HUAWEI、华硕、小米。

（3）用高级筛选筛选出"华为 HUAWEI"品牌"单价"超过 20000 或"小米"品牌"数量"超过 20 或"华硕"品牌"金额"超过"200000"的所有记录。

（4）统计每个品牌的销售总额，分页保存汇总结果。

（5）统计每个销售人员的销售数量总和和销售总额。

第4章 数据可视化

在数据分析过程中,图表是最直观的一种数据分析方式。图表作为一种高效、直观、形象的表达工具,可以使抽象的数据变得"可视化"。借助图表对数据进行分析可以更好地展示数据内容,还可以体现不同数据之间的关联及差异,以及展现数据的动态变化过程,达到利用数据进行分析、预测、决策的目的。

第 4 章
案例导读

Excel 2016 中图表类型有很多,在做数据分析时,应该如何选择图表类型说好数据故事,怎么样才能使图表引人注意呢? 本章通过介绍图表应用、数据透视表、数据透视图和趋势线等相关知识内容,讲解 Excel 2016 中图表制作的方法和技巧的同时,着重说明各类图表的特点及适用场合。

实例 4-1 中国科技事业发展情况数据可视化分析

针对国家统计局网站中 1991 年、2000 年、2010 年、2020 年、2021 年这 5 年的国家科技事业相关数据,利用 Excel 2016 的图表功能,选择合适的图表类型进行数据可视化分析。具体数据如表 4-1 所示。

表 4-1 中国科技事业发展情况表

序号	指 标	1991 年	2000 年	2010 年	2020 年	2021 年
1	R&D 人员全时当量(万人年)	67.1	92.2	255.4	523.5	562
2	科技成果登记数(项)	32653	32858	42108	76521	78655
3	应用技术成果数(项)	28258	28843	37029	67108	68199
4	技术市场成交额(亿元)	95	651	3907	28252	37294
5	成功发射卫星(次)		6	15	35	52
6	气象观测站点(个)	3903	5117	37992	69501	69661
7	专利申请授权量(项)	24616	105345	814825	3639268	4601000

4.1 图 表 应 用

Excel 2016 为用户提供了多种类型的图表,包括折线图、条形图、柱形图、面积图、饼图、瀑布图、箱形图、直方图、旭日图、树状图、雷达图、曲面图、股价图、XY 散点图以及组合图等,如图 4-1 所示。

4.1.1 创建与编辑图表

图表的创建必须基于数据源,也就是有数据才能创建图表。在创建图表之前需要在工作表中选择对应的数据区域,然后通过使用"推荐的图表"功能创建图表,也可以通过手动选择图表类型创建图表等方式完成图表的创建。

图 4-1   Excel 2016 图表类型

1. 创建图表

(1) 使用"推荐的图表"功能创建图表。

利用"推荐的图表"功能创建图表,只需要选定工作表里面的数据后,选择"插入"→"推荐的图表"按钮,Excel 2016 就会根据数据信息推荐图表集,如图 4-2 所示。

(a)"图表"选项卡下"推荐的图表"按钮

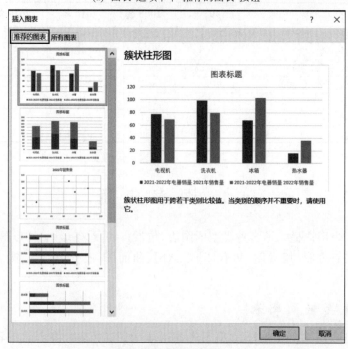

(b) 推荐的图表功能

图 4-2   使用"推荐的图表"功能创建图表

（2）手动选择图表类型创建图表。

通过手动选择图表类型创建图表时，用户需要先选择数据源，然后选择"插入"→"图表"组的"查看所有图表"按钮（▫），弹出"插入图表"对话框，切换到"所有图表"选项卡，选择好图表类型后，单击"确定"按钮完成图表创建，如图 4-3 所示。

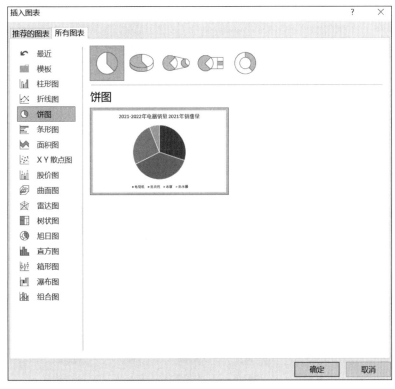

图 4-3 "所有图表"选项卡

2. 常见图表类型

1）柱形图

柱形图是 Excel 2016 中最基本的图表类型之一，包括簇状柱形图、堆积柱形图、百分比堆积柱形图、三维簇状柱形图、三维堆积柱形图、三维百分比堆积柱形图、三维柱形图等 7 种类型。

柱形图由一系列垂直的条状图形组成，可以通过观察柱形的高低来判断对应项目数据量的大小，容易被人理解。柱形图主要用来展示一段时间内一个或者多个项目对应数据的变化情况，还可以用来展示不同项目之间对应数据的比较情况。

根据实例 4-1 中的数据，利用簇状柱形图展示各年份应用技术成果项目数量的变化情况，如图 4-4 所示。

根据实例 4-1 中的数据，利用堆积柱形

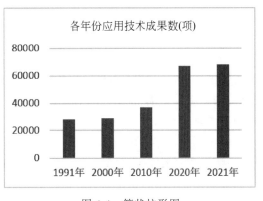

图 4-4 簇状柱形图

图展示科技成果登记数与应用技术成果数的累计量在不同年份的对比关系,如图 4-5 所示。

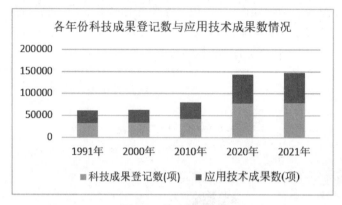

图 4-5　堆积柱形图

根据实例 4-1 中的数据,利用百分比堆积柱形图展示科技成果登记数和专利申请授权量在各年份中的占比变化情况,如图 4-6 所示。

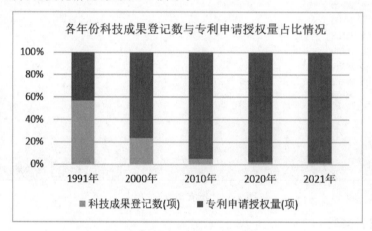

图 4-6　百分比堆积柱形图

下面利用三维簇状柱形图、三维堆积柱形图和三维百分比堆积柱形图分析以上数据,以三维图形展示,如图 4-7 所示。

三维柱形图的优点是直观、生动、形象,缺点则是容易让人产生错觉,不利于针对数据做出精确的比较。对科技成果登记数与应用技术成果数在不同年份的情况进行对比分析,如图 4-8 所示。

2) 折线图

折线图是 Excel 2016 中最常见的图表类型之一,包括折线图、堆积折线图、百分比堆积折线图、带数据标记的折线图、带标记的堆积折线图、带数据标记的百分比堆积折线图、三维折线图等 7 种类型。

折线图是用一条直线段将同一类型中的数据点连接起来,从而展示一段时间内数据的变化趋势,呈增长趋势或下降趋势。通常可以利用折线图做一些预测。

根据实例 4-1 中的数据,利用折线图中的折线图、带数据标记的折线图展示 R&D 人员全时当量,即科技人力投入随着时间变化而变化的趋势,如图 4-9 所示。在带数据标记的折

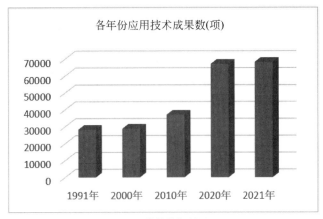

(a) 三维簇状柱形图

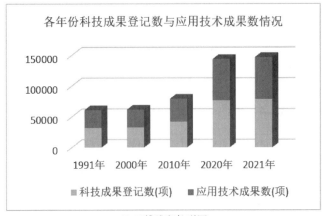

(b) 三维堆积柱形图

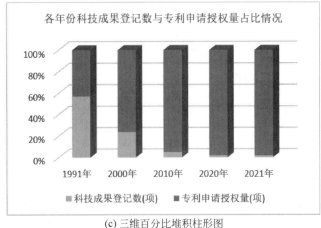

(c) 三维百分比堆积柱形图

图 4-7 三维图形展示数据

线图中,可以通过将光标移动到数据标记点上查看各年度 R&D 人员全时当量。

3）条形图

条形图是 Excel 2016 中的基本图表类型,包括簇状条形图、堆积条形图、百分比堆积条形图、三维簇状条形图、三维堆积条形图、三维百分比堆积条形图等 6 种类型。

数据可视化

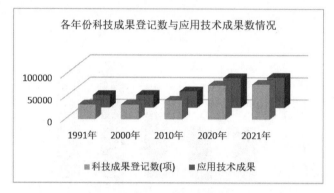

图 4-8　三维柱形图

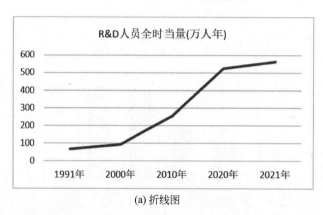

(a) 折线图

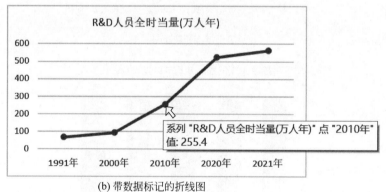

(b) 带数据标记的折线图

图 4-9　折线图

　　条形图由一系列水平的条状图形组成,可以通过观察条形的长短来判断对应项目数据量的大小,容易被人理解。条形图相当于逆时针旋转 90°后的柱形图,适用情境也和柱形图类似,在特别关注数据大小或数据项名称较长的情况下,更适合使用条形图。

　　下面根据实例 4-1 中的数据,利用簇状条形图对比应用技术成果数和科技成果登记数在各年份中的变化情况,分析结果如图 4-10 所示。

　　4)饼图

　　饼图是 Excel 2016 中最常见的图表类型之一,包括饼图、三维饼图、复合饼图、复合条饼图、圆环图等 5 种类型。

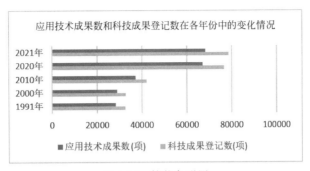

图 4-10　簇状条形图

　　饼图可以用于描述构成比例信息，直观地展示各个组成部分在总值中所占的比例。下面根据实例 4-1 中数据，利用饼图展示各年份成功发射卫星的次数，如图 4-11 所示。

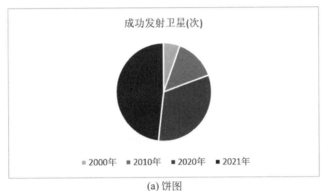

(a) 饼图

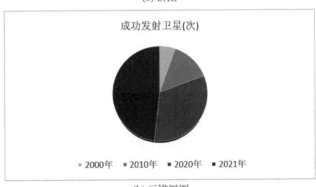

(b) 三维饼图

(c) 圆环图

图 4-11　饼图

数据可视化

从图 4-11 中可以看出,在 2000 年、2010 年、2020 年、2021 年中,发射卫星成功次数最多的是 2021 年。当然,饼图强调的是总体与个体之间的关联,一般只能选择一个数据系列展示比例关系。

5)面积图

面积图可以用于观察总值趋势的情况,适合应用于反映数据随着时间而变化的幅度,包括面积图、堆积面积图、百分比堆积面积图、三维面积图、三维堆积面积图、三维百分比堆积面积图等 6 种类型。

面积图适合展示每个数值的变化量,强调数据随时间而变化的幅度。从某些角度来看,面积图和折线图具有相似之处,均能够用于表示一段时间内数据的变化情况,而面积图则能够体现出总值的趋势变化。面积图可以更加直观地展示数值的面积,使得整体与部分的关系更加形象。根据实例 4-1 中的数据,利用面积图展示应用技术成果数和科技成果登记数在各年份中的变化情况,如图 4-12 所示。

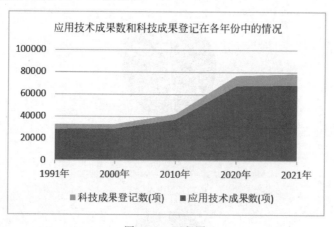

图 4-12　面积图

从图 4-13 中可以看到,这 5 个年份中应用技术成果数和科技成果登记数各自的变化情况,也可以看出对应的总量变化。

实例 4-2　期末学生评教情况可视化分析

针对期末学生评教情况,选择合适的图表对数据进行可视化分析。数据如表 4-2 所示。

表 4-2　学生评教表

1	任课教师	吴盈	李学凯	张静	吴晓东	陈述	王思予	温帆	百晓生	李丽	杨新海	张良	李桃
2	教学班级	12	1	6	2	4	5	3	7	8	9	10	11
3	评分	69.8	95.5	92.6	81.2	88.9	94.1	70.8	89.9	77.3	93.1	95.1	76.5

6)XY 散点图

XY 散点图包括散点图、带平滑线和数据标记的散点图、带平滑线的散点图、带直线和数据标记的散点图、带直线的散点图、气泡图、三维气泡图等 7 种类型。

散点图主要用于表示系列数据中各数值之间的关系,展示数据的分布和聚合情况,适合应用于较大的数据集。散点图可以用来进行实验数据拟合及趋势预测。

根据实例4-2中的数据，利用散点图对学生评教情况进行分析，如图4-13所示。从图4-13中可以直观看出评教分数的分布情况，其中横坐标表示的是教学班级，纵坐标表示的是评分，圆点表示相应任课教师的评分结果。

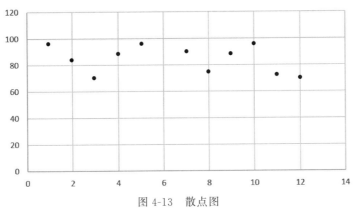

图 4-13 散点图

7）直方图

直方图是用于展示数据分组分布状态的一种图形，用矩形的宽度和高度表示频数分布。通过直方图，用户可以很直观地看出数据分布的形状、中心位置以及数据的离散程度等。

根据实例4-2中的数据，利用直方图分析评教分数的部分情况，如图4-14所示，图中横坐标表示的是评分段，纵坐标表示的是相应评分段的人数。

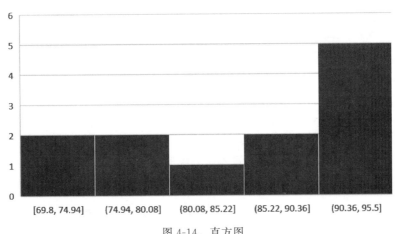

图 4-14 直方图

8）股价图

股价图包括盘高-盘低-收盘图、开盘-盘高-盘低-收盘图、成交量-盘高-盘低-收盘图、成交量-开盘-盘高-盘低-收盘图等4种类型。

股价图一般用来展示股票走势、波动，也可用于科学数据的分析，如展示每日降水量。若要绘制股价图，那么工作表中的数据需要按照一定的顺序进行排列。

实例4-3 股票行情可视化分析

这里以表4-3所示的股票行情表为例，创建盘高-盘低-收盘图、开盘-盘高-盘低-收盘图、成交量-盘高-盘低-收盘图、成交量-开盘-盘高-盘低-收盘图4个股价图，如图4-15所示。

表 4-3　股票行情表

股票代码	成交量	开盘	最高	最低	收盘
44743	17221	19.05	20.91	17.87	18.77
44744	9938	19.09	21.45	18.43	19.13
44745	16782	21.98	25.12	20.65	21.65
44746	13092	22.62	24.12	21.88	22.12
44747	21329	28.67	23.71	22.22	23.11

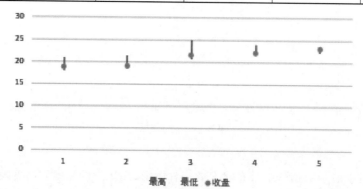

(a) 盘高-盘低-收盘图

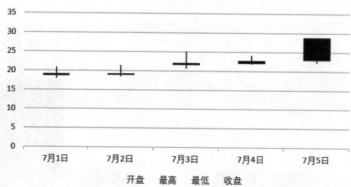

(b) 开盘–盘高–盘低-收盘图

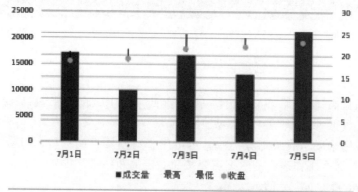

(c) 成交量–盘高–盘低-收盘图

图 4-15　股价图

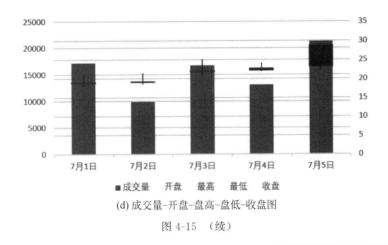

(d) 成交量-开盘-盘高-盘低-收盘图

图 4-15 （续）

实例 4-4　传统汽车与新能源汽车比较分析

21 世纪是科技高速发展的时代,在科学技术的应用和推广下,主打绿色节能环保的新能源汽车在生活中愈发常见。根据传统汽车与新能源汽车性能表的数据,利用 Excel 2016 中的图表功能,选择合适的图表类型进行数据可视化分析。具体数据如表 4-4 所示。

表 4-4　传统汽车与新能源汽车性能表

商品名称	续航	舒适度	环保	外观	经济
传统汽车	95	90	75	85	88
新能源汽车	80	95	90	80	95

9）雷达图

雷达图包括雷达、带数据标记的雷达图、填充雷达图等 3 种类型。

雷达图是以从同一点开始的轴上表示的三个或更多个定量变量的二维图表的形式显示多变量数据的图形方法。雷达图可以应用于企业经营状况分析,展示性能数据以及调查数据分析等。

根据实例 4-4 中的数据,利用雷达图实现传统汽车与新能源汽车性能比较可视化分析,如图 4-16 所示。

10）树状图

树状图以矩形区域表示数据值,适合用于表示层次结构。树状图可以通过矩形面积的大小来

表示各数据项的占比,树分支表示为矩形,每个子分支显示为更小的矩形。

根据实例 4-4 中的数据,利用树状图实现新能源汽车的性能可视化分析,如图 4-17 所示。

图 4-16　雷达图

第 4 章

数据可视化

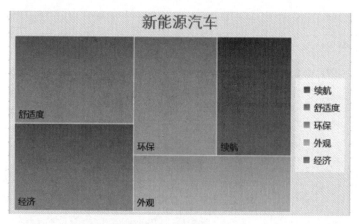

图 4-17　树状图

实例 4-5　个人收支情况可视化分析

为做好个人财务规划，小李对自己的收入和支出情况进行了统计。请利用 Excel 2016 的图表功能，帮助他选取合适的图表类型进行数据可视化分析。具体数据如表 4-5 所示。

表 4-5　个人收支情况表

类　　型	类　　别	项　　目	1 月	2 月
支出	吃	主食	500	400
		蔬菜	500	600
		零食	200	100
		水果	200	100
	穿	服饰	600	300
		鞋袜	200	300
	住	房租	800	800
		水电	200	100
	行	通勤费	100	200
	其他	孝敬父母	600	1800
		日用品	200	300
		娱乐	200	200
收入	工资	基本工资	5000	5000
		奖金	3000	4000
	投资收益	固定投资收益	1200	2100
		短期投资收益	800	800
余额			5700	6700

11）旭日图

旭日图是一种表现层级数据的图形，由层层圆环组成，每一个圆环代表了同一级数据的比例，最内层代表层次结构的顶级。

根据实例 4-5 中的数据，利用旭日图展示小李个人收支构成情况，如图 4-18 所示。

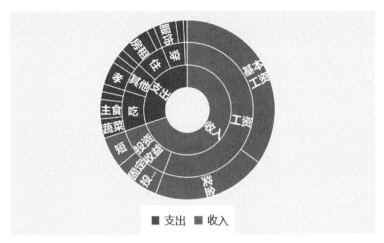

图 4-18   旭日图

12）瀑布图

瀑布图又称为阶梯图或桥图,可以清晰地反映数据的增减变化,还可以展现出数据受不同影响因素或在不同时期的增减变化情况。在企业经营分析、财务分析中使用较多,可以直观表示正值和负值在一段时间或类别中的累积量。一个常见的用途是在财务分析中展示利润或现金流是如何得出的。

根据实例 4-5 中的数据,利用瀑布图展示 1 月小李各项收支情况对余额的影响程度,如图 4-19 所示。

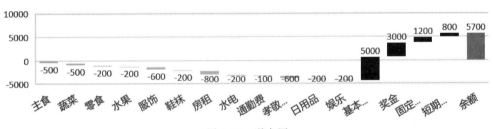

图 4-19   瀑布图

13）曲面图

曲面图包括三维曲面图、三维曲面图(框架图)、曲面图、曲面图(俯视框架图)等 4 种类型。

曲面图是用平面来展示数据的变化情况和趋势,适用于找到两组数据之间的最佳组合。曲面图与地形图类似,颜色和图案表示相同值范围内的区域。

实例 4-6   降水情况可视化分析

表 4-6 为云南主要城市降水情况表(虚拟数据集),对每日降水情况进行了统计。请利用 Excel 2016 的曲面图对相关数据集进行可视化分析。分析结果如图 4-20 所示。

表 4-6　云南主要城市降水情况表

城市	1日	2日	3日	4日	5日	6日	7日	8日	9日	10日	11日	12日	13日	14日	15日	16日	17日	18日	19日	20日	21日	22日	23日	24日	25日
昆明	76	71	56	57	9	70	49	52	67	80	12	46	55	90	95	43	34	58	44	11	34	31	18	59	
大理	323	240	801	52	136	954	645	355	242	495	49	432	275	263	769	59	782	24	584	72	427	952	784	247	
丽江	153	175	792	626	125	647	152	756	675	227	484	335	364	703	575	269	846	665	473	22	685	850	381	902	
迪庆	319	505	400	609	121	634	54	988	500	882	543	874	353	792	885	529	550	629	398	468	18	82	438	604	
玉溪	511	636	239	654	642	168	392	438	152	100	595	36	995	962	168	602	163	605	482	965	350	881	41	581	
曲靖	47	82	41	74	99	77	32	8	8	55	66	76	19	18	51	67	1	83	86	87	3	30	10	72	
昭通	20	79	35	60	90	47	95	37	2	91	20	8	7	92	27	39	12	4	25	60	52	76	73	7	
蒙自	150	24	37	59	182	179	35	133	108	132	129	190	86	21	9	163	155	34	132	110	19	131	167	89	
元阳	11	0	22	36	29	70	79	58	47	93	72	76	50	4	22	71	39	85	88	46	48	1	89	75	

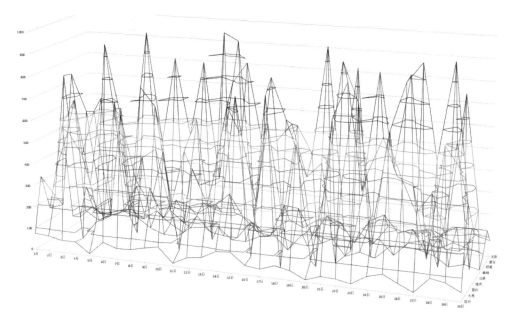

图 4-20　曲面图

14）箱形图

箱形图又称为盒式图、箱线图、盒须图,可以用来展示一组数据的分布情况。如果一个数据集中包含了一个分类变量或者多个连续变量,若要分析连续变量会如何随着分类变量水平的变化而变化,就可以采用箱形图直观展示。箱形图需要使用一组数据的最大值、最小值、中位数、下四分位数及上四分位数这 5 个数字对分布情况进行分析。箱形图多用于数值统计,虽然相比于直方图和密度曲线较原始简单,但是它不需要占据过多的画布空间,空间利用率高,非常适用于比较多组数据的分布情况。

3. 编辑图表

1）更改图表类型

选中创建好的图表后右击,在弹出的快捷菜单中选择"更改图表类型"命令,将弹出"更改图表类型"对话框,在该对话框中选择合适的图表,单击"确定"按钮完成设置,如图 4-21 所示。

也可以选中创建好的图表,在"图表工具/设计"选项卡下,单击"更改图表类型"按钮,在弹出的"更改图表类型"对话框中进行更改图表类型设置。

2）更改图表数据源

（1）使用对话框更改数据源。选中创建好的图表后右击,在弹出的快捷菜单中选择"选择数据"命令,将弹出"选择数据源"对话框,在该对话框中单击"图表数据区域"右侧的 按钮,重新选择的数据源,或者直接在"图表数据区域"文本框中输入数据源完成设置,如图 4-22 所示。

也可以选中创建好的图表后,在"图表工具/设计"选项卡中,选择"数据"组的"选择数据"按钮 ,在弹出的"选择数据源"对话框中进行更改图表类型设置。

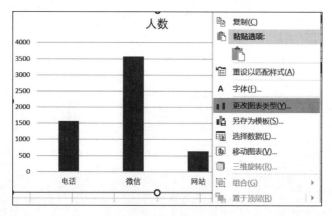

(a) 选择"更改图表类型"命令

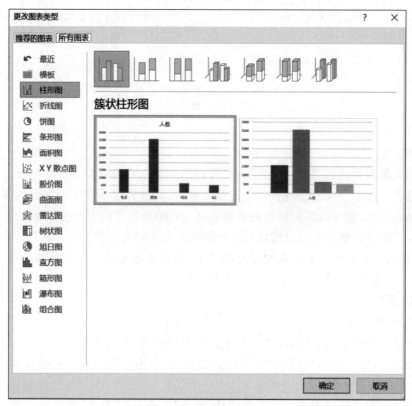

(b) 单击"确定"按钮

图 4-21 更改图表类型

（2）切换图表的行或列。选中创建好的图表后右击，在弹出的快捷菜单中选择"选择数据"命令，弹出"选择数据源"对话框，单击 切换行/列(W) 按钮，使原来的图例项（系列）变成水平（分类）轴标签，而原来的水平（分类）轴标签变成图例项（系列），如图 4-23 所示。

也可以选中创建好的图表后，在"图表工具/设计"选项卡中，选择"数据"组的"切换行/列"按钮 切换行/列 ，使原来的图例项（系列）变成水平（分类）轴标签，而原来的水平（分类）轴标签变成图例项（系列）。

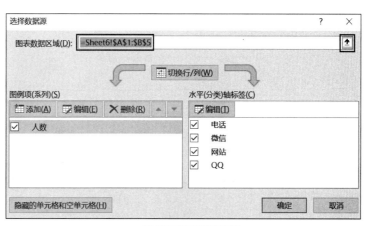

(a) 更改图表类型按钮   (b) 更改图表类型按钮

图 4-22　使用对话框更改数据源

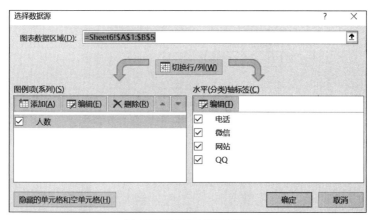

(a) 打开"选择数据源"对话框

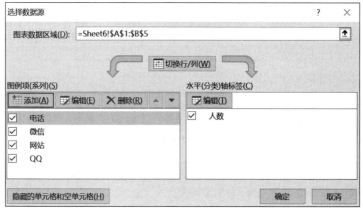

(b) 单击"切换行/列"按钮

图 4-23　切换图表的行或列

第4章

（3）更改图例项。选中创建好的图表后右击，在弹出的快捷菜单中选择"选择数据"命令，弹出"选择数据源"对话框，在该对话框中可以添加或删除数据系列。

若要添加数据系列，则可以在"图例项（系列）"区域中单击"添加"按钮 添加(A)，弹出"编辑数据系列"对话框，在该对话框中设置系列名称、选择系列所在数据区域，单击"确定"按钮完成设置，如图 4-24 所示。

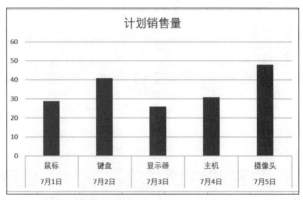

(a) 添加数据系列之前的图表

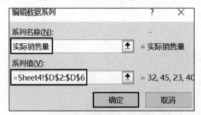

(b) 编辑数据系列对话框

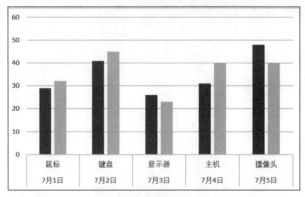

(c) 添加数据系列后的图表

图 4-24　添加图例项

若要删除数据系列，则可以在"图例项（系列）"区域中选择需要删除的序列后单击"删除"按钮 删除(R)，单击"确定"按钮完成序列的删除操作，如图 4-25 所示。

也可以在"图表工具/设计"选项卡中单击"选择数据"按钮 选择数据，打开"选择数据源"对话框，在该对话框中进行数据系列的添加或删除。

3）更改图表位置

创建图表后，一般情况下，图表会嵌入在与数据源相同的工作表中，若需要将图表放到

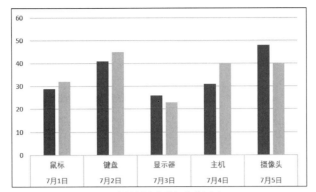

(a) 删除数据系列之前的图表

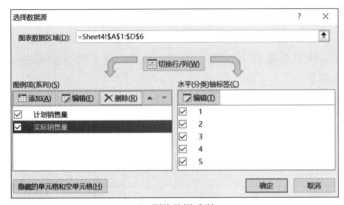

(b) 删除数据系列

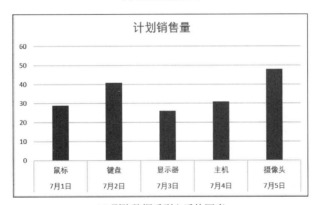

(c) 删除数据系列之后的图表

图 4-25　删除图例项

其他工作表中,可以选中图表,在"图表工具/设计"选项卡中单击"移动图表"按钮 ![移动图表],弹出"移动图表"对话框。在该对话框中可以将图表移动到其他工作表中,如图 4-26 所示。

4) 编辑图表标题

图表标题的编辑一般包括标题添加、修改、删除三种情况。

(1) 添加图表标题。选中图表,选择"图表工具/设计"→"添加图表元素"→"图表标题"选项后打开"图表标题"级联菜单,可以根据需要选择添加图表标题的位置,如"图表上方",如图 4-27 所示。此时,在图表的上方居中的位置会添加一个文本框,将输入图表标题即可。

第4章

数据可视化

图 4-26　移动图表

（2）修改图表标题。若要修改图表标题，则可以在图表中单击标题文本框，删除原本的标题文字，添加新的标题文字即可。

（3）删除图表标题。选中图表，选择"图表工具/设计"→"添加图表元素"→"图表标题"→"无"，即可完成图表标题的删除。也可以直接选中图表标题后右击鼠标，在弹出的快捷菜单中选择"删除"按钮，即可删除图表标题。另外，还可以选中图表标题后，按 Back Space 或 Delete 键删除图表标题。

5）编辑图例

选中图表，选择"图表工具/设计"→"添加图表元素"→"图例"选项后打开"图例"级联菜单，可以根据需要添加或删除图例。其中，选择"无"则删除图例，选择"右侧""顶部""左侧""底部"表示在图表的右、上、左、下方添加图例，如图 4-28 所示。

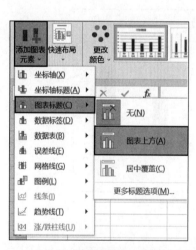

图 4-27　设置图表标题位置

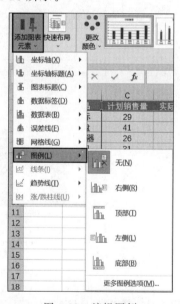

图 4-28　编辑图例

另外，可以直接选中图例后右击鼠标，在弹出的快捷菜单中选择"删除"按钮，删除图例。或者，也可以在选中图例后，按 Back Space 或 Delete 键删除图例。

6）编辑数据标签

选中图表，选择"图表工具/设计"→"添加图表元素"→"数据标签"选项后打开级联菜单，可以根据需要添加或删除数据标签。其中，选择"无"则删除数据标签，选择"居中""数据标签内""轴内侧""数据标签外""数据标注"以不同的方式添加数据标签，如图 4-29 所示。

7）编辑坐标轴标题

一般情况下,创建的图表中坐标轴是没有标题的,可以通过添加坐标轴标题的方式使坐标轴的意义更加明确。选中图表,选择"图表工具/设计"→"添加图表元素"→"坐标轴标题",可以添加横坐标轴与纵坐标轴的标题,如图 4-30 所示。

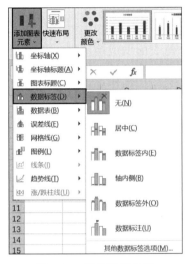

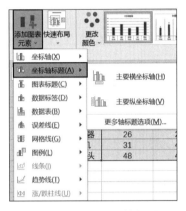

图 4-29　编辑数据标签　　　　　　　　　图 4-30　编辑坐标轴标题

添加坐标轴标题后可以按 Back Space 或 Delete 键删除坐标轴标题。

8）编辑美化图表

可以对图表进行编辑美化处理,在突出图表重点的同时,达到美观的效果。

双击图表的空白区域,在工作表右侧会显示"设置图表区格式"对话框,可以根据图表美化效果进行图表区域字体、背景填充、边框、大小、属性等设置,如图 4-31 所示。

此外,还可以选中图表后右击,在弹出的快捷菜单中选择"设置图表区域格式"命令,如图 4-32 所示,打开"设置图表区域格式"对话框。

图 4-31　设置图表区格式　　　　　　　　　图 4-32　设置图表区域格式

159

第4章

4.1.2 使用高级图表分析数据

为了让图表更加具有吸引力,能够更加高效地表达数据含义,满足分析需求,可以利用更为复杂的图表来讲好数据故事,高效传递数据蕴含的信息。接下来,从图表的个性化设置、组合图表的制作以及创建动态图表三个方面对高级图表进行介绍。

1. 个性化图表

个性化图表是 Excel 图表的一个亮点,也是未来图表的发展趋势之一。个性化图表使得图表更能吸引人的眼球,能够更为直观、快捷、有效地传递信息,让数据"会说话"。可以在任何类型的图表上加以改变、创造,制作出更美观、更直观、更会表达以及更具有吸引力的图表。

1) 改变图表的图形

在 Excel 2016 中,每种图表类型都是由特定的图形构成的,例如,柱形图是由一系列垂直的条状图形组成,通过条形高低表示数据大小。如果想在这样的基本图形上进行创新,可以使用其他符号或形状替代原有图形。根据实例 4-1 中的数据,利用簇状柱形图展示各年份应用技术成果数的变化情况,并添加个性化设置,将条状图形替换成箭头,更形象地展现应用技术成果数持续增长的效果,具体操作步骤如下。

(1) 创建图表。根据实例 4-1 中的数据,创建一个标准簇状柱形图,如图 4-33 所示。

图 4-33　簇状柱形图

(2) 绘制图形。选择"插入"→"形状"→"箭头:上"选项,在工作表空白处绘制箭头,如图 4-34 所示,绘制好的箭头可以根据需要适当加以美化。

(3) 实现图表个性化设置。选中绘制好的箭头,按 Ctrl＋C 组合键将其复制到剪贴板,在之前创建好的簇状柱形图上单击任意一个数据条形,就选中了图表中所有的数据条,再按 Ctrl＋V 组合键,用箭头替换标准条形数据条,就可以完成改变图表的图形,如图 4-35 所示。

2) 图表变形

可以利用 Excel 2016 让图表变形,达到更加直观传递信息的目的。例如,之前根据实例 4-1 中的数据,选用簇状条形图对比应用技术成果数和科技成果登记数在各年份中的变化情况,如图 4-36 所示。

可以将图 4-36 进行变形,使纵坐标轴位置移至图表正中间位置,两侧分别绘制应用技术成果数和科技成果登记数这两个系列的条形图,突出显示这两个系列的对比关系,让图表更加具有直观感染力。具体操作步骤如下。

(1) 在工作表任意一个空格处输入"－1",选中单元格后按 Ctrl＋C 组合键,将其复制

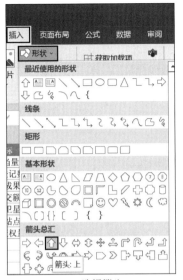

(a) 选择箭头   (b) 绘制箭头

图 4-34 绘制图形

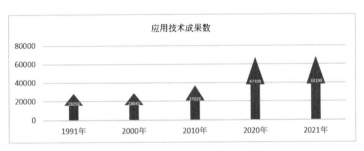

图 4-35 个性化图表效果示例

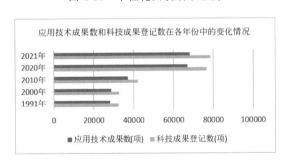

图 4-36 簇状条形图

到剪贴板,再选中应用技术成果数各年份对应的值所在的单元格区域后右击,在弹出的快捷菜单中选择"选择性粘贴"命令,弹出"选择性粘贴"对话框,在该对话框中选择"乘"后单击"确定"按钮,此时,应用技术成果数各年份对应的值将全部变成负值,如图 4-37 所示。

    (2) 选中需要分析的数据区域,创建一个堆积条形图,如图 4-38 所示。在图表中选中纵坐标轴后右击,在弹出的快捷菜单中选择"设置坐标轴格式",在 Excel 窗口右侧将弹出"设置坐标轴格式"任务窗格,在该任务窗格的"标签"选项区域中,将"标签位置"设置为"高",如图 4-39 所示,即可将纵坐标轴的标签移动到合适的位置。

162

(a) 选择"选择性粘贴"命令

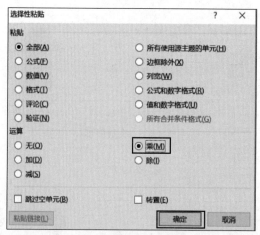

(b) "选择性粘贴"对话框

1	序号	指标	1991年	2000年	2010年	2020年	2021年
2	1	R&D人员全时当量(万人年)	67.1	92.2	255.4	523.5	562
3	2	科技成果登记数(项)	32653	32858	42108	76521	78655
4	3	应用技术成果(项)	-28258	-28843	-37029	-67108	-68199
5	4	技术市场成交额(亿元)	95	651	3907	28252	37294
6	5	成功发射卫星(次)		6	15	35	52
7	6	气象观测站点(个)	3903	5117	37992	69501	69661
8	7	专利申请授权量(项)	24616	105345	814825	3639268	4601000

(c) 查看应用技术成果数的值

图 4-37 将应用技术成果的值变为负值

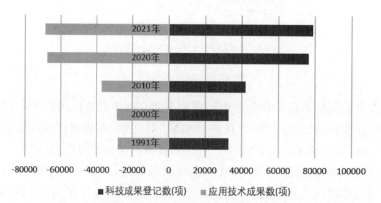

图 4-38 创建堆积条形图

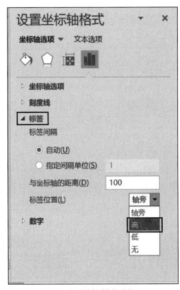

(a) 选择"设置坐标轴格式"选项

(b) 设置标签位置

图 4-39　改变纵坐标轴标签的位置

（3）在第（1）步中将应用技术成果数各年份对应的值全部变成负值,导致图表横坐标左侧的刻度值是负数,不能真实地传递信息。可以通过设置横坐标轴的格式来将值还原成正数。选中图表的横坐标轴后右击,在弹出的快捷菜单中选择"设置坐标轴格式",在 Excel 窗口右侧将弹出"设置坐标轴格式"任务窗格,在该任务窗格的"数字"选项区域中将"类别"设置为"自定义",在"格式代码"文本框中输入"♯;♯"后单击"添加"按钮,完成坐标轴格式从负值到正值的转换,如图 4-40 所示。

至此,完成堆积条形图的变形,最终呈现效果如图 4-41 所示,此类型的图也叫作金字塔分布图。

2. 组合图表

Excel 2016 提供了几种图表组合,Excel 组合图表是两种及以上的二维图表组合而成的图表。通过将多种图表组合在一起的方式,让图表内容更加直观、丰富,同时,组合图表往往

数据可视化

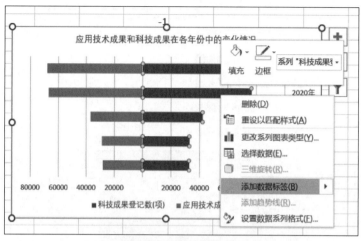

(a) 选择"添加数据标签"选项

(b) 设置数字格式

图 4-40　将横坐标轴的值由负值变成正值

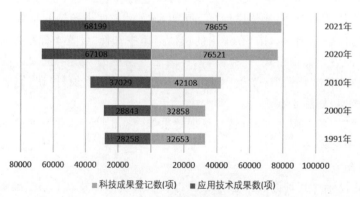

图 4-41　图表变形效果图

能够反映出多组数据的变化趋势,可以更好地在同一个图表中展示不同数据系列的变化趋势。

例如,在实例 4-1 所提供的数据中,想要在同一个图表中显示 R&D 人员全时当量与技术市场成交额(亿元)的发展情况,但是由于 R&D 人员全时当量中各年份对应数值相较于技术市场成交额数值而言太小,无法将变化显示在图表中。这种情况下,就可以利用组合图表来展示数据。操作方法为:选中数据区域,选择"插入"→"查看所有图表"选项,打开"插入图表"对话框,切换到"所有图表"选项卡,选择"组合图"选项。此时,在右侧的设置栏下,可以根据需要选择图表组合类型,并为不同数据系列选择不同的图表类型。本例中将 R&D 人员全时当量图表类型设置成簇状柱形图、技术市场成交额设置为带数据标记的折线图(勾选"次坐标轴"),单击"确定"按钮完成组合图表的制作,如图 4-42 所示。

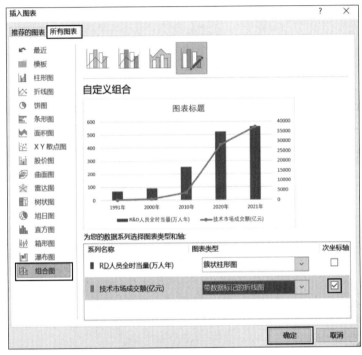

(a) 选择图表组合类型

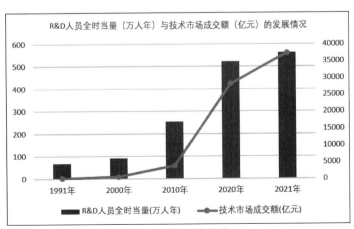

(b) 查看组合图表效果

图 4-42　组合图表

数据可视化

3. 动态图表

动态图表是图表分析的高级形式,在动态图表中每当图表数据源发生变化时,图表也会随着发生变化,可以动态地展示数据。动态图表已经被广泛应用于统计工作及在线网站数据显示中。例如,在国家统计局网站中,就以动态图表的形式为用户提供了互动的图表功能,用户可以在工作表中选择需要的数据及想要的图表类型,生成图表,当用户重新选择工作表中的数据及图表类型时,能够动态地重新生成图表,如图4-43所示。

动态图表强调交互性,其关键在于创建动态的数据区域,并以此作为数据源创建图表,用户可以通过控件控制数据的变化,使图表进行动态更新。

利用Excel也能够制作动态图表,在Excel中创建动态图表一般需要与函数结合起来实现。例如,可以利用查找函数、INDIRECT函数等来创建动态图表。

例如,借助查找函数HLOOKUP,根据实例4-1"中国科技事业发展情况数据"制作一个可以反映出各年份各指标变化情况的动态簇状柱形图。解决各个年份指标制作到一个图表中导致图表内容较多、显示混乱、数据展示不清晰等问题,具体操作方法如下。

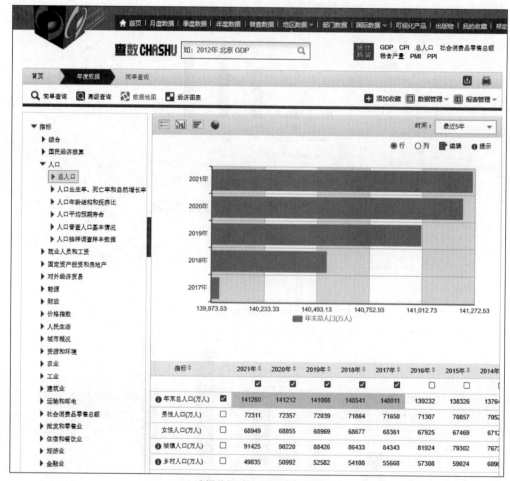

(a) 选择数据及图表类型生成图表

图4-43 在线网站动态图表

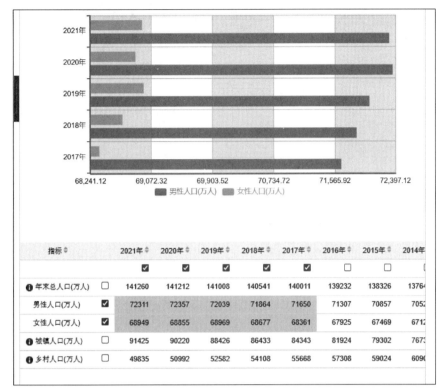

(b) 动态更新图表

图 4-43 （续）

（1）复制"指标"列单元格区域到右侧空白 J 列区域,如图 4-44 所示。

	A	B	C	D	E	F	G	H	I	J
1	序号	指标	1991年	2000年	2010年	2020年	2021年			指标
2	1	R&D人员全时当量(万人年)	67.1	92.2	255.4	523.5	562			R&D人员全时当量(万人年)
3	2	科技成果登记数(项)	32653	32858	42108	76521	78655			科技成果登记数(项)
4	3	应用技术成果(项)	28258	28843	37029	67108	68199			应用技术成果(项)
5	4	技术市场成交额(亿元)	95	651	3907	28252	37294			技术市场成交额(亿元)
6	5	成功发射卫星(次)		6	15	35	52			成功发射卫星(次)
7	6	气象观测站点(个)	3903	5117	37992	69501	69661			气象观测站点(个)
8	7	专利申请授权量(项)	24616	105345	814825	3639268	4601000			专利申请授权量(项)

图 4-44　复制"指标"列单元格区域到空白处

（2）单击 K1 单元格,选择"数据"→"数据验证"→"数据验证"选项,弹出"数据验证"对话框,切换到"设置"选项卡,在"允许"下拉列表中选择"序列",单击"来源"文本框后,选择 C1:G1 单元格区域,单击"确定"按钮,即可制作一个能选择年份的下拉菜单。设置完成后,单击 K1 单元格右侧的下拉按钮,就可以选择不同的年份了,如图 4-45 所示。其中,"＄C＄1：＄G＄1"为年份所在的数据区域。

（3）在 K2 单元格中输入公式"＝HLOOKUP(＄K＄1,＄C＄1：＄G＄8,2,0)"。HLOOKUP 函数用于根据指定条件在某个单元格区域内从首行往下查找对应行的值。K3 单元格中填入的公式为"＝HLOOKUP(＄K＄1,＄C＄1：＄G＄8,3,0)",以此类推,只需要改变行数即可,如图 4-46 所示。

(a) 设置年份下拉菜单，选择"数据验证"

(b) 设置年份下拉菜单

指标	
R&D人员全时当量（万人年）	1991年
科技成果登记数（项）	2000年
应用技术成果（项）	2010年
技术市场成交额（亿元）	2020年
成功发射卫星（次）	2021年
气象观测站点（个）	
专利申请授权量（项）	

(c) 设置年份下拉菜单

图 4-45 设置年份下拉菜单

HLOOKUP		fx	=HLOOKUP($K$1,$C$1:$G$8,2,0)									
	A	B	C	D	E	F	G	H	I	J	K	L	M
1	序号	指标	1991年	2000年	2010年	2020年	2021年			指标	1991年		
2	1	R&D人员全时当量（万人年）	67.1	92.2	255.4	523.5	562			R&D人员全时当量（万人年）	=HLOOKUP($K$1,$C$1:$G$8,2,0)		
3	2	科技成果登记数（项）	32653	32858	42108	76521	78655			科技成果登记数（项）	HLOOKUP(lookup_value, table_array, ro		
4	3	应用技术成果（项）	28258	28843	37029	67108	68199			应用技术成果（项）	28258		
5	4	技术市场成交额（亿元）	95	651	3907	28252	37294			技术市场成交额（亿元）	95		
6	5	成功发射卫星（次）		6	15	35	52			成功发射卫星（次）			
7	6	气象观测站点（个）	3903	5117	37992	69501	69661			气象观测站点（个）	3903		
8	7	专利申请授权量（项）	24516	105345	814825	3639268	4601000			专利申请授权量（项）	24516		

图 4-46 利用 HLOOKUP 函数查找出对应的值

（4）选中 J1:K8 区域中的任意一个单元格，选择"插入"→"插入柱形图或条形图"→"簇状柱形图"选项，插入簇状柱形图，如图 4-47 所示。

（5）在 K1 单元格中重新选择年份时，对应的簇状柱形图随之发生改变，如图 4-48 所示。

4.1.3 使用迷你图分析数据

迷你图是在 Excel 工作表中可以直接嵌入到单元格中的微型图表。迷你图具有图表的外观，但是没有坐标轴、图例、标题等图表元素。迷你图可以用来反映数据的变化趋势，突出

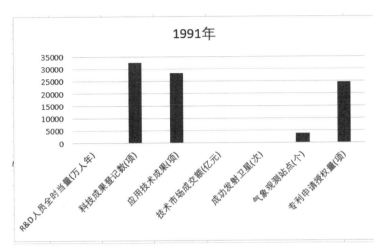

1991年
35000
30000
25000
20000
15000
10000
5000
0
R&D人员全时当量(万人年)
科技成果登记数(项)
应用技术成果(项)
技术市场成交额(亿元)
成功发射卫星(次)
气象观测站点(个)
专利申请授权量(项)

图 4-47　插入簇状柱形图

B C D E F G H I J K L
指标 1991年 2000年 2010年 2020年 2021年
R&D人员全时当量(万人年) 67.1 92.2 255.4 523.5 562
科技成果登记数(项) 32653 32858 42108 76521 78655
应用技术成果(项) 28258 28843 37029 67108 68199
技术市场成交额(亿元) 95 651 3907 28252 37294
成功发射卫星(次) 6 15 35 52
气象观测站点(个) 3903 5117 37992 69501 69661
专利申请授权量(项) 24616 105345 814825 3639268 4601000
指标 2000年
R&D人员全时当量(万人年)
科技成果登记数(项)
应用技术成果(项)
技术市场成交额(亿元)
成功发射卫星(次) 6
气象观测站点(个) 5117
专利申请授权量(项) 105345
1991年
2000年
2010年
2020年
2021年
2000年
120000
100000
80000
60000
40000
20000
0
R&D人员全时当量(万人年)
科技成果登记数(项)
应用技术成果(项)
技术市场成交额(亿元)
成功发射卫星(次)
气象观测站点(个)
专利申请授权量(项)

图 4-48　动态图表完成效果

显示高点、低点、负点、首点、尾点和标记等内容。由于迷你图不是一个独立的对象，不能移动。

1. 创建迷你图

Excel 2016 中有折线图、柱形图和盈亏三种迷你图类型。一般情况下，折线图可以用来展示趋势；柱形图可以用来展示大小比较或趋势；盈亏图比较特殊，在盈亏图中，所有的正数都显示为向上的柱形，负数则显示为向下的柱形，不管是什么数据，在盈亏图中只有两个值“盈”或“亏”。在“插入”选项卡的“迷你图”组中，通过选择迷你图类型进行迷你图的创建，如图 4-49 所示。

以实例 4-1“中国科技事业发展情况表”中的数据为基础，制作能够反映每个指标各个年份发展趋势的折线迷你图，分别存放在名为“趋势”的列中。

折线图
柱形图
盈亏
迷你图

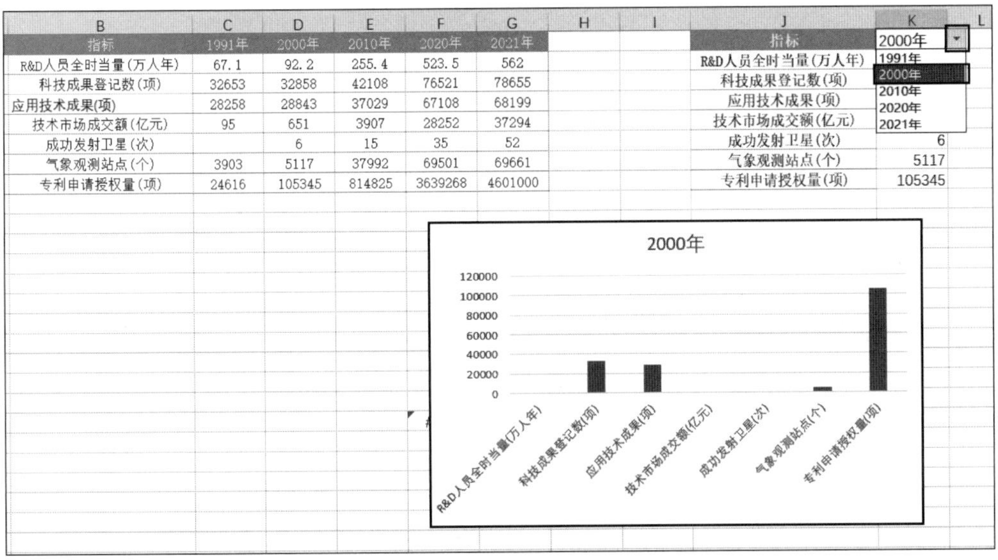

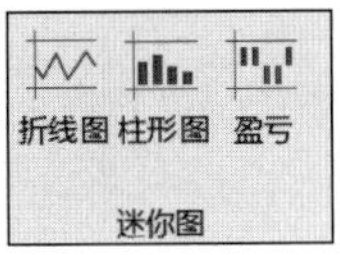

图 4-49　“迷你图”组

具体操作方法为：在工作表的 H1 单元格中输入标题"趋势"，选中 H2 单元格，选择"插入"→"折线图"，打开"创建迷你图"对话框，单击"数据范围"文本框右侧的选择数据源按钮，在工作表中选中 C2:G2 单元格区域，然后在"位置范围"文本框中输入"＄H＄2"，由于之前选择了 H2 单元格，则迷你图默认存放其中，随后单击"确定"按钮完成迷你图的创建。R&D 人员全时当量对应的折线迷你图创建完毕后，可以利用填充柄完成其余指标折线迷你图的创建，如图 4-50 所示。

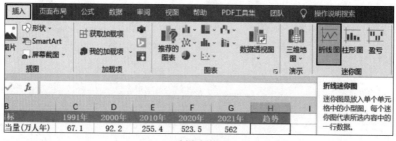

(a) 选择"折线图"

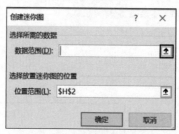

(b) 单击"选择数据源"按钮

(c) 选择数据范围

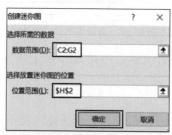

(d) 设置迷你图存放位置

(e) 迷你图创建效果

图 4-50　创建迷你图

2. 编辑迷你图

在 Excel 2016 工作表中,创建好迷你图后,当选中迷你图所在单元格时,功能区中会出现"迷你图工具/设计"选项卡。该选项卡提供了对迷你图进行编辑的各类操作。例如,修改迷你图类型,重新选择迷你图的数据区域,改变迷你图的存放位置,显示迷你图的高点、低点、负点、首点、尾点和标记,修改迷你图的样式等,如图 4-51 所示。

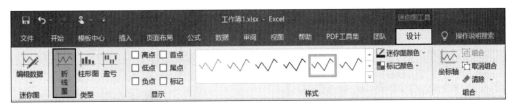

图 4-51 "迷你图工具/设计"选项卡

使用"迷你图工具/设计"选项卡中的编辑功能,针对上面已经创建好的折线迷你图进行修改,将其修改为柱形迷你图,显示高点和低点,最终编辑效果如图 4-52 所示。操作方法为:首先单击"迷你图工具/设计"选项卡下的"柱形图"按钮,将折线迷你图改为柱形迷你图,然后选中"显示"组的"高点""低点"复选框,突出展示柱形迷你图中的高点和低点。

序号	指标	1991年	2000年	2010年	2020年	2021年	趋势	
1	R&D人员全时当量(万人年)	67.1	92.2	255.4	523.5	562		
2	科技成果登记数(项)	32653	32858	42108	76521	78655		
3	应用技术成果(项)	28258	28843	37029	67108	68199		
4	技术市场成交额(亿元)	95	651	3907	28252	37294		
5	成功发射卫星(次)		6	15	35	52		
6	气象观测站点(个)	3903	5117	37992	69501	69661		
7	专利申请授权量(项)	24616	105345	814825	3639268	4601000		

图 4-52 编辑迷你图

3. 组合与清除迷你图

迷你图组就是多个迷你图的组合,同一列中的迷你图创建后,该列中的迷你图就形成一个迷你图组,编辑其中任意一个迷你图,效果将作用于该迷你图组下的所有迷你图。如上文中,将折线迷你图修改为柱形迷你图,并显示高点和低点的设置,实际上是对"趋势"列下所有的迷你图进行了编辑修改。如果只编辑其中一个迷你图,可以选中该迷你图所在的单元格后,通过单击"迷你图工具/设计"选项卡下"组合"组中的"取消组合"按钮,取消其与其他迷你图的组合关系,即可进行独立编辑设置,如图 4-53 所示。

图 4-53 取消迷你图组合

数据可视化

同理,也可以利用"迷你图工具/设计"选项卡下"组合"组中的"组合"功能,将选中的迷你图组合在一起。此外,在"迷你图工具/设计"选项卡下"组合"组中还为用户提供了"清除"功能,可以清除所选的迷你图。

4.2 数据透视表

当 Excel 工作表中的数据量较多时,用户难以从海量的数据中进行快速统计,而数据透视表则可以让用户通过简单地拖曳操作,从不同角度对数据进行分类汇总。

4.2.1 创建与编辑数据透视表

1. 创建数据透视表

在 Excel 2016 中创建数据透视表的方法有两种:利用"推荐的数据透视表"创建数据透视表和手动创建数据透视表。数据透视表功能在"插入"选项卡的"表格"组中,如图 4-54 所示。

图 4-54 "表格"组

实例 4-7 故宫博物院藏品目录数据可视化分析

中华文明是世界四大古老文明中唯一未曾中断过的文明,绵延不断的历史文化在故宫文物藏品中得到充分印证。下面针对故宫博物院网站中藏品目录(部分)数据,利用 Excel 2016 的数据透视表功能,从不同角度进行数据分析。具体数据如表 4-7 所示。

表 4-7 故宫博物院藏品目录(部分)表

文 物 号	文 物 名 称	年代	分类
新 00147428-5/12	宋人名流集藻册-宋人蕉荫击球图页	宋	绘画
故 00118327	画珐琅花果纹荷包式壶	清	珐琅器
新 00103853	明人春景货郎图轴	明	绘画
故 00002789	褚遂良摹兰亭帖卷	唐	书法
新 00195136	铜雀台瓦砚	汉	文具
故 00004817-1/12	文徵明山水册	明	绘画
新 000068983-3/13	朱查行书十三札册	清	书法
新 00007638	掐丝珐琅缠枝莲纹出戟花觚	明	珐琅器
故 00151915	雍正款粉青釉莲瓣口瓶	清	陶瓷
新 00156857	东鲁拓石砚	宋	文具
故 00084455	白玉镂雕螭虎佩	汉	玉石器
新 00046379	朱三松款竹雕山水人物图笔筒	明	雕刻工艺
新 00142789	黄褐釉彩绘虎形枕	宋	陶瓷
故 00017706	彩色串枝石竹花纹金宝地锦	清	织绣
新 00045405	宋拓王晓本兰亭	宋	碑帖
故 00049269	杏黄色菊蝶纹暗花实地纱画虎皮纹小单袍	清	织绣
故 00083540	玉花柄杯	唐	玉石器
故 00121370	至正年款黄杨木雕李铁拐	元	雕刻工艺
故 00077586	错金银卧虎镇	汉	铜器
故 00017691	蓝色地胡桃纹织金双层锦	明	织绣

文 物 号	文 物 名 称	年代	分类
新 00045350	明拓凤墅帖续刻第九卷李伯纪书	明	碑帖
新 00005538	莲鹤方壶	春秋	铜器
故 00076786	戈鼎	商	铜器
新 00121536	康熙款画珐琅缠枝莲纹葵瓣式盒	清	珐琅器
故 00077390	颂鼎	西周	铜器

1）利用"推荐的数据透视表"创建数据透视表

选中待分析的数据区域，不含标题行，选择"表格"→"推荐的数据透视表"，在弹出的"推荐的数据透视表"对话框中，Excel 将自动根据所选数据区域推荐合适的数据透视表，选中适合的表后单击"确实"按钮即可完成数据透视表的创建。根据实例 4-7 中的数据，Excel 推荐了按照年代对藏品目录进行分类计数统计和按照文物分类对藏品目录进行分类计数统计两种数据透视表，如图 4-55 所示。

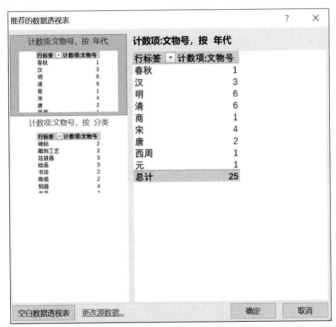

(a) "推荐的数据透视表"对话框

(b) 按照年代对藏品目录进行分类计数统计　(c) 按照文物分类对藏品目录进行分类计数统计

图 4-55　"推荐的数据透视表"功能

2) 手动创建数据透视表

选中数据区域内任意一个单元格,选择"插入"→"数据透视表"→"表格和区域",在弹出的"来自表格或区域的数据透视表"对话框中,使用"表/区域"文本框右侧的选择数据源按钮选择需要分析的数据区域,选择放置数据透视表的位置后单击"确定"按钮,即可创建一个空白数据透视表,如图 4-56 所示。

(a) 选择"表格和区域"选项

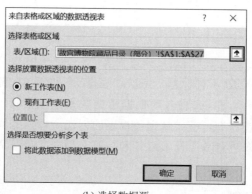

(b) 选择数据源

(c) 数据透视表初始界面

图 4-56　手动创建数据透视表

一般情况下,数据透视表创建成功后,Excel 会自动打开"数据透视表字段"任务窗格。单击选中字段列表中的字段,按住鼠标的同时拖动到"筛选""列""行""值"区域,即可完成数据透视表的创建。具体将字段拖动到哪个区域需要根据数据分析的角度来决定。例如,根据实例 4-7 中的数据,如果要统计不同年代不同文物分类对应的数量,那么可以将"年代"字段拖动到"行"文本框中、"分类"拖动到"列"文本框中,再根据"文物号"字段拖动到"值"文本框中进行计数统计,如图 4-57 所示。本例最终效果如图 4-58 所示。

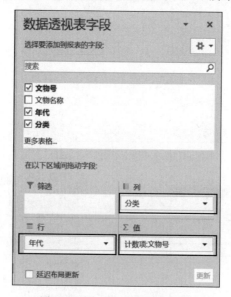

图 4-57　拖动字段到对应区域

当然,数据透视表可以针对更大量、更复杂的数据进行数据统计、比较、分析工作,满足用户从不同角度进行数据分析的需求。例如,在现实工作中面对一份成千上万行的销售数据表,

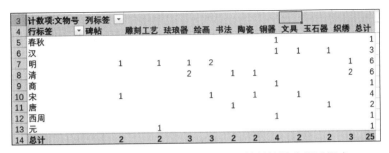

计数项:文物号	列标签										
行标签	碑帖	雕刻工艺	珐琅器	绘画	书法	陶瓷	铜器	文具	玉石器	织绣	总计
春秋							1				1
汉						1	1	1			3
明		1	1	1	2					1	6
清				2	1	1			2		6
商							1				1
宋	1	1						1		1	4
唐	1									1	2
西周							1				1
元			1								1
总计	2	2	2	3	3	2	4	2	2	3	25

图 4-58　不同年代不同文物分类对应的数量统计数据透视表

要快速分析出各个业务员的销售业绩,就可以使用数据透视表来进行统计以提高工作效率。

2. 编辑美化数据透视表

数据透视表创建完成后,可以对其进行编辑美化,让数据透视表更加具有吸引力。数据透视表和普通单元格的格式设置方法一样,既能进行手动设置,也能直接套用格式。例如,通过"数据透视表工具/设计"选项卡对数据透视表进行格式设置,如图 4-59 所示。

图 4-59　"数据透视表工具/设计"选项卡

针对之前创建的不同年代不同文物分类对应的数量统计数据透视表,对其进行编辑美化。具体操作方法如下。

(1)单击数据透视表的任意一个单元格,在"数据透视表工具/设计"选项卡下的数据透视表样式库中,选择一个样式并应用,如图 4-60 所示。

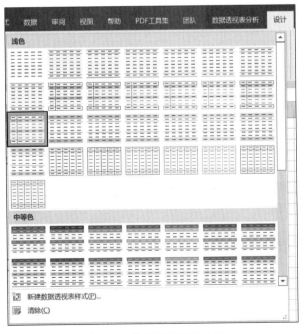

图 4-60　数据透视表样式库

数据可视化

（2）在"布局"组中选择"报表布局"下拉列表中的"以表格形式显示"选项，如图 4-61 所示，从而调整报表布局。编辑美化完成后的效果如图 4-62 所示。

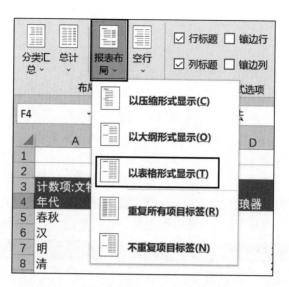

图 4-61　数据透视表"布局"面板

计数项:文物号	分类 ▼										
年代 ▼	碑帖	雕刻工艺	珐琅器	绘画	书法	陶瓷	铜器	文具	玉石器	织绣	总计
春秋							1				1
汉							1	1	1		3
明	1	1	1	2						1	6
清			2		1	1				2	6
商							1				1
宋	1			1		1		1			4
唐					1				1		2
西周							1				1
元		1									1
总计	2	2	3	3	2	2	4	2	2	3	25

图 4-62　编辑美化完成效果

4.2.2　使用数据透视表分析数据

数据透视表常用的用法是对数据进行排序和筛选两种类型的操作，可以帮助用户轻松应对海量数据的分析工作。

实例4-8　学生基本情况数据可视化分析

表 4-8 展示了某高校毕业生相关数据，利用排序和筛选对毕业生数据进行统计分析，以可视化的数据透视表展示分析结果。

表 4-8 某高校毕业生情况表

学 号	姓名	性别	民族	政治面貌	学士专业名称	入学年月	证书类型	毕业年月	获学位日期
118654125376471	蒋泽泽	男	汉族	中国共产主义青年团团员	市场营销	20170901	管理学学士学位	202106	20210610
118654131823529	奚小慧	女	白族	群众	环境设计	20170901	艺术学学士学位	202106	20210610
118654145205882	雷春天	女	汉族	中国共产主义青年团团员	英语	20170901	文学学士学位	202106	20210610
118654131617647	郑长利	女	汉族	中国共产主义青年团团员	环境设计	20170901	艺术学学士学位	202106	20210610
118654142512345	胡林儿	女	土家族	中国共产主义青年团团员	英语	20170901	文学学士学位	202106	20210610
118654142435294	金听昕	女	汉族	中国共产主义青年团团员	会计学	20170901	管理学学士学位	202106	20210610
118654131488235	陈一诺	女	汉族	中国共产主义青年团团员	服装与服饰设计	20170901	艺术学学士学位	202106	20210610
118654131482353	吴官惠	女	汉族	中国共产主义青年团团员	环境设计	20170901	艺术学学士学位	202106	20210610
118654131494118	楼梦涵	女	汉族	中国共产党党员	视觉传达设计	20170901	艺术学学士学位	202106	20210610
118654125247059	陈银银	女	汉族	中国共产主义青年团团员	金融学	20170901	经济学学士学位	202106	20210610
118654125294118	敖明明	女	藏族	中国共产主义青年团团员	护理学	20170901	理学学士学位	202106	20210610
118654125388235	徐卫东	男	汉族	中国共产主义青年团团员	计算机科学与技术	20170901	理学学士学位	202106	20210610
118654125411765	戴世恒	女	回族	中国共产主义青年团团员	会计学	20170901	管理学学士学位	202106	20210610
118654125217647	鲁晓骋	男	汉族	中国共产主义青年团团员	工商管理	20170901	管理学学士学位	202106	20210610
118654131405882	林安然	男	汉族	中国共产党党员	环境设计	20170901	艺术学学士学位	202106	20210610
118654142317647	黄睿隆	男	汉族	中国共产主义青年团团员	英语	20170901	文学学士学位	202106	20210610
118654142405882	李玮一	女	汉族	群众	会计学	20170901	管理学学士学位	202106	20210610
118654125194118	王渝宜	女	纳西族	中国共产主义青年团团员	酒店管理	20170901	管理学学士学位	202106	20210610
118654131511765	王逸儿	女	汉族	中国共产主义青年团团员	视觉传达设计	20170901	艺术学学士学位	202106	20210610
118654131517647	裘冬颖	女	汉族	中国共产主义青年团团员	环境设计	20170901	艺术学学士学位	202106	20210610
118654125254321	廖贵宇	男	汉族	中国共产主义青年团团员	电子信息工程	20170901	工学学士学位	202106	20210610

1. 利用数据透视表进行数据排序分析

根据实例 4-8 中的数据，为了方便对各个专业的毕业生情况进行分析整理，按照专业名称对反映各个专业毕业人数的数据透视表进行升序排序，具体操作方法如下。

(1) 选中表 4-8 中的所有数据区域(不含标题行)后，选择"表格"→"推荐的数据透视表"，在弹出的"推荐的数据透视表"对话框中选择按照学士专业名称对学生进行分类计数统计的数据透视表，如图 4-63 所示。

图 4-63　排序前的数据透视表

(2) 打开创建好的数据透视表，选择"学士专业名称"字段下任意一个单元格后右击，在弹出的快捷菜单中选择"排序"→"升序"按钮，即可完成排序，如图 4-64 所示。

(a) "排序"快捷菜单　　　　　　　　(b) 排序后数据透视表

图 4-64　对数据透视表进行升序排序

注意：数据透视表中排序方法有升序和降序两种，根据实际需要选择其一即可。

2. 利用数据透视表进行数据筛选

数据透视表下的数据筛选是针对统计结果进行筛选，下面从简单筛选、值筛选和标签筛选三个方面对利用数据透视表进行数据筛选的方法进行介绍。

1) 简单筛选

利用数据透视表进行数据筛选可以让用户快速地在海量数据中找到自己想要的数据，从而提高工作效率。

例如，在上述反映各个专业毕业生人数的数据透视表中，可以快速筛选出英语专业的毕业生人数。具体操作方法如下。

(1) 按照前面的操作方法创建数据透视表，如图 4-65 所示。

(2) 单击"行标签"右侧的下拉按钮，打开筛选列表，如图 4-66 所示。

图 4-65　筛选前的数据透视表

图 4-66　筛选列表

(3) 取消勾选"全选"后再勾选"英语"前面的复选框，单击"确定"按钮即可在数据透视表中筛选出英语专业毕业生的人数，如图 4-67 所示。

(a) 勾选"英语"专业

(b) 查看"英语"专业毕业生人数

图 4-67　在数据透视表中筛选"英语"专业毕业生人数

2）值筛选

根据上述反映各个专业毕业人数的数据透视表，筛选出毕业生人数大于 10 人的专业及对应的人数。具体操作方法如下。单击数据透视表"行标签"右侧的下拉按钮，选择"值筛选"→"大于"选项，在弹出的"值筛选（学士专业名称）"对话框中，依次设置"计数项：学号""大于""10"，如图 4-68 所示，单击"确定"按钮即可筛选出毕业生人数大于 10 人的专业及专业对应人数信息，筛选结果如图 4-69 所示。

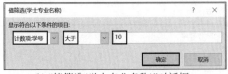

(a) 选择值筛选要求　　　　　　　(b) "值筛选（学士专业名称）"对话框

图 4-68　设置值筛选要求

3）标签筛选

在数据透视表中，还可以进行标签筛选。根据上述反映各个专业毕业人数的数据透视表，筛选出专业名称包含"电子"字样的专业及对应的人数。

3	行标签	计数项:学号
4	环境设计	21
5	视觉传达设计	12
6	总计	33

图 4-69　值筛选结果

具体操作方法如下。单击数据透视表"行标签"右侧的下拉按钮，选择"标签筛选"→"包含"选项，弹出"标签筛选（学士专业名称）"对话框，在该对话框中的"显示的项目的标签"下拉菜单中选择"包含"，在其后的文本框中输入"电子"，如图 4-70 所示。最终筛选出专业名称包含"电子"字样的专业及对应的人数，如图 4-71 所示。

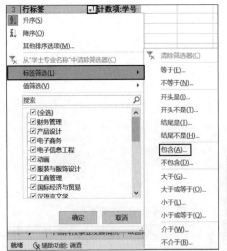
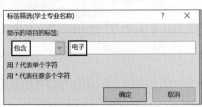

(a) 选择标签筛选　　　　　　　(b) "标签筛选（学士专业名称）"对话框

图 4-70　标签筛选

如果要清除数据透视表中的筛选信息,可以再次单击"行标签"右侧的下拉按钮,在下拉列表中单击"从"学士专业名称"中清除筛选器",如图 4-72 所示。

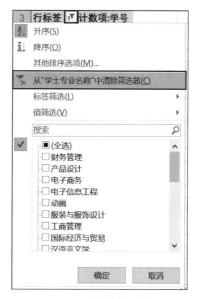

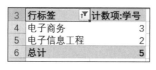

图 4-71　标签筛选结果　　　　　　图 4-72　清除筛选器

4.3　数据透视图

数据透视图是以图形形式创建的用于提供交互式数据分析的图表,在 Excel 中创建数据透视图时,可以使用多种"源数据"。Excel 数据区域、外部数据库、多维数据集都可以用来作为数据透视图的数据来源。

1. 创建数据透视图

根据数据透视表,可以快速创建数据透视图。作为数据源的数据透视表称为"关联数据透视表"。例如,上文中根据实例 4-8 中的数据创建了展示各个专业毕业生人数的数据透视表,如图 4-63 所示。现在根据该数据透视表创建数据透视图,以更加直观的方式展示统计分析结果。

具体操作方法如下:单击数据透视表的任意区域,在"数据透视表分析"选项卡下"工具"组中单击"数据透视图"按钮,如图 4-73 所示。在弹出的"插入图表"对话框中,选择合适的图表类型,单击"确定"按钮完成数据透视图的创建,如图 4-74 所示。本例中选择的图表类型为饼图,最终呈现效果如图 4-75 所示。

图 4-73　"工具"组

在创建好的数据透视图中,可以通过数据透视图的筛选功能,进行图表交互。在本例中

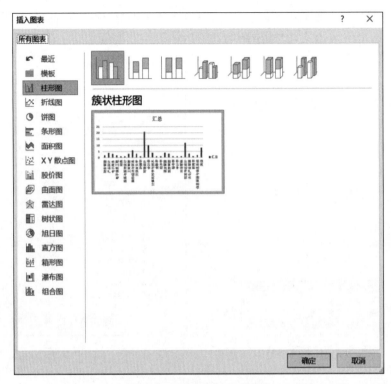

图 4-74 "插入图表"对话框

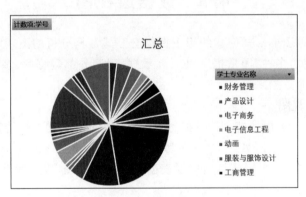

图 4-75 数据透视图

只需要单击字段名称"学士专业名称",在弹出的快捷菜单中可以进行筛选,只显示"市场营销""经济学""财务管理""市场营销"几个专业的毕业人数情况,如图 4-76 所示。

数据透视图的布局是由数据透视表决定的,可以根据需要重新设置数据透视图的布局,修改数据透视图字段。例如在本例中,重新设置数据透视图字段,将"民族"作为"轴(类别)"字段、"学号"作为"值"字段进行计数统计,可以统计出毕业生中的民族分布情况。具体操作方法如下。选中数据透视图,在"数据透视图分析"选项卡下找到"显示/隐藏"组,如图 4-77 所示。单击"字段列表",在打开的"数据透视图字段"窗格中进制字段设置,如图 4-78 所示。本例最终效果如图 4-79 所示。

从图 4-79 中可以看到,当数据透视图字段改变后,作为为数据透视图提供"数据源"的数据透视表,其对应的显示字段也会随之改变。

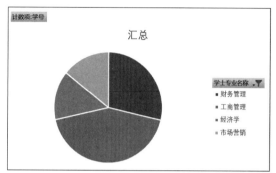

(a) 选择"筛选"项   (b) 筛选后的数据透视图

图 4-76　数据透视图筛选

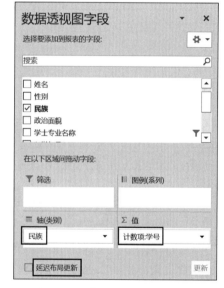

图 4-77　"显示/隐藏"组　　　　图 4-78　数据透视图字段设置

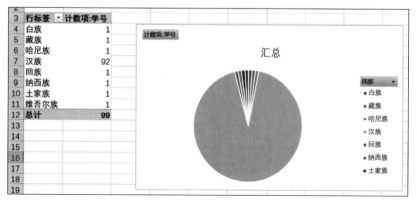

图 4-79　最终效果

2. 编辑美化数据透视图

数据透视图和普通图表一样可以进行编辑与美化。更改图表颜色、修改图表样式及重新进行图表布局等操作可以在"设计"选项卡的功能区中进行设置,如图 4-80 所示。针对图表中的图形的格式设置可以在"格式"选项卡下,如图 4-81 所示。

图 4-80 "设计"选项卡

图 4-81 "格式"选项卡

4.4 趋 势 线

在大数据时代,基于数据分析的预测具有重要意义。趋势线是数据趋势的图形表现形式,可以从现有数据中预测出未来的数据值,为决策提供支持。趋势线在数据量较大的情况下效果尤为突出,还可以通过在趋势线下添加公式的方式,更为直观地展示结论。

当趋势线的 R 平方值等于或近似 1 时,趋势线最可靠。使用趋势线拟合数据时,Excel 会自动计算 R 平方值。Excel 2016 中趋势线包括以下 6 种类型的类型。

(1) 指数趋势线。指数趋势线适用于以曲线拟合增加或下降的速率越来越快的数据值。

(2) 线性趋势线。线性趋势线适用于简单线性数据集的最佳拟合直线。线性趋势一般表示数据以恒定的增长降低速率或变化。

(3) 对数趋势线。对数趋势线适用于以最佳拟合曲线显示增长或降低幅度开始变化速度很快,然后达到平稳的数据集。

(4) 多项式趋势线。多项式趋势线适用于增长或降低波动较大的数据集。

(5) 乘幂趋势线。乘幂趋势线适用于以特定的速度增长或降低的数据集。

(6) 移动平均趋势线。移动平均趋势线用于平滑处理数据中的微小波动,从而更清晰地显示数据的变化趋势。移动平均趋势线在股票、基金、汇率等数据分析中较为常用。

根据实例 4-1 中技术市场成交额各年份的数据,预测出 2022 年技术市场成交额数值。具体操作方法如下。

(1) 为各年份的技术市场成交额创建簇状柱形图,如图 4-82 所示。

(2) 选中簇状柱形图,在"图表工具/设计"选项卡中,选择"添加图表元素"→"趋势线"→"其他趋势线选项",如图 4-83(a)所示。在打开的"设置趋势线格式"窗格中选择所需的趋势线类型。在本例中,多项式趋势线的 R 值为 0.9382,接近于 1,故选择趋势线类型为多项式,并勾选"显示公式"和"显示 R 平方值",如图 4-83(b)所示。

(3) 趋势线添加完毕后,就可以根据趋势线中的公式进行 2022 年技术市场成交额数值

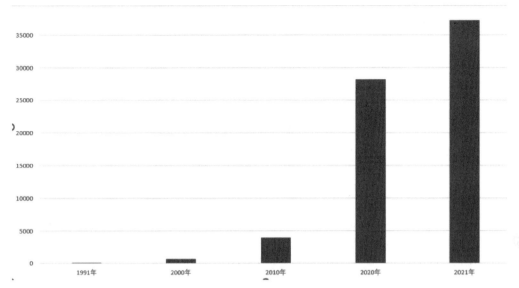

图 4-82　创建簇状柱形图

(a) 选择趋势线

(b) 趋势线设置

图 4-83　添加趋势线

预测了。在本例中,公式为 $2718.6x^2-6112x+2470.6$,在 2011 年技术市场成交额对应的单元格中输入"$=2718.6*6^2-6112*6+2470.6$",即可预测出 2022 年技术市场成交额,如图 4-84 所示。

　　以上是用 1991 年、2000 年、2010 年、2020 年、2021 年 5 个年度的技术市场成交额对 2022 年的技术市场成交额进行预测的,数据量较小、准确度较低。使用更大量的数据集对未来数据进行预测,预测结果会更加精准。

185

序号	指标	1991年	2000年	2010年	2020年	2021年	2022年
1	R&D人员全时当量(万人年)	67.1	92.2	255.4	523.5	562	
2	科技成果登记数(项)	32653	32858	42108	76521	78655	
3	应用技术成果(项)	28258	28843	37029	67108	68199	
4	技术市场成交额(亿元)	95	651	3907	28252	37294	63668.2
5	成功发射卫星(次)		6	15	35	52	
6	气象观测站点(个)	3903	5117	37992	69501	69661	
7	专利申请授权量(项)	24616	105345	814825	3639268	4601000	

图 4-84　得出预测结果

4.5　数据可视化综合案例

普通本科分学科在校学生数统计数据如表 4-9 所示,根据此表中的数据完成以下操作,实现数据可视化。

操作 1:使用雷达图绘制出反映 2012—2015 年不同学科在校生人数学生分布变化情况。

操作 2:制作一个动态图表,通过改变指标内容实现 2012—2015 年各个学科在校生人数的变化。图表请使用簇状条形图。

操作 3:根据给出的数据,新建数据透视表,行标签为指标,数值为各个专业在校生人数求和。将新建的数据透视表放在一个名为"透视图表"的工作表中。

操作 4:根据新建的数据透视表制作数据透视图,图表类型为堆积面积图。

表 4-9　普通本科分学科在校学生数表

指　标	2015 年	2014 年	2013 年	2012 年
师范普通本科在校学生数(万人)	147.6598	149.1135	143.6507	144.3936
哲学普通本科在校学生数(万人)	0.9357	0.9249	0.9205	0.884
经济学普通本科在校学生数(万人)	92.3866	90.8196	88.289	83.8204
法学普通本科在校学生数(万人)	55.1095	54.3271	53.5423	51.6789
教育学普通本科在校学生数(万人)	56.9142	54.4314	51.7344	51.759
文学普通本科在校学生数(万人)	147.401	147.6075	147.9974	266.89
外语普通本科在校学生数(万人)	79.0795	80.1342	81.3777	81.0846
艺术普通本科在校学生数(万人)	148.9311	142.4925	134.4716	121.5535
历史学普通本科在校学生数(万人)	7.3419	7.2078	7.0836	7.0769
理学普通本科在校学生数(万人)	107.7234	107.3014	107.6027	131.4644
工学普通本科在校学生数(万人)	524.7875	511.9977	495.3334	452.2917
农学普通本科在校学生数(万人)	27.5293	26.9252	25.9837	24.4261
医学普通本科在校学生数(万人)	115.2058	111.1699	106.4363	100.641
管理学普通本科在校学生数(万人)	292.4188	285.8602	275.0404	256.1564

实现操作 1 的具体方法如下。

(1) 选中表格中 A1:E15 单元格区域,在"插入"选项卡中单击"查看所有图表"按钮,打开"插入图表"对话框。在该对话框中切换到"所有图表"选项卡,选择"雷达图"后单击"确定"按钮。结果如图 4-85 所示。

(2) 选中图表,在"图表工具/设计"选项卡中,单击"切换行/列"按钮,完成操作 1。结果

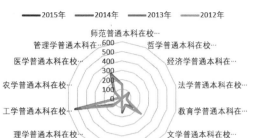

图 4-85　生成"雷达图"

如图 4-86 所示。

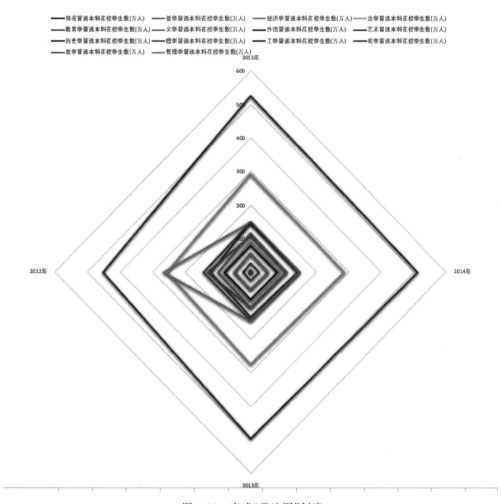

图 4-86　完成"雷达图"创建

从雷达图中可以发现,2012 年文学类普通本科学生人数明显比其他年份的人数多,其他学科的学生人数在各年份中基本处于均衡状态。

实现操作 2 的具体方法如下。

（1）复制"指标"列单元格到 G 列单元格，如图 4-87 所示。

	A	B	C	D	E	F	G	H
1	指标	2015年	2014年	2013年	2012年		指标	
2	师范普通本科在校学生数(万人)	147.6598	149.1135	143.6507	144.3936		师范普通本科在校学生数(万人)	
3	哲学普通本科在校学生数(万人)	0.9357	0.9249	0.9205	0.884		哲学普通本科在校学生数(万人)	
4	经济学普通本科在校学生数(万人)	92.3866	90.8196	88.289	83.8204		经济学普通本科在校学生数(万人)	
5	法学普通本科在校学生数(万人)	55.1095	54.3271	53.5423	51.6789		法学普通本科在校学生数(万人)	
6	教育学普通本科在校学生数(万人)	56.9142	54.4314	51.7344	51.759		教育学普通本科在校学生数(万人)	
7	文学普通本科在校学生数(万人)	147.401	147.6075	147.9974	266.89		文学普通本科在校学生数(万人)	
8	外语普通本科在校学生数(万人)	79.0795	80.1342	81.3777	81.0846		外语普通本科在校学生数(万人)	
9	艺术普通本科在校学生数(万人)	148.9311	142.4925	134.4716	121.5535		艺术普通本科在校学生数(万人)	
10	历史学普通本科在校学生数(万人)	7.3419	7.2078	7.0836	7.0769		历史学普通本科在校学生数(万人)	
11	理学普通本科在校学生数(万人)	107.7234	107.3015	107.6027	131.4644		理学普通本科在校学生数(万人)	
12	工学普通本科在校学生数(万人)	524.7875	511.9977	495.3334	452.2917		工学普通本科在校学生数(万人)	
13	农学普通本科在校学生数(万人)	27.5293	26.9252	25.9837	24.4261		农学普通本科在校学生数(万人)	
14	医学普通本科在校学生数(万人)	115.2058	111.1699	106.4363	100.641		医学普通本科在校学生数(万人)	
15	管理学普通本科在校学生数(万人)	292.4188	285.8602	275.0404	256.1564		管理学普通本科在校学生数(万人)	

图 4-87 复制"指标"列到 G 列

（2）单击 H1 单元格，选择"数据"→"数据验证"→"数据验证"选项，弹出"数据验证"对话框，切换到"设置"选项卡，在"允许"下拉列表中选择"序列"，单击"来源"文本框后，选择 B1:E1 单元格区域，单击"确定"按钮，即可制作一个能选择年份的下拉列表，设置完成后，单击 H1 单元格右侧的下拉按钮，就可以选择不同的年份了，如图 4-88 所示。其中，"＄B＄1:＄E＄10＝＄"为年份所在数据区域。

(a) 选择"数据验证"

(b) 设置年份下拉列表的选项

(c) 查看年份下拉列表

图 4-88 设置下拉列表

（3）在 H2 单元格中输入公式"＝HLOOKUP(＄H＄1,＄B＄1:＄E＄15,2,0)"。HLOOKUP 函数用于根据指定条件在某个单元格区域内从首行往下查找对应行的值。K3

单元格中填入的公式为"＝HLOOKUP（＄H＄1，＄B＄1：＄E＄15，3，0）"，以此类推，只需要改变行数即可，如图 4-89 所示。

	A	B	C	D	E	F	G	H
1	指标	2015年	2014年	2013年	2012年		指标	2015年 ▼
2	师范普通本科在校学生数(万人)	147.6598	149.1135	143.6507	144.3936		师范普通本科在校学生数(万人)	2015年
3	哲学普通本科在校学生数(万人)	0.9357	0.9249	0.9205	0.884		哲学普通本科在校学生数(万人)	2014年
4	经济学普通本科在校学生数(万人)	92.3866	90.8196	88.289	83.8204		经济学普通本科在校学生数(万人)	2013年
5	法学普通本科在校学生数(万人)	55.1095	54.3271	53.5423	51.6789		法学普通本科在校学生数(万人)	2012年 55.1095
6	教育学普通本科在校学生数(万人)	56.9142	54.4314	51.7344	51.759		教育学普通本科在校学生数(万人)	56.9142
7	文学普通本科在校学生数(万人)	147.401	147.6075	147.9974	266.89		文学普通本科在校学生数(万人)	147.401
8	外语普通本科在校学生数(万人)	79.0795	80.1342	81.3777	81.0846		外语普通本科在校学生数(万人)	79.0795
9	艺术普通本科在校学生数(万人)	148.9311	142.4925	134.4716	121.5535		艺术普通本科在校学生数(万人)	148.931
10	历史学普通本科在校学生数(万人)	7.3419	7.2078	7.0836	7.0769		历史学普通本科在校学生数(万人)	7.3419
11	理学普通本科在校学生数(万人)	107.7234	107.3015	107.6027	131.4644		理学普通本科在校学生数(万人)	107.723
12	工学普通本科在校学生数(万人)	524.7875	511.9977	495.3334	452.2917		工学普通本科在校学生数(万人)	524.788
13	农学普通本科在校学生数(万人)	27.5293	26.9252	25.9837	24.4261		农学普通本科在校学生数(万人)	27.5293
14	医学普通本科在校学生数(万人)	115.2058	111.1699	106.4363	100.641		医学普通本科在校学生数(万人)	115.206
15	管理学普通本科在校学生数(万人)	292.4188	285.8602	275.0404	256.1564		管理学普通本科在校学生数(万人)	292.419

图 4-89　利用 HLOOKUP 函数查找出对应的值

（4）选中 G1：H15 区域中的任意一个单元格，选择"插入"→"插入柱形图或条形图"→"拆线图"选项，插入簇状条形图，如图 4-90 所示。

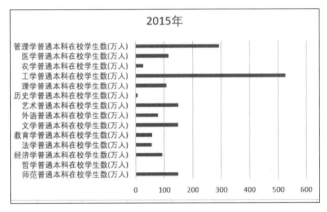

图 4-90　插入簇状条形图

（5）在 H1 单元格中重新选择年份时，对应的簇状条形图随之发生改变，如图 4-91 所示。

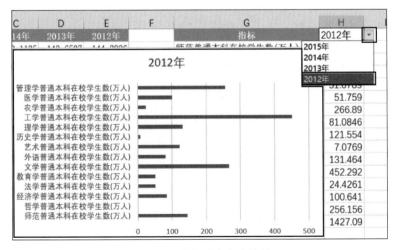

图 4-91　动态图表完成效果

实现操作 3 的具体方法如下。

（1）选中 A1:E15 单元格区域，选择"插入"→"数据透视表"→"表格和区域"选项，如图 4-92 所示，使用现有表格区域中的数据集创建数据透视表。

（2）在弹出的"来自表格或区域的数据透视表"对话框中，选择放置数据透视表的位置为"新工作表"，如图 4-93 所示。

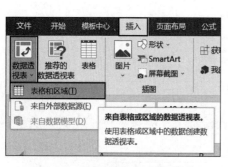

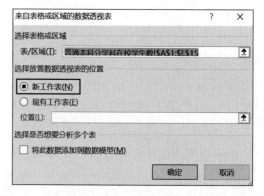

图 4-92　选择"表格和区域"选项　　　　图 4-93　"来自表格或区域的数据透视表"对话框设置

（3）将"指标"字段拖到"行"文本框中，将"2012 年""2013 年""2014 年""2015 年"拖到"值"文本框中，如图 4-94 所示。

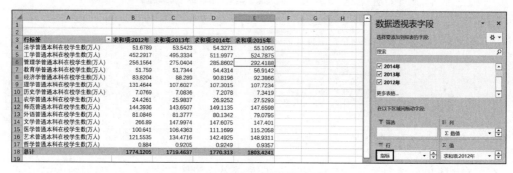

图 4-94　数据透视表创建效果

（4）将数据透视表所在的工作表重命名为"透视图表"。

实现操作 4 的具体方法如下。

（1）选中数据透视表中任意一个单元格，在"数据透视表分析"单击"工具"组中"数据透视图"按钮，如图 4-95 所示。

图 4-95　单击"数据透视图"按钮

（2）在弹出的"插入图表"对话框中选择"面积图"，单击"确定"按钮完成图表创建，如图 4-96 所示。

（3）数据透视图创建完成，效果如图 4-97 所示。

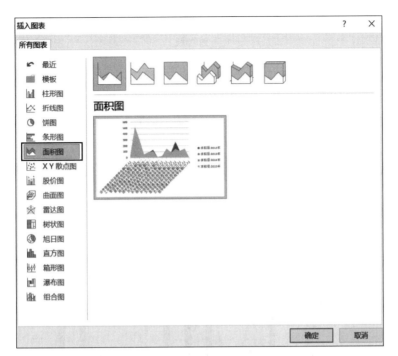

图 4-96 图表类型选择"面积图"

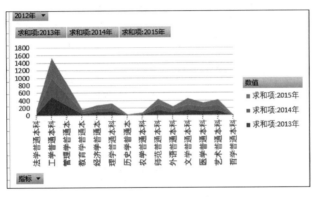

图 4-97 数据透视图创建效果

4.6 习　　题

1. 根据表 4-10 中的数据集,利用 Excel 的图表功能,统计分析某公司各个区域销售额同比增长情况,实现数据可视化展示,效果如图 4-98 所示。

表 4-10 某公司各个区域销售情况表

区　　域	8 月销售额	同比增加率
江苏省	1325588	45%
江西省	1129801	52%
青海省	678921	−3%
山东省	2094562	13%

数据可视化

192

续表

区　　域	8 月销售额	同比增加率
陕西省	1289655	61％
山西省	889655	−2％
湖南省	2219623	88％
浙江省	2102875	34％
湖北省	1889600	10％
云南省	765429	−12％
四川省	1158123	6％
重庆市	981222	−1％
上海市	2688901	20％
北京市	2759120	18％

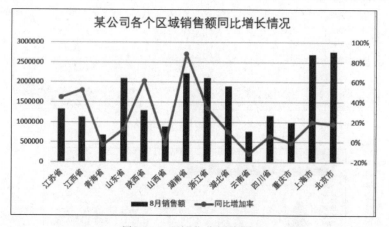

图 4-98　可视化分析效果图

2. 根据表 4-11 男女网购情况表，利用 Excel 的图表功能进行数据分析，实现数据可视化展示，效果如图 4-99 所示。

表 4-11　男女网购情况表

购 物 类 型	男	女
服装	21.10％	28.60％
日用品	11.50％	17.60％
电子商品	5.50％	1.20％
文体用品	9.10％	2.10％
药品	1.20％	0.50％
食品	8.10％	10.10％
化妆品	5.30％	12.10％
家装用品	16.90％	3.50％
电器	11.30％	5.10％
母婴用品	2.10％	11.20％
鞋靴	7.50％	7.30％
生鲜	0.10％	0.50％
其他	0.30％	0.20％

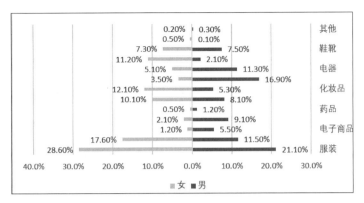

图 4-99　可视化分析效果图

3. 根据表 4-12 农产品销售情况表,利用 Excel 制作动态图表,效果如图 4-100 所示。

表 4-12　农产品销售情况表

农产品	1 月	2 月	3 月	4 月	5 月	6 月	7 月	8 月	9 月	10 月	11 月	12 月
大豆	7908	8897	5061	6717	6037	5914	4506	4890	5556	5350	7513	329
大米	5429	217	715	2536	9329	583	3168	839	1953	1539	6632	6867
玉米	792	7308	6011	3171	5643	7062	3030	5135	7150	1197	1926	8329
小麦	9435	6889	6963	2747	5324	843	6247	5667	4305	9195	6065	3988
高粱	2000	1334	2492	1212	816	4908	175	1057	6026	9362	4599	8603

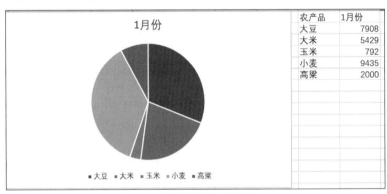

(a) 动态图表展示1月数据

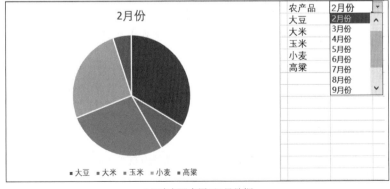

(b) 动态图表展示2月数据

图 4-100　动态图表效果

4. 根据表 4-13 销售订单明细中的数据创建一个数据透视表,要求新创建的数据透视表放置在一个名为"数据分析"的新工作表中,数据透视表针对各书店比较各类书每天的销售额。其中,书店名称为列标签,日期和图书名称为行标签,并对销售额求和。

表 4-13 销售订单明细表

订单编号	日　　期	书店名称	图书编号	图书名称	单价	销量(本)	小计
BTW-08001	2011 年 1 月 2 日	鼎盛书店	BK-83021	《计算机基础及 MS Office 应用》	36.00	12	432.00
BTW-08002	2011 年 1 月 4 日	博达书店	BK-83033	《嵌入式系统开发技术》	44.00	5	220.00
BTW-08003	2011 年 1 月 4 日	博达书店	BK-83034	《操作系统原理》	39.00	41	1599.00
BTW-08004	2011 年 1 月 5 日	博达书店	BK-83027	《MySQL 数据库程序设计》	40.00	21	840.00
BTW-08005	2011 年 1 月 6 日	鼎盛书店	BK-83028	《MS Office 高级应用》	39.00	32	1248.00
BTW-08006	2011 年 1 月 9 日	鼎盛书店	BK-83029	《网络技术》	43.00	3	129.00
BTW-08007	2011 年 1 月 9 日	博达书店	BK-83030	《数据库技术》	41.00	1	41.00
BTW-08008	2011 年 1 月 10 日	隆化书店	BK-83031	《软件测试技术》	36.00	3	108.00
BTW-08009	2011 年 1 月 10 日	鼎盛书店	BK-83035	《计算机组成与接口》	40.00	43	1720.00
BTW-08010	2011 年 1 月 11 日	隆化书店	BK-83022	《计算机基础及 Photoshop 应用》	34.00	22	748.00
BTW-08011	2011 年 1 月 11 日	鼎盛书店	BK-83023	《C 语言程序设计》	42.00	31	1302.00
BTW-08012	2011 年 1 月 12 日	隆化书店	BK-83032	《信息安全技术》	39.00	19	741.00
BTW-08013	2011 年 1 月 12 日	鼎盛书店	BK-83036	《数据库原理》	37.00	43	1591.00
BTW-08014	2011 年 1 月 13 日	隆化书店	BK-83024	《VB 语言程序设计》	38.00	39	1482.00
BTW-08015	2011 年 1 月 15 日	鼎盛书店	BK-83025	《Java 语言程序设计》	39.00	30	1170.00
BTW-08016	2011 年 1 月 16 日	鼎盛书店	BK-83026	《Access 数据库程序设计》	41.00	43	1763.00
BTW-08017	2011 年 1 月 16 日	鼎盛书店	BK-83027	《软件工程》	43.00	40	1720.00
BTW-08018	2011 年 1 月 17 日	鼎盛书店	BK-83021	《计算机基础及 MS Office 应用》	36.00	44	1584.00
BTW-08019	2011 年 1 月 18 日	博达书店	BK-83033	《嵌入式系统开发技术》	44.00	33	1452.00
BTW-08020	2011 年 1 月 19 日	鼎盛书店	BK-83034	《操作系统原理》	39.00	35	1365.00
BTW-08021	2011 年 1 月 22 日	博达书店	BK-83027	《MySQL 数据库程序设计》	40.00	22	880.00
BTW-08022	2011 年 1 月 23 日	博达书店	BK-83028	《MS Office 高级应用》	39.00	38	1482.00
BTW-08023	2011 年 1 月 24 日	隆化书店	BK-83029	《网络技术》	43.00	5	215.00
BTW-08024	2011 年 1 月 24 日	鼎盛书店	BK-83030	《数据库技术》	41.00	32	1312.00
BTW-08025	2011 年 1 月 25 日	鼎盛书店	BK-83031	《软件测试技术》	36.00	19	684.00

订单编号	日　　期	书店名称	图书编号	图书名称	单价	销量（本）	小计
BTW-08026	2011 年 1 月 26 日	隆化书店	BK-83035	《计算机组成与接口》	40.00	38	1520.00
BTW-08027	2011 年 1 月 26 日	鼎盛书店	BK-83022	《计算机基础及 Photoshop 应用》	34.00	29	986.00
BTW-08028	2011 年 1 月 29 日	鼎盛书店	BK-83023	《C 语言程序设计》	42.00	45	1890.00
BTW-08029	2011 年 1 月 30 日	鼎盛书店	BK-83032	《信息安全技术》	39.00	4	156.00
BTW-08030	2011 年 1 月 31 日	鼎盛书店	BK-83036	《数据库原理 》	37.00	7	259.00
BTW-08031	2011 年 1 月 31 日	隆化书店	BK-83034	《VR 语言程序设计》	38.00	34	1282.00

5. 根据上题生成的数据透视表,在数据透视表下方创建一个簇状柱形图,图表中仅对博达书店 1 月份的销售额小计进行比较。

第5章　数据分析高级应用

　　第5章
　案例导读

　　Excel 2016 提供了强大的数据分析工具,相比于其他数据分析工具,具有更好的易用性,也更易于学习。Excel 2016 可以作为数据分析的入门级基础工具,之后逐步向数据分析专业软件过渡。本章主要介绍的数据分析工具包括模拟运算表、方案管理器、单变量求解、规划求解,通过这些数据分析工具可以帮助用户模拟出可能的运算结果,解决复杂问题,求出解决问题的最佳方案。

实例 5-1　经济订货批量分析

　　经济订货批量可以用来确定企业一次订货(外购或自制)的数量,当企业按照经济订货批量来订货时,可实现订货成本和储存成本之和最小化,本实例中利用公式“经济订货批量 $= \sqrt{\dfrac{2 \times 年订货量 \times 单次订货成本}{单位年储存成本}}$”计算经济订货批量的值。若公式中年订货量和单次订货成本不变时,利用单变量模拟运算表分析单位年储存成本对经济订货批量的影响;若公式中只有年订货量不变时,利用双变量模拟运算表分析单次订货成本和单位年储存成本对经济订货批量的影响。当公式中三个变量同时变化时,利用方案管理器可以比较不同情况下的经济订货批量。

5.1　模拟运算表

　　模拟运算表实际上是一个单元格区域,它可以显示一个公式中某些参数值的变化对计算结果的影响。由于它可以将所有不同的计算结果以列表方式同时显示出来,因而便于查看、比较和分析。根据公式中变化的参数的个数,模拟运算表分为单变量模拟运算表和双变量模拟运算表。

5.1.1　单变量模拟运算表

　　单变量模拟运算表主要用来分析当其他参数不变时,一个参数的变化对结果的影响。实例 5-1 中当企业年订货量为 10000 个,单次订货成本为 300 元时,分析不同的单位年储存成本对经济订货批量的影响,操作步骤如下。

1. 创建数据模型

　　在工作表中创建如图 5-1 所示的数据模型。数据模型分为两部分,A1:B4 区域为数据区域,A7:B22 区域为模拟运算表区域,其中模拟运算表采用“列引用”结构,变量区域为

A8：A22，计算的目标值区域为 B8：B22。

2．确定公式位置并输入公式

利用模拟运算表进行分析计算时，模拟运算表区域要包含输入变量和目标值计算公式，所以在 B7 单元格中输入公式"＝SQRT(2 * B1 * B2/B3)"。

3．利用模拟运算表计算

选中模拟运算表区域 A7：B22，单击"数据"→"模拟分析"按钮，在下拉菜单中选择"模拟运算表"，弹出"模拟运算表"对话框。由于模拟运算表采用"列引用"结构，所以在"输入引用列的单元格"文本框中输入"＄B＄3"，如图 5-2 所示。设置完成后，单击"确定"按钮。计算过程中，A8：A22 区域的变量值会替代公式中 B3 单元格的值。

模拟运算表的结果如图 5-3 所示，当选中计算的目标值区域时，单元格编辑栏中显示的公式为"{＝TABLE (，B3)}"，表示引用列的单元格为 B3。此区域为数组，不能单独编辑其中任何一个单元格的值，若要修改或删除

图 5-1　实例 5-1"单变量"数据模型

某一单元格的值时，会弹出对话框提示"无法只更改模拟运算表的一部分"，单击"确定"后，按 Esc 键退出修改状态。当运算结果错误需要删除重新计算时，选中 B8：B22 区域后，按 Delete 键删除全部运算结果即可。

单位年储存成本	经济订货批量
	#DIV/0!
21	535
22	522
23	511
24	500
25	490
26	480
27	471
28	463
29	455
30	447
31	440
32	433
33	426
34	420
35	414

图 5-2　"模拟运算表"对话框

图 5-3　"列引用"运算结果

如果在创建数据模型时采用"行引用"结构，如图 5-4 所示，则 C7：Q7 区域为数据区域，B7：Q8 区域为模拟运算表区域。在 B8 单元格中输入公式"＝SQRTC2xB1 * B2/B3"，单击"数据"→"模拟分析"→"模拟运算表"命令，在"模拟运算表"对话框的"输入引用行的单元格"文本框中输入"＄B＄3"，运算结果如图 5-5 所示。

在默认情况下，工作表为自动计算模式。在此模式下，工作表中的任何变化都会使模拟运算表重新计算。如果模拟运算表的数据量比较大，自动计算会减慢运算速度，这时需要停

第 5 章

数据分析高级应用

	A	B	C	D	E	F	G	H	I	J	K	L	M	N	O	P	Q
7	单位年储存成本		21	22	23	24	25	26	27	28	29	30	31	32	33	34	35
8	经济订货批量																

图 5-4 "行引用"结构

	A	B	C	D	E	F	G	H	I	J	K	L	M	N	O	P	Q
7	单位年储存成本		21	22	23	24	25	26	27	28	29	30	31	32	33	34	35
8	经济订货批量	#DIV/0!	535	522	511	500	490	480	471	463	455	447	440	433	426	420	414

图 5-5 "行引用"运算结果

止模拟运算表自动计算模式。操作方法为：单击"公式"→"计算选项"按钮，在下拉菜单中选择"除模拟运算表外，自动重算"。此时，只有按 F9 键，模拟运算表才会重新计算。

5.1.2 双变量模拟运算表

双变量模拟运算表主要用来分析两个参数的变化对目标结果的影响，类似二元一次方程中变量 X、取不同的值时，整个方程的值也会跟着变化。

实例 5-1 中当企业年订货量为 10000 个，分析不同的单位年储存成本和单次订货成本对经济订货批量的影响。其分析步骤与单变量模拟运算表相似，只是公式中有两个变量，具体步骤如下。

1. 创建数据模型

在工作表中创建如图 5-6 所示的数据模型，数据模型中 A6：G21 区域为模拟运算表区域，B6：G6 和 A7：A21 分别为变量 A 和变量 B 区域，计算的目标值区域为 B7：G21。

	A	B	C	D	E	F	G
1	年需求量（单位：个）	10000	← 变量A				
2	单次订货成本（单位：元）		← 变量A				
3	单位年储存成本（单位：元）		← 变量B				
4	经济订货批量（单位：个）		← 目标值				
5							
6		400	450	500	550	600	650
7	21						
8	22						
9	23						
10	24						
11	25						
12	26						
13	27						
14	28						
15	29						
16	30						
17	31						
18	32						
19	33						
20	34						
21	35						

图 5-6 实例 5-1"双变量"数据模型

2. 确定公式位置并输入公式

在 A6 单元格中输入公式"＝SQRT(2 * B1 * B2/B3)"。

3. 利用模拟运算表计算

选择模拟运算表区域 A6：G21，单击"数据"→"模拟分析"按钮，在下拉菜单中选择"模拟运算表"，弹出"模拟运算表"对话框。在该对话框的"输入引用列的单元格"文本框中输入"＄B＄3"、"输入引用行的单元格"文本框中输入"＄B＄2"，如图 5-7 所示。设置完成后，单击"确定"按钮即可。

模拟运算表的结果如图 5-8 所示,B7:G21 区域为运算结果区域。

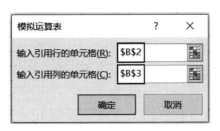

图 5-7 "模拟运算表"对话框

	A	B	C	D	E	F	G
6	#DIV/0!	400	450	500	550	600	650
7	21	617	655	690	724	756	787
8	22	603	640	674	707	739	769
9	23	590	626	659	692	722	752
10	24	577	612	645	677	707	736
11	25	566	600	632	663	693	721
12	26	555	588	620	650	679	707
13	27	544	577	609	638	667	694
14	28	535	567	598	627	655	681
15	29	525	557	587	616	643	670
16	30	516	548	577	606	632	658
17	31	508	539	568	596	622	648
18	32	500	530	559	586	612	637
19	33	492	522	550	577	603	628
20	34	485	514	542	569	594	618
21	35	478	507	535	561	586	609

图 5-8 运算结果

若要想只使用模拟运算结果的数据,可以用复制数值的方法,将数组结果转变为常量。操作方法为:选中 B7:G21 单元格区域后,按 Ctrl＋C 组合键复制数据,然后选中 I7 单元格后右击,在弹出的快捷菜单中选择"选择性粘贴"选项,在级联菜单的"粘贴数值"选项区中单击"值"按钮,粘贴结果如图 5-9 所示。

	A	B	C	D	E	F	G	H	I	J	K	L	M	N
1	年需求量(单位:个)	10000												
2	单次订货成本(单位:元)													
3	单位年储存成本(单位:元)													
4	经济订货批量(单位:个)													
5														
6	#DIV/0!	400	450	500	550	600	650							
7	21	617	655	690	724	756	787		617	655	690	724	756	787
8	22	603	640	674	707	739	769		603	640	674	707	739	769
9	23	590	626	659	692	722	752		590	626	659	692	722	752
10	24	577	612	645	677	707	736		577	612	645	677	707	736
11	25	566	600	632	663	693	721		566	600	632	663	693	721
12	26	555	588	620	650	679	707		555	588	620	650	679	707
13	27	544	577	609	638	667	694		544	577	609	638	667	694
14	28	535	567	598	627	655	681		535	567	598	627	655	681
15	29	525	557	587	616	643	670		525	557	587	616	643	670
16	30	516	548	577	606	632	658		516	548	577	606	632	658
17	31	508	539	568	596	622	648		508	539	568	596	622	648
18	32	500	530	559	586	612	637		500	530	559	586	612	637
19	33	492	522	550	577	603	628		492	522	550	577	603	628
20	34	485	514	542	569	594	618		485	514	542	569	594	618
21	35	478	507	535	561	586	609		478	507	535	561	586	609

变量A ← B1
变量B
目标值

图 5-9 数值复制

5.2 方案管理器

模拟运算表仅可以处理一个或两个变量,但可以处理这些变量众多不同的值。方案管理器可以处理多个变量,但最多只能容纳 32 个值。方案是 Excel 保存并可以在工作表单元格中自动替换的一组值。用户可以在工作表中创建和保存不同组的组值,然后切换到其中的任一新方案来查看不同的结果。

5.2.1 方案的基本操作

实例 5-1 中,如果年订货量、单次订货成本和单位年储存成本同时发生变化,这时要计算在不同情况下的经济订货批量,则需要使用方案管理器。使用方案管理器前要先定义方案,现在有 3 种方案如表 5-1 所示。

表 5-1 3 种需求方案

方 案 名 称	年 订 货 量	单次订货成本	单位年存储成本
需求下降	8000	600	35
需求持平	10000	500	30
需求上升	12000	450	27

1. 创建方案

(1) 将 B1:B3 单元格区域作为可变单元格,在 B4 单元格中输入公式"＝SQRT(2 * B1 * B2/B3)",如图 5-10 所示。

(2) 选中 B1:B3 单元格区域,单击"数据"→"模拟分析"按钮,在下拉菜单中选择"方案管理器",弹出"方案管理器"对话框,如图 5-11 所示。

图 5-10 经济订货批量模型

(3) 在"方案管理器"对话框中单击"添加"按钮,弹出"编辑方案"对话框,在"方案名"文本框中输入"需求下降",在"可变单元格"文本框中输入"$B$1:$B$3",如图 5-12 所示。

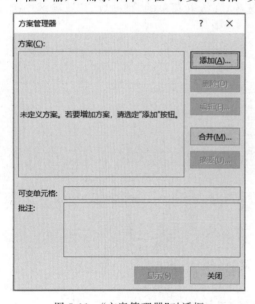

图 5-11 "方案管理器"对话框

图 5-12 "编辑方案"对话框

(4) 单击"确定"按钮,弹出"方案变量值"对话框,如图 5-13 所示。$B$1 为年订货量,输入"8000";$B$2 为单次订货成本,输入"600";$B$3 为单位年储存成本,输入"35"。

(5) 单击"确定"按钮,返回"方案管理器"对话框。在"方案"下面的列表框中将显示出已经添加好的"需求下降"方案。

(6) 用同样的方法,根据表 5-1 中的数据,添加"需求持平"方案和"需求上升"方案。

2. 编辑方案

方案创建完成以后,可以修改方案中的方案名、可变单元格以及可变单元格中的值,也可以修改方案的保护选项。若需要将"需求持平"方案中"单次订货成本"的值修改为 550,具体操作方法如下。

(1) 在"方案管理器"对话框中,选择方案"需求持平",如图 5-14 所示。

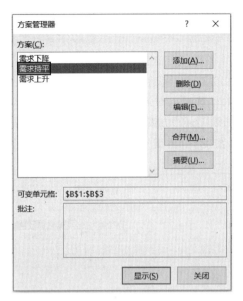

图 5-14　"方案管理器"对话框

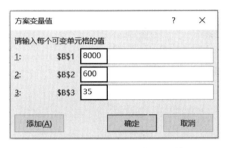

图 5-13　"方案变量值"对话框

（2）单击"编辑"按钮,弹出"编辑方案"对话框,在该对话框中可以重新设置方案名和可变单元格。这里不需要修改则单击"确定"按钮,弹出"方案变量值"对话框,将"＄B＄2"的值修改为"550"。"编辑方案"对话框中也可以设置保护属性,如取消选中"防止更改"复选框,如果有人对方案进行修改,则在"备注"文本框中将会添加一条修改者的信息。

需要注意的是,在"方案管理器"对话框中,只显示当前工作表的方案名称。

3. 显示方案

工作表中可变单元格只能显示一种方案的值,显示方案的具体操作方法为:在"方案管理器"对话框中,选择"需求下降"方案。单击"显示"按钮,B1 单元格的值将变为"8000",B2 单元格的值变为"600",B3 单元格的值变为"35"。同时,工作表进行重新计算,B4 单元格显示该方案的结果,如图 5-15 所示。

	A	B
1	年需求量（单位：个）	8000
2	单次订货成本（单位：元）	600
3	单位年储存成本（单位：元）	35
4	经济订货批量（单位：个）	524

图 5-15　"方案"显示结果

4. 删除方案

若想删除"需求持平"方案,在"方案管理器"对话框中,选中"需求持平"方案后单击"删除"按钮即可。

5. 保护方案

方案和单元格一样,可以进行保护。在添加方案或编辑方案时,可以在对话框中通过选中"防止更改"和"隐藏"复选框设置保护功能。当工作表受到保护时,设置为"防止更改"的方案不允许编辑或删除,设置为"隐藏"的方案名称不会显示在"方案管理器"对话框中。如果要重新显示已经隐藏的方案,则需要先解除工作表保护。

5.2.2　合并方案

在多个工作簿中有多个方案,为了方便管理,可以将这些方案放到一个管理器中进行管理,可以实现多方案的比较,有利于决策。

例如,在"合并方案"工作表中创建如图 5-10 所示的经济订货批量模型,现要求将"需求

数据分析高级应用

上升方案"工作簿中 Sheet1 工作表、"需求持平方案"工作簿中 Sheet1 工作表和"需求下降方案"工作簿中 Sheet1 工作表的方案合并到"合并方案"工作表中(以上文件见配套资源)。

　　具体操作方法如下。

　　(1) 打开"需求上升"工作簿、"需求持平"工作簿和"需求下降"工作簿。

　　(2) 选择工作簿"实例 5-1"中"合并方案"工作表,单击"数据"→"模拟分析"按钮,在下拉菜单中选择"方案管理器"选项,弹出"方案管理器"对话框,在该对话框中单击"合并"按钮,弹出"合并方案"对话框,如图 5-16 所示。

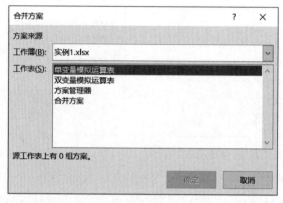

图 5-16 "合并方案"对话框

　　(3) 在"工作簿"下拉列表中选择"需求持平方案",在"工作表"选项框中选择工作表 Sheet1,单击"确定"按钮,将会把"需求持平方案"工作簿的 Sheet1 工作表中的所有方案都合并到"实例 5-1"工作簿的"合并方案"工作表中,并返回"方案管理器"对话框。

　　(4) 再次单击"合并"按钮,用同样的方式,将"需求上升方案"工作簿的 Sheet1 工作表中的方案以及"需求下降方案"工作簿的 Sheet1 工作表中的方案都添加到"实例 5-1"工作簿的"合并方案"工作表中。

　　需要注意的是,当需要合并方案的所有工作表的基本结构完全相同时,合并方案的效果是最好的。如果合并结构不一致的工作表中的方案,可能会导致可变单元格出现在异常的位置。

5.2.3　建立方案报告

　　创建方案后,用户可以在新建工作表中生成方案的摘要报告,用来查看多个方案产生的结果,便于进行对比分析。方案报告分为两种:一种是方案摘要,采用大纲形式,适合于比较简单的方案管理;另一种是方案数据透视表,适合方案中定义了多种结果单元格。

　　建立"实例 5-1"工作簿"合并方案"工作表的方案报告,具体操作方法如下。

　　(1) 选择工作簿"实例 5-1"中"合并方案"工作表,单击"数据"→"模拟分析"按钮,在下拉菜单中选择"方案管理器",弹出"方案管理器"对话框,在该对话框中单击"摘要"按钮,弹出"方案摘要"对话框,如图 5-17 所示。

图 5-17 "方案摘要"对话框

（2）在"报表类型"选项区中单击"方案摘要"单选按钮,在"结果单元格"文本框中输入放置方案结果的 B4 单元格。

（3）单击"确定"按钮,生成如图 5-18 所示的"方案摘要"工作表。

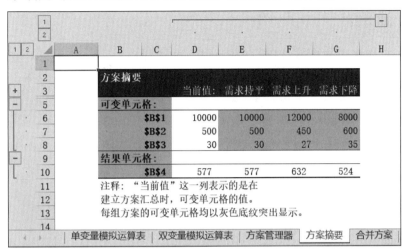

图 5-18　分级结构的方案摘要

实例 5-2　解一元一次方程

学生小李某一门专业课的综合成绩在 60 分以上(包括 60 分)才不需要补考,除了期末成绩以外,其他成绩已经公布,小李想知道期末卷面成绩至少考多少分,才能保证不需要参加补考。平时成绩、期中成绩及其所占比例如图 5-19 所示。

	A	B	C
1		实际成绩	所占比例
2	平时成绩	80	20%
3	期中成绩	78	20%
4	期末成绩		60%
5	综合成绩		

图 5-19　成绩明细数据

5.3　单变量求解

单变量求解是在已知结果的情况下推测出形成这个结果的变量的值。从本质上来说,单变量求解就是求解一元一次方程中自变量 X 的值。因此,解决一元方程的问题就可使用单变量求解。

运用单变量求解时需要设置三个参数,分别是目标单元格、目标值和可变单元格。其中,目标单元格放置求解公式;目标值放置公式的结果;可变单元格放置自变量 X。对于单变量求解可变单元格只能有一个。

要计算实例 5-2 中小李期末成绩至少考多少分才不用参加补考,首先需要创建数学模型,假设期末成绩为 X,综合成绩为 Y,则 $Y = 80 \times 20\% + 78 \times 20\% + X \times 60\%$。已知 Y 的

数据分析高级应用

值,求解 X,这就是一个求解一元一次方程的问题。如果在 B4 单元格中存放 X 的值,B5 单元格中存放 Y 的值,则 Y＝B2＊C2＋B3＊C3＋B4＊C4。除了运用上述公式计算以外,Y 的值也可以使用 SUMPRODUCT 函数进行计算。具体操作方法如下。

（1）建立如图 5-19 所示的数学模型,在 B5 单元格中输入公式"＝SUMPRODUCT(B2：B4,C2:C4)"。

（2）使用单变量求解进行计算。选中目标 B5 单元格,单击"数据"→"模拟分析"按钮,在下拉菜单中选择"单变量求解",弹出"单变量求解"对话框,在"目标单元格"文本框中输入 B5、"目标值"文本框中输入"60","可变单元格"文本框中输入"＄B＄4",如图 5-20 所示。

（3）单击"确定"按钮,弹出如图 5-21 所示的"单变量求解状态"对话框。如果要保存计算结果,则单击"确定"按钮,计算结果将保存在 B4 和 B5 单元格中,否则按"取消"按钮。

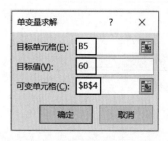

图 5-20　"单变量求解"对话框

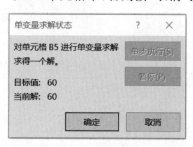

图 5-21　"单变量求解状态"对话框

单变量求解还可以应用在贷款购房时用来选择贷款方案。例如,职工小王每月最多可以负担 3500 元的房贷,他准备贷款 40 万元,银行贷款年利率为：10 年以下 4%～8%,10～20 年是 6%。小张应该选择哪种贷款方案更合适？

具体操作方法如下。

（1）建立如图 5-22 所示的数学模型。

（2）选中 B7 单元格,输入公式"＝PMT(B3/12,B4＊12,－B2)"。这里需要假设一种方案,才能正确运用单变量求解计算。假设贷款 6 年,年利率为 4%～8%。利用单变量求解进行计算,"单变量求解"对话框参数设置如图 5-23 所示。

（3）计算结果如图 5-24 所示,由于计算得到的贷款年限为 12.75 年,超过了 10 年,所以需要使用另一种方案。

	A	B
1	单变量求解贷款年限	
2	贷款金额	¥400,000
3	年利率	
4	贷款年限	
5		
6	月还款额	

图 5-22　计算贷款年限数据表

图 5-23　参数设置

	A	B
1	单变量求解贷款年限	
2	贷款金额	¥400,000
3	年利率	4.80%
4	贷款年限	12.75
5		
6	月还款额	¥3,500.00

图 5-24　计算结果

（4）将 B3 单元格更改为 6%,利用单变量求解重新计算,得到的贷款年限为 14 年,该贷款年限小于 20 年,故应该选择年利率为 6%的贷款方案。

实例 5-3　商品采购数量决策

在商品采购管理的实际过程中,采购商品的质量、价格、数量和时机决策被称为商品采购的四大决策技术,其中采购数量决策在降低采购总成本方面发挥着重要作用。科学的采购数量决策,可以有效地防止经营商品的积压和脱销,降低企业经营的风险。

某超市家电销售部在一个季度内销售电视、冰箱、空调、洗衣机的经营空间为 85 平方米,进货资金为 12 万元,四种家电的销售利润等情况如图 5-25 所示,如何利用 Excel 的"规划求解"功能帮助用户根据限定条件高效地确定四种家电的最佳采购数量,从而使这一季度的总利润最大化。

商品采购数量决策表						
进货时间	2022/7/1	销售利润 元/台	销售量 台/天	占用空间 平米/台	占用资金 元/台	最佳进货量
电视		¥1,500	0.6	0.8	¥1,500	
冰箱		¥1,200	0.8	1.5	¥1,500	
空调		¥1,000	1	0.8	¥1,600	
洗衣机		¥1,100	0.6	1	¥1,300	
时间限制(天)	90	空间限制	85	资金限制	¥120,000	
销售时间		实需空间		实用资金		
总利润						

图 5-25　商品采购数量决策数据表

对商品采购数量决策表中的各个项目进行计算时,应用的计算公式如下。

(1) 销售时间＝电视进货量/电视每天销售量＋冰箱进货量/冰箱每天销售量＋空调进货量/空调每天销售量＋洗衣机进货量/洗衣机每天销售量;

(2) 实需空间＝电视进货量×电视每台占用空间＋冰箱进货量×冰箱每台占用空间＋空调进货量×空调每台占用空间＋洗衣机进货量×洗衣机每台占用空间;

(3) 实用资金＝电视进货量×电视每台占用资金＋冰箱进货量×冰箱每台占用资金＋空调进货量×空调每台占用资金＋洗衣机进货量×洗衣机每台占用资金;

(4) 总利润＝电视进货量×电视每台销售利润＋冰箱进货量×冰箱每台销售利润＋空调进货量×空调每台销售利润＋洗衣机进货量×洗衣机每台销售利润。

5.4　规 划 求 解

Excel 的规划求解模块是以可选加载项的方式与微软 Office 软件一起发行的求解运筹学问题的专业软件的免费版本,适用于求解线性规划和非线性规划等问题,具有操作简单、求解迅速等特点。

运筹学研究的问题一般是在若干资源有限的情况下如何找到最优的决策,如费用最小的方案、花费时间最短的方案、利润最大的方案等。运筹学在经济、管理、交通运输、物流等领域得到广泛运用,也是这些行业管理决策的核心技术。

用"规划求解"解决问题时,应明确以下 3 个要素。

(1) 目标单元格:求解公式所在的单元格,目标单元格的值可以取某个特定的值,也可以取最大值或最小值。

（2）可变单元格：在求解过程中值可变的单元格，可以是多个。若单元格是连续的，可用"："作为分隔符；若单元格是不连续的，可用"，"作为分隔符。

（3）约束条件：需要转换成数学关系描述，约束关系中主要包括 <= 、= 、>= 、int、bin、dif，其中，bin 代表可变单元格的值为二进制数，int 代表可变单元格的值为整数，dif 代表可变单元格的值各不相同。

规划求解的结果可以生成报告，也保存为方案。报告类型有敏感性报告、运算结果报告和极限值报告等，每份报告都会生成一个单独的工作表。

5.4.1 加载"规划求解"工具

默认情况下，"规划求解"命令不在"数据"选项卡的"预测"组中，加载"规划求解"功能的具体操作方法如下。

（1）在菜单栏上单击"文件"→"选项"命令，弹出"Excel 选项"对话框，在该对话框中选择"加载项"选项，如图 5-26 所示。

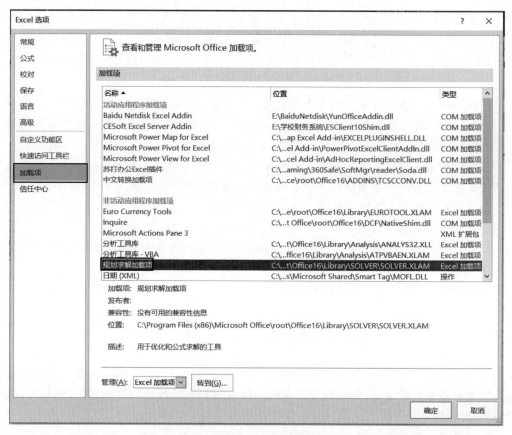

图 5-26 "Excel 选项"对话框

（2）在"Excel 选项"对话框右侧面板下方的"管理"下拉列表中选择"Excel 加载项"，单击"转到"按钮，弹出"加载宏"对话框，在"可用加载宏"选项区中勾选"规划求解加载宏"，如图 5-27 所示，单击"确定"按钮。

加载成功后，在"数据"选项卡的"分析"组中会显示"规划求解"按钮。如果要卸载"规划

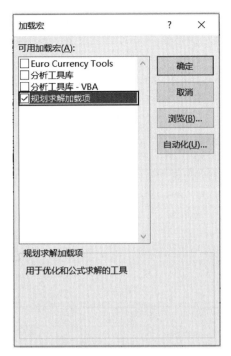

图 5-27 "加载宏"对话框

求解"加载项,在"加载宏"对话框中取消勾选"规划求解加载项"复选框即可。

5.4.2 规划求解应用

利用"规划求解"功能解决实例 5-3,在约束条件下求解最大利润,生成运算结果报告并将求解结果保存名为"商品采购量决策"的方案,具体操作方法如下。

1. 建立问题求解模型

运用"规划求解"功能前,需要把实际问题转换为 Excel 模型,将目标值、变量和约束条件等数据反映到模型中,然后再计算。实例 5-3 的 Excel 模型同商品采购数量决策表,如图 5-25 所示。

2. 输入计算公式

(1) 选中 C8 单元格,输入公式"=G3/D3+G4/D4+G5/D5+G6/D6"。

(2) 选中 E8 单元格,输入公式"=SUMPRODUCT(G3:G6,E3:E6)"。

(3) 选中 G8 单元格,输入公式"=SUMPRODUCT(G3:G6,F3:F6)"。

(4) 选中 C9 单元格,输入公式"=SUMPRODUCT(G3:G6,C3:C6)"。

输入公式后,因为各种家电的采购数量还没有输入,所以四个公式的计算结果都为 0。

3. 设置规划求解参数

(1) 单击"数据"→"规划求解"按钮,弹出"规划求解参数"对话框。

(2) 在"规划求解参数"对话框中,根据实例 5-3 的要求设置目标单元格、可变单元格。目标单元格为求解的总利润公式所在 C9 单元格,可变单元格为目标单元格公式中引用的 G3、G4、G5、G6 单元格。

单击"设置目标"文本框右侧的折叠按钮,选择 C9 单元格,再单击折叠按钮,"设置目标"文本框中会显示所选单元格的绝对引用＄C＄9。由于实例 5-3 中的目标就是利润最大化,所以计算总利润的 C9 单元格要目标最大化,在"到"选项组中选择"最大值"。单击"通过更改可变单元格"文本框右侧的折叠按钮,选择 G3:G6 单元格区域,再单击折叠按钮,文本框中会显示可变单元格的绝对引用＄G＄3:＄G＄6,如图 5-28 所示。

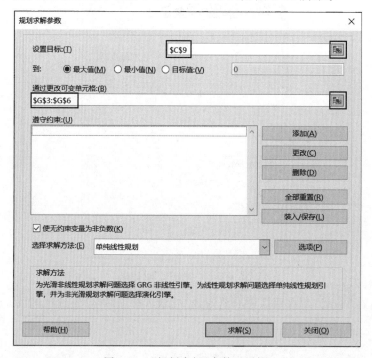

图 5-28 "规划求解"参数对话框

4. 设置约束条件

约束条件是指"规划求解"中设置的限制条件。实例 5-3 主要有以下约束条件。

(1) 时间限制＞＝销售时间,即 C7＞＝C8;

(2) 空间限制＞＝实需空间,即 E7＞＝E8;

(3) 资金限制＞＝实用资金,即 G7＞＝G8;

(4) 家电进货量为正整数,即 G3＞0 且 G3 为整数,G4＞0 且 G4 为整数,G5＞0 且 G5 为整数,G6＞0 且 G6 为整数。

具体操作方法如下。

(1) 在"规划求解参数"对话框中,单击"添加"按钮,弹出"添加约束"对话框。在"单元格引用"文本框中选择 C7 单元格,在其右侧的运算符下拉列表中选择"＞＝"选项,在"约束"文本框中选择 C8 单元格,然后单击"添加"按钮,如图 5-29 所示。

图 5-29 "添加约束"对话框

用同样的方法,为"实需空间"添加约束条件,设置 E7≥E8;为"实用资金"添加约束条件,设置 G7≥G8。

(2)"添加约束"对话框中,在"单元格引用"文本框中选择 G3:G6 单元格区域,在"运算符"下拉列表框中选择"int",在"约束"文本框中将自动出现"整数"字样。设置完成后单击"确定"按钮,将返回"规划求解参数"对话框。

以上设置全部完成后,在"遵守约束"列表框中可以看到添加的所有约束条件,如图 5-30 所示。

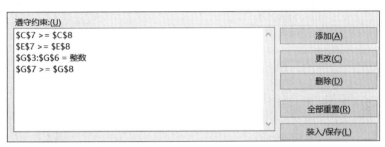

图 5-30 "约束条件"参数

若要删除或修改设置好的约束条件,在"规划求解参数"对话框的"遵守约束"列表框中选择需要删除或修改的约束条件,然后单击"删除"或"更改"按钮。若需要删除所有的约束条件,则单击"全部重置"按钮即可。

5. 用规划求解工具求解

线性关系指关系式中各变量以一次方出现,非线性关系指变量以高次方出现或复杂地描述的关系。在选择求解方法的时候,可以试用非线性或者线性方法,实例 5-3 中使用非线性、线性方法都能求出结果,这里使用线性方法,具体操作方法如下。

(1)在"规划求解参数"对话框中,"选择求解方法"下拉列表中选择"单纯线性规划",如图 5-28 所示。

(2)单击"选择求解方法"下拉列表框右侧的"选项"按钮,弹出"选项"对话框,在"忽略整数约束"复选中取消勾选,如图 5-31 所示,然后单击"确定"按钮返回"规划求解参数"对话框。

(3)单击"求解"按钮,弹出"规划求解结果"对话框,在对话框第一行会显示出是否找到满足约束条件并使总利润最大的解,如图 5-32 所示。

根据实例 5-3 的条件可以求出解,选择"保留规划求解的解"单选按钮,然后单击"确定"按钮返回"规划求解参数"对话框,最后单击"关闭"按钮。在 Excel 模型中会显示出求解的结果,如图 5-33 所示。

从图 5-33 中可以看出,规划求解的最佳进货量分别是电视 9 台、冰箱 28 台、空调 40 台、洗衣机 0 台,这样在一个季度内可实现的最大利润额是 87100 元,达到最大利润时实用资金为 119500 元,由于受到其他约束条件限制,实用资金没有达到最大使用值。

6. 生成运算结果报告并保存方案

(1)在"规划求解结果"对话框的"报告"列表框中选择"运算结果报告",然后单击"确定"按钮,即可在新工作表中自动生成一份"运算结果报告",如图 5-34 所示。报告中列出了各单元格的运算情况和取值情况。

数据分析高级应用

图 5-31 "选项"对话框

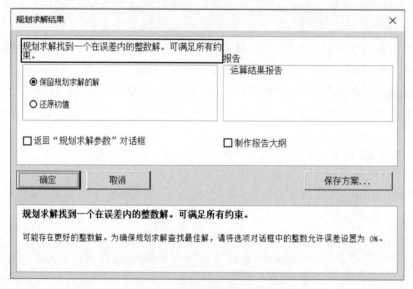

图 5-32 "规划求解结果"对话框

在创建报告时,也可以同时选择多种报告类型,如同时选择敏感性报告和极限值报告等。如果勾选了"制作报告大纲"复选框,则将创建大纲形式的报告。

(2) 在单击"确定"按钮之前,单击"保存方案"按钮,将打开如图 5-35 所示的"保存方案"对话框,在"方集名称"文本框中输入"商品采购量决策",可将结果保存为方案。

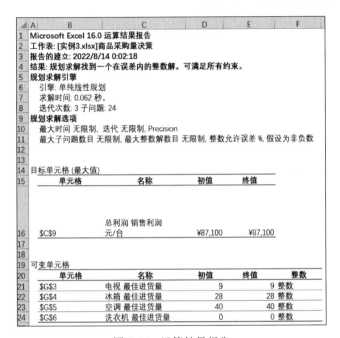

	A	B	C	D	E	F	G
1			商品采购数量决策表				
2	进货时间	2022/7/1	销售利润 元/台	销售量 台/天	占用空间 平米/台	占用资金 元/台	最佳进货量
3	电视		¥1,500	0.6	0.8	¥1,500	9
4	冰箱		¥1,200	0.8	1.5	¥1,500	28
5	空调		¥1,000	1	0.8	¥1,600	40
6	洗衣机		¥1,100	0.6	1	¥1,300	0
7	时间限制（天）	90	空间限制		85	资金限制	¥120,000
8	销售时间	90	实需空间		81.2	实用资金	¥119,500
9	总利润					¥87,100	

图 5-33 "规划求解"运算结果

```
1  Microsoft Excel 16.0 运算结果报告
2  工作表: [实例3.xlsx]商品采购量决策
3  报告的建立: 2022/8/14 0:02:18
4  结果: 规划求解找到一个在误差内的整数解。可满足所有约束。
5  规划求解引擎
6    引擎: 单纯线性规划
7    求解时间: 0.062 秒。
8    迭代次数: 3 子问题: 24
9  规划求解选项
10   最大时间 无限制, 迭代 无限制, Precision
11   最大子问题数目 无限制, 最大整数解数目 无限制, 整数允许误差 %, 假设为非负数
12
13
14 目标单元格 (最大值)
15   单元格          名称              初值      终值
16   $C$9   总利润 销售利润 元/台    ¥87,100   ¥87,100
17
18
19 可变单元格
20   单元格          名称          初值      终值      整数
21   $G$3    电视 最佳进货量        9        9   整数
22   $G$4    冰箱 最佳进货量       28       28   整数
23   $G$5    空调 最佳进货量       40       40   整数
24   $G$6    洗衣机 最佳进货量      0        0   整数
```

图 5-34 运算结果报告

图 5-35 "保存方案"对话框

"规划求解"除了可以解决实例 5-3 的问题以外，还可以解决很多方面的问题，下面通过几个例子来介绍"规划求解"在其他方面的应用。

实例5-4 求解三元一次方程组

求下面方程组中 x、y、z 的值，并保存其规划求解参数。

$$\begin{cases} 3x-2y+7z=35 \\ -5x+67+3z=28 \\ 2x-3y-5z=-21 \end{cases}$$

具体操作方法如下。

1）建立问题求解模型

在新工作簿的 Sheet1 工作表中按照实例 5-4 中的参数，建立如图 5-36 所示的"三元一次方程组"Excel 模型。

2）输入计算公式

（1）选中 B6 单元格，输入公式"＝B3 * B2＋C3 * C2＋D3 * D2"。

（2）选中 B7 单元格，输入公式"＝B4＊B2＋C4＊C2＋D4＊D2"。

（3）选中 B8 单元格，输入公式"＝B5＊B2＋C5＊C2＋D5＊D2"。

3）设置规划求解参数

（1）单击"数据"→"规划求解"按钮，弹出"规划求解参数"对话框。

（2）在"规划求解参数"对话框中，将"设置目标"旁边的文本框留空，在"通过更改可变单元格"文本框中选择"B2：D2"单元格区域，在"遵守约束"文本框中输入"＄B＄6：＄B＄8＝＄B＄9：＄B＄11"，取消勾选"使无约束变量为非负数"复选框，在"选择求解方法"下拉列表中选择"单纯线性规划"，如图 5-37 所示。本例中"选择求解方法"选择"非线性 GRG"也能求出解。

图 5-36　实例 5-4"三元一次方程组"模型

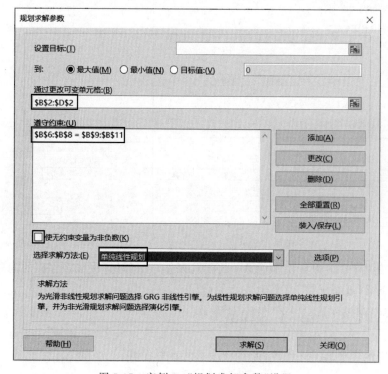

图 5-37　实例 5-4"规划求解参数"设置

4）用规划求解工具求解

在"规划求解参数"对话框中，单击"求解"按钮，弹出"规划求解结果"对话框，在该对话框中显示找到了一个解并满足所有约束条件，选择"保留规划求解的解"，如图 5-38 所示。然后单击"确定"按钮，在工作表 Sheet1 中将显示求解结果，如图 5-39 所示。

5）保存"规划求解"参数

在"规划求解参数"对话框中，单击"装入/保存"按钮，弹出"装入/保存模型"对话框，在文本框中输入保存的起始位置＄A＄13，将参数保存在 A13：A17 单元格区域，然后单击"保存"按钮返回"规划求解参数"对话框，最后单击"关闭"。保存后效果如图 5-40 所示。

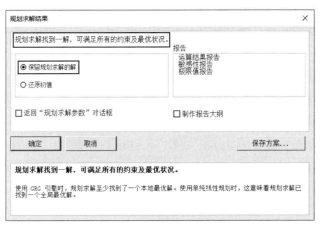

图 5-38 "规划求解结果"对话框

	A	B	C	D
1	未知数	x	y	z
2	方程解	148.75	138.25	-19.25
3	方程1系数	3	-2	7
4	方程2系数	-5	6	3
5	方程3系数	2	-3	-5
6	方程1算式	35		
7	方程2算式	28		
8	方程3算式	-21		
9	方程1结果	35		
10	方程2结果	28		
11	方程3结果	-21		
12				

图 5-39 求解结果

	A	B	C	D
1	未知数	x	y	z
2	方程解	148.75	138.25	-19.25
3	方程1系数	3	-2	7
4	方程2系数	-5	6	3
5	方程3系数	2	-3	-5
6	方程1算式	35		
7	方程2算式	28		
8	方程3算式	-21		
9	方程1结果	35		
10	方程2结果	28		
11	方程3结果	-21		
12				
13				
14	3			
15	TRUE			
16	32767			
17	0			

图 5-40 保存结果

当求解其他三元一次方程组时,可以装入 Sheet1 中保存的参数,可以避免重新设置各参数。例如,求解下面方程组 x、y、z 的值。

$$\begin{cases} x+y+z=15 \\ 2x+3y+z=28 \\ 2x-2y+4z=22 \end{cases}$$

首先在 Sheet2 中建立如图 5-41 所示的问题求解模型,然后选择"数据"→"规划求解",弹出"规划求解参数"对话框,单击"装入/保存"按钮,弹出"装入/保存模型"对话框,在文本框中输入 Sheet1 中规划求解参数存放的单元格区域"Sheet1! A13:A17",单击"装入"按钮,计算结果如图 5-42 所示。

	A	B	C	D
1	未知数	x	y	z
2	方程解			
3	方程1系数	1	1	1
4	方程2系数	2	3	1
5	方程3系数	2	-2	4
6	方程1算式	0		
7	方程2算式	0		
8	方程3算式	0		
9	方程1结果	15		
10	方程2结果	28		
11	方程3结果	22		
12				

图 5-41 参数模型

	A	B	C	D
1	未知数	x	y	z
2	方程解	1.00	6.00	8.00
3	方程1系数	1	1	1
4	方程2系数	2	3	1
5	方程3系数	2	-2	4
6	方程1算式	15		
7	方程2算式	28		
8	方程3算式	22		
9	方程1结果	15		
10	方程2结果	28		
11	方程3结果	22		
12				

图 5-42 求解结果

数据分析高级应用

实例 5-5　假期员工值班安排

某学校国庆节期间 1 号到 7 号放假 7 天，为保障校园安全、各学院能够处理简单事务，需要各学院安排人员值班。安排教职工值班既要协调好各方需求，又要合理安排，这是属于比较复杂的选择最佳方案的决策问题，如果人工安排，比较麻烦，利用 Excel 的“规划求解”可以迅速解决这个问题。

现学校要求各学院国庆 7 天假每天安排一人值班，信息学院安排的这 7 个人分别是张伟、刘明、赵涛、和大海、杨小琴、木亮、郑静。安排值班时，这 7 个人有以下条件。

① 杨小琴比张伟晚 5 天值班。

② 张伟比刘明早 2 天值班。

③ 杨小琴比赵涛早一天值班。

④ 木亮比和大海晚若干天值班。

⑤ 木亮比杨小琴早若干天值班。

⑥ 木亮在 4 号有空，需要安排他 4 号值班。

请按照以上条件，排出 7 人的值班表，并生成运算结果报告。

具体操作方法如下。

1）建立“员工值班表”

创建一个新工作簿，按照图 5-43 所示，在 Sheet1 工作表中输入相应内容，建立“员工值班表”。

2）设置变量、输入计算公式

(1) 在值班安排条件中，若干天无法用具体数值表示，故引入两个变量，分别为变量 1 和变量 2，用这两个变量表示条件里的两个若干天。变量 1 的值放在 D2 单元格，变量 2 的值放在 D3 单元格。

(2) 在 B7 单元格中输入“4”，然后根据问题条件在 B2:B6 单元格区域中输入相应的关系式：在 B2 单元格中输入“=B6－5”，在 B3 单元格中输入“=B2＋2”，在 B4 单元格中输入“=B6＋1”，在 B5 单元格中输入“=B7－D3”，在 B6 单元格中输入“=B7＋D4”。

输入公式后，各单元格会自动显示一些数值，如图 5-44 所示，显示的数值不是最终结果，只是由一些默认值计算出的结果。

	A	B
1	值班人员	值班日期
2	张伟	
3	刘明	
4	赵涛	
5	和大海	
6	杨小琴	
7	木亮	
8	郑静	
9		

Sheet1

图 5-43　员工值班表

	A	B	C	D
1	值班人员	值班日期		
2	张伟	-1	变量1	
3	刘明	1	变量2	
4	赵涛	5		
5	和大海	4		
6	杨小琴	4		
7	木亮	4		
8	郑静			

图 5-44　输入公式的“员工值班表”

(3) 除了引入两个变量以外，还要引入一个“目标值”，用来计算限制 B 列值班日期的取值。目标值的数值放置在 D4 单元格，在 C4 单元格中输入“目标值”。

（4）加入辅助计算数值，在 D5:D11 单元格区域中分别输入数值 1～7，然后在 D12 单元格中输入公式"=PRODUCT(D5:D11)"，用来计算 1～7 的乘积，计算结果如图 5-45 所示。

（5）设置一个"目标值"用于规划求解，"目标值"的值存放在 D4 单元格。在 D4 单元格中输入公式"=PRODUCT(B2:B8)"，后面将把 D4 单元格计算的值限制等于 D12 单元格的值，也就是 5040，从而控制日期取值为 1～7。因为无论怎么安排，每个人的值班日期都是 1 号到 7 号中的一天，7 个人值班日期的乘积肯定是 5040。

图 5-45　辅助运算数据

3）设置规划求解参数

（1）单击"数据"→"规划求解"按钮，弹出"规划求解参数"对话框。

（2）在"规划求解参数"对话框中，在"设置目标"右侧的文本框中输入"＄D＄4"，然后在"到"选项区中选择"目标值"，在右侧的文本框中输入"5040"。在"通过更改可变单元格"文本框中输入"＄D＄2：＄D＄3，＄B＄8"单元格区域，如图 5-46 所示。

图 5-46　设置"规划求解参数"

（3）单击"遵守约束"文本框右侧的"添加"按钮，在弹出的"添加约束"对话框中设置 D2 单元格为整数，如图 5-47 所示。用同样的方法将 D3、B8 单元格设置为整数。

继续单击"添加"按钮，分别将 D2、D3 和 B8 单元格设置为大于或等于 1 并且小于或等于 7。最后，单击"确定"按钮返回到"规划求解参数"对话框，对话框中显示出添加的约束条件，如图 5-46 所示。

数据分析高级应用

216

图 5-47　"添加约束"对话框

（4）在"规划求解参数"对话框中的"选择求解方法"下拉列表中选择"非线性 GRG"，单击"选项"按钮，在弹出的"选项"对话框中取消勾选"忽略整数约束"复选框，如图 5-48 所示。单击"确定"按钮，返回"规划求解参数"对话框，至此，全部参数和约束条件设置完成。

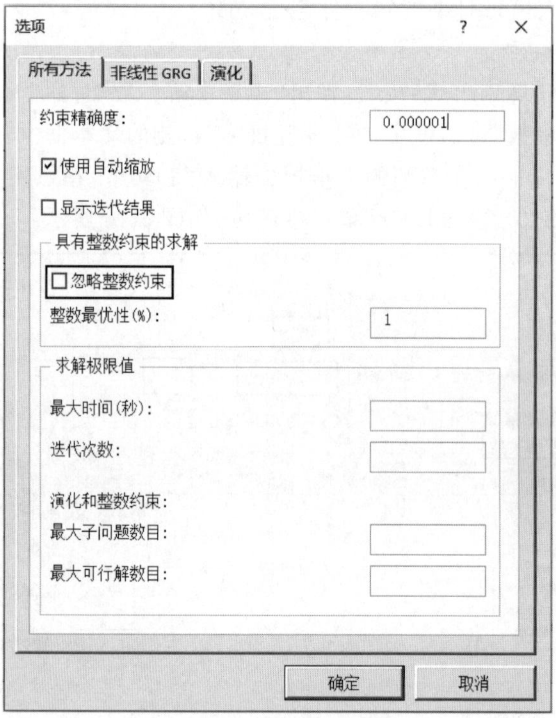

图 5-48　"选项"对话框

4）用规划求解工具求解

在"规划求解参数"对话框中单击"求解"按钮，弹出"规划求解结果"对话框，在该对话框中显示找到一个满足条件的解，然后选择"保留规划求解的解"，最后单击"确定"按钮，工作表中会显示出求解结果，如图 5-49 所示。

5）生成运算结果报告

单击"数据"→"规划求解"按钮，弹出"规划求解参数"对话框，单击"求解"按钮，弹出"规划求解结果"对话框，在"报告"选项列表中选择"运算结果报告"，单击"确定"按钮，在"运算结果报告 1"工作表中会自动生成一份"运算结果报告"。

	A	B	C	D
1	值班人员	值班日期		
2	张伟	1	变量1	2
3	刘明	3	变量2	2
4	赵涛	7	目标值	5040
5	和大海	2		1
6	杨小琴	6		2
7	木亮	4		3
8	郑静	5		4
9				5
10				6
11				7
12				5040

图 5-49　规划求解结果

实例 5-6 商品运输成本决策

为了促进乡村振兴战略发展，丽江市政府扶持某农业公司种植雪桃。该农业公司拥有 3 个雪桃种植区和 5 个销售雪桃的市场，雪桃种植区 1、2、3 每年最多可以产雪桃分别为 1600、1500、1800 吨，销售市场 1、2、3、4、5 每年销售量最多分别为 1200、1000、800、900、1000 吨。从雪桃种植区使用汽车运输到销售市场，其每吨运输成本如图 5-50 所示，利用规划求解分析雪桃种植区应如何向各个销售市场运输雪桃才能使运输成本最低？

	A	B	C	D	E	F
1	雪桃种植区	单位运输成本（元）				
2		市场1	市场2	市场3	市场4	市场5
3	1	62	52	35	45	56
4	2	59	52	50	39	50
5	3	54	56	53	51	40

图 5-50 运输成本

具体操作方法如下。

1）建立求解模型

根据实例 5-6 中的数据在新工作表中建立如图 5-51 所示的问题求解模型，模型中 B6：F6 单元格区域为变量，需要分析出 B6：F6 如何取值能使总运费最小。

	A	B	C	D	E	F	G	H
1	雪桃种植区	运往市场量（吨）						
2		市场1	市场2	市场3	市场4	市场5	供给量	最大产量
3	1							1600
4	2							1500
5	3							1800
6	销售量							
7	市场最大销售量	1200	1000	800	900	1000		
8	雪桃种植区	单位运输成本（元）					实际总运费（元）	
9		市场1	市场2	市场3	市场4	市场5		
10	1	62	52	35	45	56		
11	2	59	52	50	39	50		
12	3	54	56	53	51	40		

图 5-51 问题求解模型

2）输入公式

（1）计算销售量。销售量是指每个市场销售 3 个雪桃种植区提供的雪桃的总量。在 B6 单元格中输入公式"=SUM(B3:B5)"，利用单元格右下角的填充柄在单元格区域 C6:F6 中填充公式。

（2）计算供给量。供给量是指每个雪桃种植区向各个市场运送雪桃的总量。在 G3 单元格中输入公式"=SUM(B3:F3)"，利用单元格右下角的填充柄在 G4:G5 单元格区域中填充公式。

（3）计算总运费。总运费是运往各个市场的运输成本和运输量乘积的总和，在 G9 单元格中输入公式"=SUMPRODUCT(B3:F5,B10:F12)"。

3）设置规划求解参数

（1）单击"数据"→"规划求解"按钮，弹出"规划求解参数"对话框。

（2）在"规划求解参数"对话框中，"设置目标"右侧的文本框中输入"$G$9"，在"到"选项组中单击"最小值"按钮。

（3）在"通过更改可变单元格"文本框中输入"＄B＄3：＄F＄5"。

（4）单击"添加"按钮，弹出"添加约束"对话框，在"单元格引用"文本框中输入"＄B＄6：＄F＄6"，在运算符下拉列表中选择"＝"，在"约束"文本框中输入"＄B＄7：＄F＄7"。继续单击"添加"按钮，重新弹出"添加约束"对话框，在"单元格引用"文本框中输入"＄G＄3：＄G＄5"，在运算符下拉列表中选择"＝"，在"约束"文本框中输入"＄H＄3：＄H＄5"，最后单击"确定"按钮。

（5）在"规划求解参数"对话框中的"选择求解方法"下拉列表中选择"单纯线性规划"。在本例中选择"非线性 GRG"也可以求解。

每项参数设置如图 5-52 所示。

图 5-52　规划求解参数设置

4）用规划求解工具求解

在"规划求解参数"对话框中单击"求解"按钮，弹出"规划求解结果"对话框，在对话框中会显示找到一个满足条件的解，然后选择"保留规划求解的解"，最后单击"确定"按钮，工作表中会显示出求解结果，如图 5-53 所示。

	A	B	C	D	E	F	G	H
1	雪桃种植区	运往市场量（千斤）					供给量	最大产量
2		市场1	市场2	市场3	市场4	市场5		
3	1	0	800	800	0	0	1600	1600
4	2	400	200	0	900	0	1500	1500
5	3	800	0	0	0	1000	1800	1800
6	销售量	1200	1000	800	900	1000		
7	市场最大销售量	1200	1000	800	900	1000		
8	雪桃种植区	单位运输成本（元）					实际总运费（元）	
9		市场1	市场2	市场3	市场4	市场5		
10	1	62	52	35	45	56		
11	2	59	52	50	39	50		
12	3	54	56	53	51	40	221900	

图 5-53　规划求解结果

5.5 数据分析综合案例

5.5.1 预测分析投资收益

某企业员工小陶年底收入一笔奖金,准备在某证券公司投资一款理财产品。他准备投资 20 万元,这款理财产品预计年化收益率为 6%,投资期限为 5 年,请按照如下要求完成计算和分析工作。

(1) 计算投资到期后的到期总额、总收益和总收益率。

(2) 小陶想知道如果投资 3 年、8 年、10 年、15 年,在这些不同的投资年限下的到期总额、总收益和总收益率是多少,试利用单变量模拟运算表进行计算。

(3) 不同的投资年限下投资收益如表 5-2 所示,试利用双变量模拟运算表计算不同情况下的到期总额。

表 5-2 不同年限投资收益率情况表

投 资 年 限	年化收益率	投 资 年 限	年化收益率
3	5%	10	7.6%
8	7%	15	9%

(4) 投资经理给小陶推荐了几款理财产品供他选择,如表 5-3 所示。试利用方案管理器比较几种理财产品的到期总额、总收益和总收益率。

表 5-3 四种理财产品情况表

方 案 名 称	投资总额/元	投资年限	年化收益率
产品 1	5 万	10 年	4.5%
产品 2	10 万	6 年	5%
产品 3	20 万	5 年	6%
产品 4	50 万	2 年	8%

(5) 小陶的同事小王也想投资理财,他能投资的总额为 10 万元,投资期限不超过 10 年,投资总额 10 万元投资期限不超过 10 年的理财产品投资收益为年化 5%。小王希望能够获得 3 万元的总投资收益,试利用单变量求解计算小王需要投资多少年。

具体分析操作方法如下。

(1) 新建一个工作簿,命名为"预测分析投资收益"。在工作簿的 Sheet1 工作表中根据案例中的数据建立如图 5-54 所示的计算模型。

图 5-54 计算模型

选中 B4 单元格,输入公式"=B1*(1+B2)^B3",计算出到期总额为 267645 元。然后,选中 B5 单元格,输入公式"=B4-B1",计算出总收益为 67645 元。最后,选中 B6 单元格,输入公式"=B5/B1",计算出总收益率为 34%。

(2) 在 Sheet1 工作表中建立如图 5-55 所示的单变量模拟运算表数据模型。在 B9 单元格中输入"=B4",相当于把 B4 单元格中计算到期总额的公式复制给 B9 单元格。同理,在 C9 单元格中输入"=B5",在 D9 单元格中输入"=B6"。

选择模拟运算表区域 A9:D13,单击"数据"→"模拟分析"按钮,在下拉菜单中选择"模拟运算表",弹出"模拟运算表"对话框。由于模拟运算表采用"列引用"结构,所以在"输入引用列的单元格"文本框中输入"＄B＄3",单击"确定"按钮。计算过程中,A10:A13 区域的变量值会替代公式中 B3 单元格的值。计算结果如图 5-56 所示。

	A	B	C	D
1	投资总额（元）	200000		
2	年化收益率	6%		
3	投资年限（年）	5		
4	到期总额(元)	267645		
5	总收益（元）	67645		
6	总收益率	34%		
7				
8		到期总额	总收益	总收益率
9				
10	3			
11	8			
12	10			
13	15			

图 5-55　单变量模拟运算表数据模型

	A	B	C	D
1	投资总额（元）	200000		
2	年化收益率	6%		
3	投资年限（年）	5		
4	到期总额(元)	267645		
5	总收益（元）	67645		
6	总收益率	34%		
7				
8		到期总额	总收益	总收益率
9		267645	67645	34%
10	3	238203	38203	19.10%
11	8	318770	118770	59.38%
12	10	358170	158170	79.08%
13	15	479312	279312	139.66%

图 5-56　单变量模拟运算表计算结果

（3）在 Sheet1 工作表中创建如图 5-57 所示的双变量模拟运算表数据模型。其中,A16:A18 单元格区域为不同的投资年限,B15:D15 单元格区域为不同的年化收益率。在 A15 单元格中输入计算公式"＝B1＊(1＋B2)^B3"。

选择模拟运算表区域 A15:D18,单击"数据"→"模拟分析"按钮,在下拉菜单中选择"模拟运算表",弹出"模拟运算表"对话框。在该对话框的"输入引用列的单元格"文本框中输入"＄B＄3"、"输入引用行的单元格"文本框中输入"＄B＄2"。设置完成后,单击"确定"按钮。双变量模拟运算表的结果如图 5-58 所示,B16:D18 区域为运算结果区域。

15		5%	7%	7.60%
16	3			
17	8			
18	10			

图 5-57　双变量模拟运算表数据模型

15	267645	5%	7%	7.60%
16	3	231525	245009	249153
17	8	295491	343637	359359
18	10	325779	393430	416057

图 5-58　双变量模拟运算表计算结果

（4）将 B1:B3 单元格区域作为创建方案的可变单元格。选中 B1:B3 单元格区域,单击"数据"→"模拟分析"按钮,在下拉菜单中选择"方案管理器",弹出"方案管理器"对话框,单击"添加"按钮,弹出"添加方案"对话框,在"方案名"文本框中输入"产品 1"、"可变单元格"文本框中输入"＄B＄1:＄B＄3",单击"确定"按钮,弹出"方案变量值"对话框,在＄B＄1 为"投资总额",输入"50000";＄B＄2 为"年化收益率",输入"4.5％";＄B＄3 为"投资年限",输入"10",单击"确定"按钮,返回"方案管理器"对话框。

在"方案"列表框中显示出已经添加好的"产品 1"方案。用同样的方法,根据表 5-4 添加"产品 2"方案、"产品 3"方案和"产品 4"方案。4 种方案全部添加完成后,在"方案管理器"对话框中选择具体方案后单击"显示"按钮,即可在 Sheet1 工作表中查看选择的方案对应的到期总额、总收益和总收益率。

（5）在 Sheet1 工作表中,建立如图 5-59 所示的单变量求解数学模型,在 B23 单元格中输入公式"＝B20＊(1＋B21)^B22－B20"。

选中目标单元格 B23,单击"数据"→"模拟分析"按钮,在下拉菜单中选择"单变量求解",弹出"单变量求解"对话框,在"目标单元格"文本框中输入"B23","目标值"文本框中输入"30000","可变单元格"文本框中输入"＄B＄22",单击"确定"按钮,弹出"单变量求解状态"对话框。如果要保存计算结果,则单击"确定"按钮,计算结果将保存在 B22 单元格中,否则按"取消"按钮。最终计算结果如图 5-60 所示。

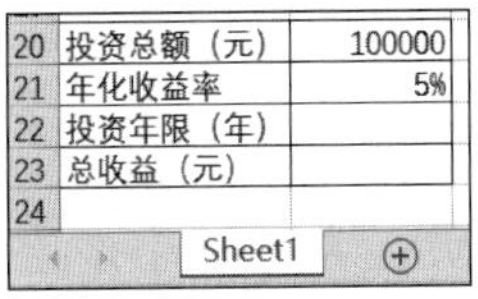

20	投资总额(元)	100000
21	年化收益率	5%
22	投资年限(年)	
23	总收益(元)	
24		

Sheet1

20	投资总额(元)	100000
21	年化收益率	5%
22	投资年限(年)	5
23	总收益(元)	30000

图 5-59 单变量求解数学模型　　图 5-60 单变量求解计算结果

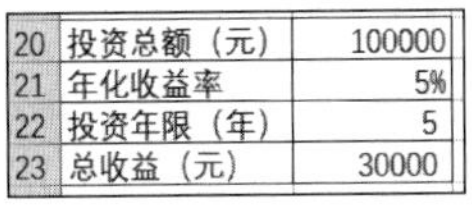

5.5.2 最短路径问题

疫情期间,需要将口罩、防护服和其他急需医疗物资从 A 地运送到 F 地,途经 B、C、D、E 这 4 个城市,构成的运输网,各个城市之间的距离如表 5-4 所示,X 表示两个城市之间不存在运输网,利用规划求解分析计算从 A 地到 F 地的最短路径。

表 5-4 城市运输网

城市	相邻城市间的距离				
	B	C	D	E	F
A	20	60	40	X	X
B		10	X	80	X
C			20	60	X
D				20	70
E					80

具体分析操作方法如下。

1. 建立求解模型

新建一个工作簿,命名为"医疗物资运输"。根据表 5-5 的数据,在 Sheet1 工作表中建立求解模型,如图 5-61 所示。每个城市都可以看成是运输网中的节点,每个节点都有净流量,净流量等于流出量减去流入量。从 A 城市发出单位流量 1,最后单位流量 1 到达 F 城市,所经过的城市净流量为零,由此可以确定最短的路径。求解模型中要计算 C2:C11 的值,使 F2:F7 在满足条件的基础上使总距离 F10 最小。

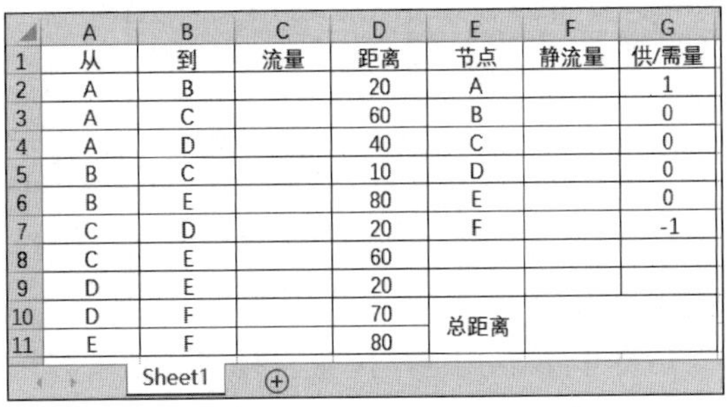

	A	B	C	D	E	F	G
1	从	到	流量	距离	节点	静流量	供/需量
2	A	B		20	A		1
3	A	C		60	B		0
4	A	D		40	C		0
5	B	C		10	D		0
6	B	E		80	E		0
7	C	D		20	F		-1
8	C	E		60			
9	D	E		20			
10	D	F		70	总距离		
11	E	F		80			

Sheet1

图 5-61 求解数学模型

2. 输入公式

(1) 计算静流量。在 F2 单元格中输入公式"=SUMIF($A$2:$A$11,E2,$C$2:

$C$11)−SUMIF($B$2:$B$11,E2,$C$2:$C$11)",利用单元格右下角的填充柄在 F3:F7 单元格区域中填充公式。

（2）计算总距离。在 F10 单元格中输入公式"＝SUMPRODUCT(C2:C11,D2:D11)"。

3. 设置规划求解参数

（1）单击"数据"→"规划求解"按钮，弹出"规划求解参数"对话框。

（2）在"规划求解参数"对话框中，"设置目标"右侧的文本框中输入 $F$10，"到"选项组中选择"最小值"按钮。

（3）在"通过更改可变单元格"文本框中输入"$C$2:$C$11"。

（4）单击"添加"按钮，弹出"添加约束"对话框。在"单元格引用"文本框中输入"$C$2:$C$11"，运算符下拉列表中选择"＞＝"，"约束"文本框中输入"0"。继续单击"添加"按钮，重新弹出"添加约束"对话框。在"单元格引用"文本框中输入"$F$2:$F$7"，运算符下拉列表中选择"＝"，"约束"文本框中输入"＝$G$2:$G$7"，最后单击"确定"按钮

（5）在"规划求解参数"对话框中的"选择求解方法"下拉列表中选择"单纯线性规划"。

每项参数设置如图 5-62 所示。

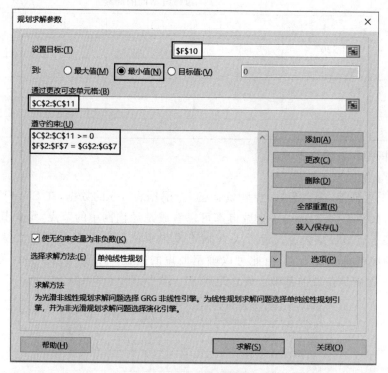

图 5-62　参数设置

4. 用规划求解工具求解

在"规划求解参数"对话框中单击"求解"按钮，弹出"规划求解结果"对话框，在对话框中显示找到一个满足条件的解，然后选择"保留规划求解的解"，最后单击"确定"按钮，工作表中会显示出求解结果，如图 5-63 所示。在求解结果中，可变单元格区域 C2:C11 中的值为 1 表示最短路径经过这两个城市组成的运输网，0 表示不经过这两个城市组成的运输网，因此最短的路径是 A-D-F，由此计算的最短距离是 110。

图 5-63　求解结果

	A	B	C	D	E	F	G
1	从	到	流量	距离	节点	静流量	供/需量
2	A	B	0	20	A	1	1
3	A	C	0	60	B	0	0
4	A	D	1	40	C	0	0
5	B	C	0	10	D	0	0
6	B	E	0	80	E	0	0
7	C	D	0	20	F	-1	-1
8	C	E	0	60			
9	D	E	0	20			
10	D	F	1	70	总距离		110
11	E	F	0	80			

5.5.3　旅行推销员问题

旅行推销员问题(Traveling Salesman Problem,TSP)是一个经典的组合优化问题。经典的 TSP 可以描述为:一个商品推销要去若干个城市推销商品,该推销员从一个城市出发,需要经过所有城市后,回到出发地。应如何选择行进路线,使总的行程最短。

本案例中推销员在 5 个城区之间推销,5 个城区之间的距离如表 5-5 所示,X 表示两个城区之间无路径。

表 5-5　5 个城区间的距离

到达城区	出 发 城 区					
	A	**B**	**C**	**D**	**E**	**F**
A	X	40	20	X	X	X
B	40	X	40	30	X	X
C	20	40	X	60	70	X
D	X	30	60	X	50	60
E	X	X	70	50	X	30
F	X	X	X	60	30	X

具体操作方法如下。

1. 建立求解模型

新建一个工作簿,命名为"旅行推销员问题"。根据表 5-7 中的数据,在 Sheet1 工作表中建立求解模型,模型如图 5-64 所示。在模型中,用"9999"代替表 5-7 中的 X,其意义是用一个很大的数来代表这两个城区间不存在路径,以此避免计算时选择此路径。在 A10:J18 单元格区域建立的解决问题模型中,"出发限制"用来限制出发城区,"到达限制"用来限制到达城区,两者都要保证只有一个。此外,C12:H18 单元格区域取二进制数,"1"代表选择这条路径,"0"代表不选择这条路径。求解时,需要确定 C12:H18 单元格区域的值,使出发城区和到达城区满足唯一性,并且达到合计距离最短。

2. 输入公式

输入公式前,先设置 C12:H18 单元格区域的格式。选中 C12:H18 单元格后右击,在弹出的快捷菜单中选择"设置单元格格式"选项,弹出"设置单元格格式"对话框切换到"数字"选项卡,在"分类"选项列表中选择"自定义","类型"选项列表中选择"0",单击"确定"按钮即可。

数据分析高级应用

	A	B	C	D	E	F	G	H	I	J
1					出发城区					
2		距离	A	B	C	D	E	F		
3		A	9999	40	20	9999	9999	9999		
4		B	40	9999	40	30	9999	9999		
5	到达城区	C	20	40	9999	60	70	9999		
6		D	9999	30	60	9999	50	60		
7		E	9999	9999	70	50	9999	30		
8		F	9999	9999	9999	60	30	9999		
9										
10					出发城区					
11		距离	A	B	C	D	E	F	出发限制	所需距离
12		A								
13		B								
14	到达城区	C								
15		D								
16		E								
17		F								
18		到达限制							合计距离	
19										

图 5-64　求解数学模型

（1）计算出发限制在 I12 单元格中输入公式"＝SUM(C12:H12)"，利用单元格右下角的填充柄在 I13:I17 单元格区域中自动填充公式。

（2）计算到达限制。在 C18 单元格中输入公式"＝SUM(C12:C17)"，利用单元格右下角的填充柄在 D18:H18 单元格区域中自动填充公式。

（3）计算各路径距离。在 J18 单元格中输入公式"＝SUMPRODUCT(C3:H3,C12:H12)"，利用单元格右下角的填充柄在 I12:I15 单元格区域中自动填充公式。

（4）计算总距离，在 J18 单元格中输入公式"＝SUM(J12:J17)"。

3. 设置规划求解参数

（1）单击"数据"→"规划求解"按钮，弹出"规划求解参数"对话框。

（2）在"规划求解参数"对话框中，"设置目标"右侧的文本框中输入"＄J＄18"，"到"选项组中选择"最小值"按钮。

（3）在"通过更改可变单元格"文本框中输入"＄C＄12:＄H＄17"。

（4）单击"添加"按钮，弹出"添加约束"对话框，在"单元格引用"文本框中输入"＄C＄12:＄H＄17"、运算符下拉列表中选择"bin"，"约束"文本框中会显示"二进制"字样。继续单击"添加"按钮，重新弹出"添加约束"对话框，在"单元格引用"文本框中输入"＄I＄12:＄I＄17"，运算符下拉列表中选择"＝"，"约束"文本框中输入"1"。再继续单击"添加"按钮，重新弹出"添加约束"对话框，在"单元格引用"文本框中输入"＄C＄18:＄H＄18"，运算符下拉列表中选择"＝"，"约束"文本框中输入"1"，最后单击"确定"按钮。

（5）在"规划求解参数"对话框的"选择求解方法"下拉列表中选择"单纯线性规划"，并且勾选"使无约束变量为非负数"复选框。

（6）单击"选择求解方法"文本框右侧的"选项"按钮，弹出"选项"对话框，取消勾选"忽略整数约束"复选框。

每项参数设置详情如图 5-65 所示。

4. 用规划求解工具求解

在"规划求解参数"对话框中单击"求解"按钮，弹出"规划求解结果"对话框，在对话框中显示找到一个满足条件的解，然后选择"保留规划求解的解"，最后单击"确定"按钮，工作表

图 5-65　参数设置

中会显示出求解结果,如图 5-66 所示。

	距离	出发城区						出发限制	所需距离
		A	B	C	D	E	F		
到达城区	A	0	0	1	0	0	0	1	20
	B	0	0	0	1	0	0	1	30
	C	1	0	0	0	0	0	1	20
	D	0	1	0	0	0	0	1	30
	E	0	0	0	0	0	1	1	30
	F	0	0	0	0	1	0	1	30
	到达限制	1	1	1	1	1	1	合计距离	160

图 5-66　求解结果

在求解结果中,形成了三个没有封闭的路径,分别是 C→A→C、D→B→D、E→F→E,这不符合案例中的要求。因此,需要增加约束条件形成闭环。把求解结果作为新的约束条件添加进来,使 C14 和 E12 单元格不能同时等于"1",D15 和 F13 单元格不能同时等于"1",G17 和 H16 单元格不能同时等于"1"。

在 K11 单元格中输入"辅助条件",然后在 K12 单元格中输入公式"＝C14＋E12",K13单元格中输入公式"＝D15＋F13",K14 单元格中输入公式"＝G17＋H16"。在"规划求解参数"对话框中,单击"添加"按钮,弹出"添加约束"对话框。在"单元格引用"文本框中输入"＄K＄12:＄K＄14",运算符下拉列表中选择"＜＝","约束"文本框中输入"1",最后单击"确定"按钮。

在"规划求解参数"对话框中单击"求解"按钮,弹出"规划求解结果"对话框,在对话框中显示找到一个满足条件的解,然后选择"保留规划求解的解",最后单击"确定"按钮,工作表中会显示出求解结果,如图 5-67 所示。由求解结果可知,添加新的约束条件后,仍然形成了

数据分析高级应用

2 个没有封闭的路径,分别是 B→A→C→B 和 D→E→F→D。

距离		A	B	C	D	E	F	出发限制	所需距离	辅助条件
					出发城区					
到达城区	A	0	1	0	0	0	0	1	40	1
	B	0	0	1	0	0	0	1	40	0
	C	1	0	0	0	0	0	1	20	1
	D	0	0	0	0	0	1	1	60	
	E	0	0	0	1	0	0	1	50	
	F	0	0	0	0	1	0	1	30	
	到达限制	1	1	1	1	1	1	合计距离	240	

图 5-67　求解结果

因此,需要继续添加新的约束条件,使 D12 和 E13 单元格不能同时等于"1"。在 K15 单元格中输入公式"=D12+E13"。在"规划求解参数"对话框中单击"添加"按钮,弹出"添加约束"对话框,在"单元格引用"文本框中输入"$K$15",运算符下拉列表中选择"<=","约束"文本框中输入"1",最后单击"确定"按钮。

在"规划求解参数"对话框中单击"求解"按钮,弹出"规划求解结果"对话框,在对话框中显示找到一个满足条件的解,然后选择"保留规划求解的解",最后单击"确定"按钮,工作表中会显示出求解结果,如图 5-68 所示。由求解结果可知,添加新的约束条件后,仍然形成了 2 个没有封闭的路径,分别是 C→A→B→C 和 D→E→F→D。

距离		A	B	C	D	E	F	出发限制	所需距离	辅助条件
					出发城区					
到达城区	A	0	0	1	0	0	0	1	20	1
	B	1	0	0	0	0	0	1	40	0
	C	0	1	0	0	0	0	1	40	1
	D	0	0	0	0	0	1	1	60	1
	E	0	0	0	1	0	0	1	50	
	F	0	0	0	0	1	0	1	30	
	到达限制	1	1	1	1	1	1	合计距离	240	

图 5-68　求解结果

因此,还需要继续添加新的约束条件,使 D14 和 E12 单元格不能同时等于"1"。在 K16 单元格中输入公式"=D14+E12"。在"规划求解参数"对话框中,单击"添加"按钮,弹出"添加约束"对话框,在"单元格引用"文本框中输入"$K$16",运算符下拉列表中选择"<=","约束"文本框中输入"1",最后单击"确定"按钮。

在"规划求解参数"对话框中单击"求解"按钮,弹出"规划求解结果"对话框,在对话框中显示找到一个满足条件的解,然后选择"保留规划求解的解",最后单击"确定"按钮,工作表中会显示出求解结果,如图 5-69 所示。由求解结果可知,添加新的约束条件后,形成了一个封闭的路径 B→A→C→E→F→D→B,符合案例中要求。

距离		A	B	C	D	E	F	出发限制	所需距离	辅助条件
					出发城区					
到达城区	A	0	1	0	0	0	0	1	40	1
	B	0	0	0	1	0	0	1	30	1
	C	1	0	0	0	0	0	1	20	1
	D	0	0	0	0	0	1	1	60	1
	E	0	0	1	0	0	0	1	70	0
	F	0	0	0	0	1	0	1	30	
	到达限制	1	1	1	1	1	1	合计距离	250	

图 5-69　最终求解结果

5.6 习　　题

1. 小王努力工作若干年后准备在北京买套自住商品房,他准备贷款40万元。目前银行年贷款利率为6.55%,不同的贷款年限对应不同的月还款额和到期总还款额,小王不知道选择何种方案进行贷款比较适合他目前的经济状况。试帮助小王利用单变量模拟运算表计算在不同的贷款年限下月还款额和到期总还款额都是多少?贷款计划表A如图5-70所示。

	A	B	C
1	年利率	6.55%	
2	贷款额(元)	400,000	
3	贷款期限(年)	10	
4			
5		月还款额	到期总还款额
6			
7	5		
8	10		
9	15		
10	20		
11	25		
12	30		

图 5-70　贷款计划表 A

2. 题1中若不同的贷款年限对应的贷款年利率也不同,试帮助小王利用双变量模拟运算表计算不同的贷款年限和贷款年利率下月还款额是多少?贷款计划表B如图5-71所示。

	A	B	C	D	E	F	G	H
1		贷款额(元)	400000					
2		月还款额(元)						
3					贷款年限			
4			5	10	15	20	25	30
5		4.32%						
6	贷款	4.80%						
7	利率	5.28%						
8		6.12%						

图 5-71　贷款计划表 B

3. 购房时公积金贷款利率比较低但是额度有限,商业贷款利率比较高但贷款额度相对也更高。现在有三种贷款模式,分别是公积金贷款、商业贷款和组合贷款,三种模式对应的贷款金额、贷款年限和贷款月利率如表5-6所示。试利用方案管理器比较不同模式下月还款额是多少?

表 5-6　三种贷款模式

贷 款 模 式	公积金贷款	商 业 贷 款	组 合 贷 款
贷款金额	400000 元	60000 元	50000 元
贷款年限	30 年	20 年	25 年
月利率	0.35%	0.42%	0.38%

4. 某屠宰场宰杀了若干只鸡和若干头猪,现已知宰杀鸡和猪的数量一共是36,得到鸡腿和猪脚的数量一共是96。试用单变量求解和规划求解两种方法分析宰杀了多少只鸡和多少头猪。

参 考 文 献

[1] 李莉.统计学原理与应用[M].南京：南京大学出版社，2019.
[2] 王志平.数据、模型与软件统计分析[M].南昌：江西高校出版社，2019.
[3] 马凯.医学信息技术基础教程[M].南京：南京大学出版社，2018.
[4] 刘伟.医学信息技术实践教程[M].南京：南京大学出版社，2018.
[5] 杨长春,薛磊,向艳,等.大学计算机基础实训教程[M].南京：南京大学出版社，2018.
[6] 庞超明,黄弘.试验方案优化设计与数据分析[M].南京：东南大学出版社，2018.
[7] 卜言彬,杨艳,薛雁丹,等.Excel数据处理与分析案例教程[M].南京：东南大学出版社，2018.
[8] 肖睿,王涛,帅晓华,等.深入浅出SEM数据分析[M].北京：人民邮电出版社，2018.
[9] 潘银松,高瑜,颜烨,等.大学计算机基础实验指导[M].重庆：重庆大学出版社，2017.
[10] 潘银松,颜烨.大学计算机基础[M].重庆：重庆大学出版社，2017.
[11] 康瑞锋.计算机应用基础[M].南京：东南大学出版社，2017.
[12] 朱立才,黄津津,李忠慧,等.大学计算机信息技术[M].北京：人民邮电出版社，2017.
[13] 韦素云,蒋安纳.计算机应用技能[M].南京：东南大学出版社，2017.
[14] 李继容,朱翠娥,张胜利.计算机文化基础[M].北京：人民邮电出版社，2017.
[15] 黄子君,卢昕,胡佳,等.信息技术基础[M].北京：人民邮电出版社，2017.
[16] 乔玉洋,邱强.财务管理学[M].南京：东南大学出版社，2017.
[17] 詹贤平,刘妮,黄执敏,等.计算机应用基础[M].北京：人民邮电出版社，2017.
[18] 叶斌,黄洪桥,余阳,等.信息技术基础[M].重庆：重庆大学出版社，2017.
[19] 神龙工作室.Word/Excel/PPT2016高效办公从新手到高手[M].北京：人民邮电出版社，2017.
[20] 龙马高新教育.Word/Excel/PPT2013从入门到精通[M].北京：人民邮电出版社，2017.